Kohlhammer

Heymo Böhler/Dino Scigliano

Marketing-Management

Verlag W. Kohlhammer

Alle Rechte vorbehalten
© 2005 W. Kohlhammer GmbH Stuttgart
Umschlag: Gestaltungskonzept Peter Horlacher
Gesamtherstellung:
W. Kohlhammer Druckerei GmbH + Co. KG, Stuttgart
Printed in Germany

ISBN 3-17-018368-0

Gesamtvorwort der Buchreihe »Grundzüge der BWL«

Das vorliegende Werk gehört zu der Buchreihe »Grundzüge der BWL«, die in mehreren Einzelbänden die wichtigsten Gebiete der Betriebswirtschaftslehre behandelt.

Jeder Band bringt in kompakter und systematischer Form eine Übersicht zu den zentralen Problemstellungen des jeweiligen Themenbereichs. Die Autoren sind die betriebswirtschaftlichen Professoren der Universität Bayreuth, die aufgrund ihrer langjährigen Lehrerfahrungen eine problemorientierte und anwendungsbezogene Veranschaulichung des jeweiligen Stoffes gewährleisten. Gleichzeitig wird der Leser an die aktuellen wissenschaftlichen Fragen des Fachgebietes herangeführt.

Die Themengebiete dieser Reihe sind *Produktionswirtschaft*, *Marketing-Management*, *Betriebliches Finanzmanagement*, *Investition und Unternehmensbewertung*, *Bilanzpolitik und -analyse*, *Kostenrechnung*, *Organisation* sowie *Personalmanagement*.

Die Bücher dieser Reihe wenden sich an Studenten im Grund- und Hauptstudium der Diplomstudiengänge mit wirtschaftswissenschaftlichen Schwerpunkten und an Studenten von Bachelor- und Master-Studiengängen. Darüber hinaus sind sie aufgrund ihrer anschaulichen Darlegung des neusten Standes der BWL auch für die Praxis empfehlenswert.

Bayreuth, im Januar 2005

Vorwort

Dieses Lehrbuch verfolgt das Ziel, die grundlegenden Komponenten eines erfolgreichen Marketing-Managements zu beleuchten. Hierzu zählen sowohl die Darstellung des Marketing-Prozesses, d. h. die Analyse, Planung, Implementierung und Kontrolle, als auch der Einbezug aller Fachperspektiven, die in diesen Phasen von Bedeutung sind.

Einführende kompakte Werke zum Marketing beschränken sich in der Regel auf die Basisentscheidungen im Rahmen der einzelnen Marketing-Instrumente. Aufgrund der überragenden Bedeutung des strategischen Managements für den langfristigen Erfolg des Unternehmens werden in diesem Buch in allen Phasen des Marketing-Prozesses die Erkenntnisse des strategischen Marketing berücksichtigt, u. a. die SWOT-Analyse, die strategische Früherkennung, die strategischen Entscheidungen in der Produkt-, Kommunikations-, Preis- und Distributionspolitik sowie das strategische Controlling. Obgleich es dabei unser Anliegen ist, den Leser von den Grundlagen bis zu den offenen wissenschaftlichen Fragen des Faches heranzuführen, haben wir uns bemüht, den Umfang dieses Lehrbuches nicht ausufern zu lassen.

Das Buch ist in vier Kapitel gegliedert: Nach den Grundlagen des Marketing-Managements in Kapitel 1 werden in Kapitel 2 die Analysefelder und Analysemethoden behandelt. Kapitel 3 beschäftigt sich mit dem Konzept der Marktsegmentierung, der Planung und Implementierung der Marketing-Instrumente sowie der Marketing-Organisation. Das abschließende Kapitel 4 zeigt Inhalte und Methoden des Marketing-Controlling auf.

Für Studenten empfiehlt sich das Lehrbuch als begleitende Literaturgrundlage zu einer Vorlesung »Marketing«. Dem Praktiker wird ein kompakter Überblick über das Fachgebiet gegeben, ohne dass komplexere Fragestellungen über Gebühr vereinfacht werden.

Unser Dank gilt vor allem Frau Dipl.-Kffr. Sylvia Koban für ihre vielfältigen Anregungen, die fast die Grenzen zur Koautorenschaft erreichten, und für die Übernahme der arbeitsintensiven Gestaltung der Abbildungen.

Bayreuth, im Januar 2005

Heymo Böhler
Dino Scigliano

Inhaltsverzeichnis

Abbildungsverzeichnis

1. KAPITEL: GRUNDLAGEN DES MARKETING

1 Marketing-Konzept

1.1 Traditionelles Marketing

Das traditionelle Marketing-Konzept geht davon aus, dass der Absatzmarkt der wichtigste Engpass für das Unternehmen ist, da das Angebot an Waren und Dienstleistungen größer ist als die Nachfrage (so genannter Käufermarkt). In dieser Situation wird nur der Anbieter erfolgreich sein, dessen Leistungen auf die Abnehmerwünsche abgestellt sind.

Dieses Verständnis des Marketing-Konzepts »ruht« gewissermaßen auf fünf »Säulen« (vgl. auch Meffert 2000, S. 8f.; Freter 2004, S. 16f.).

Problemlösungsaspekt

Im Rahmen des traditionellen Marketing orientiert sich die Unternehmensführung vorwiegend am Absatzmarkt. Es werden bestehende und nicht vollständig erfüllte Kundenwünsche gesucht, für welche dann eine Problemlösung entwickelt und angeboten wird.

Informationsaspekt

Wichtigste Informationsquelle über Märkte (Marktvolumen, Marktwachstum), aktuelle und potenzielle Nachfrager (Motive, Einstellungen, Kaufverhalten), den Handel und die Konkurrenten ist die Marktforschung. Sie liefert auf systematische Weise Marktdaten als Informationsgrundlage für Marketing-Entscheidungen (Entwicklung und Einführung neuer Produkte, Preisfindung, Werbemaßnahmen, Absatzwegewahl etc.).

Zielgruppenaspekt

Konsumenten unterscheiden sich in ihren Bedürfnissen, in der Kaufkraft, im Familienstand, in den Konsumgewohnheiten usw., so dass innerhalb ein und desselben Marktes höchst unterschiedliche Abnehmergruppen existieren. Aufgabe des Marketing ist es, diese Marktsegmente zu ermitteln, attraktive Segmente auszuwählen (so genannte Zielgruppen) und für diese ein passendes Marketing-Programm zu entwickeln (z. B. Süßigkeiten für Kinder und Erwachsene bei Ferrero).

Maßnahmenaspekt

Im Zentrum des traditionellen Marketing stehen die Planung, Realisation und Kontrolle der Marketing-Maßnahmen (Marketing-Instrumente), mit denen das Unternehmen die Abnehmer beeinflussen möchte. International hat sich hier die Einteilung von McCarthy in vier P's (Product, Promotion, Price, Place) durchgesetzt (vgl. McCarthy 1975, S. 75f.). Analog werden in der deutschsprachigen Literatur überwiegend die Maßnahmenbereiche der Produkt-, Kommunikations-, Preis- und Distributionspolitik unterschieden. Die einzelnen Marketing-Maßnahmen müssen miteinander so koordiniert und kombiniert werden, dass sie als so genanntes Marketing-Mix eine optimale Wirkung erzielen.

Koordinationsaspekt

Folgt man dem Primat des Absatzes, so wird als erstes der Marketing-Plan formuliert. Darin ist u. a. festzulegen, welche Produkte zu welchen Preisen mit welchen kommunikativen Maßnahmen über welche Absatzwege abgesetzt werden sollen. An den daraus abzuleitenden Absatzmengen und den dafür benötigten Ressourcen müssen sich die anderen Teilpläne für Produktion, Beschaffung und Finanzen anpassen. Des Weiteren ist eine Integration des Marketing-Denkens im Unternehmen erforderlich. Dies bedeutet, dass zum einen die einzelnen Marketing-Maßnahmen aufeinander abgestimmt sein müssen, zum anderen ist die Koordination der Marketing-Maßnahmen mit den anderen Unternehmensbereichen erforderlich (Forschung und Entwicklung, Produktion, Logistik etc.). Um dies zu erreichen, ist eine entsprechende Organisationsstruktur zu realisieren, indem ein Verantwortlicher für das Marketing in die Unternehmensleitung aufgenommen wird (»Marketing-Direktor«). Ihm kommt die Aufgabe zu, in der Unternehmensleitung den Entwurf und die Verwirklichung der Marketing-Konzeption sicher zu stellen. Zudem leitet er die Durchführung und Koordination der Marketing-Aktivitäten (Marktforschung, Marketing-Planung, Entwicklung der Marketing-Instrumente, Marketing-Kontrolle).

Aus den bisherigen Ausführungen geht hervor, dass das traditionelle Marketing als eine marktorientierte Unternehmensführung verstanden wird, deren Planungs-, Implementierungs- und Kontrollaktivitäten auf systematisch gewonnenen Marktinformationen beruhen.

Nun lenkt das traditionelle Marketing-Konzept zwar die Aufmerksamkeit der Unternehmensleitung auf einen wichtigen Umweltausschnitt, den Absatzmarkt, anderen Umweltbereichen sowie den erforderlichen internen Ressourcen wird jedoch zu wenig Aufmerksamkeit gewidmet.

Chancen und Risiken erwachsen nicht nur aus Absatzmärkten, sondern auch aus Beschaffungsmärkten und der globalen Umwelt. Daher muss die Informationsbeschaffung auf die Früherkennung der Umweltentwicklung ausgedehnt werden. Außerdem ist die einseitige Marketing-Dominanz bei der Planung, Realisation und Kontrolle der Marketing-Maßnahmen problematisch, weil hierbei wichtige Anregungen und Restriktionen der übrigen Unternehmensbereiche nur am Rande berücksichtigt werden.

Letztendlich genügt es nicht, bei der Entwicklung von Marketing-Maßnahmen nur
den Absatzmarkt zu beachten, ohne auch die erforderlichen Ressourcen im Unternehmen wie Kapital, Produktions- sowie Forschungs- und Entwicklungs-Know-how etc.
bei der Strategieentwicklung zu berücksichtigen. So ist in vielen Branchen nicht der
Absatzmarkt der wichtigste Engpass, sondern z. B. die Finanzkraft des Unternehmens
oder die Forschung und Entwicklung.

1.2   Strategisches Marketing

Grundgedanke des strategischen Marketing ist es, bei der Analyse, Planung, Realisation und Kontrolle alle relevanten unternehmensexternen und -internen Bereiche zu berücksichtigen, um Wettbewerbsvorteile aufzubauen. Wettbewerbsvorteile bzw. kom-
parative Konkurrenzvorteile (KKV), wie z. B. niedrigere Preise oder bessere Qualität
als die Konkurrenz, bilden letztlich die Basis für die Erfolgspotenziale des Unternehmens (vgl. Abb. 1).

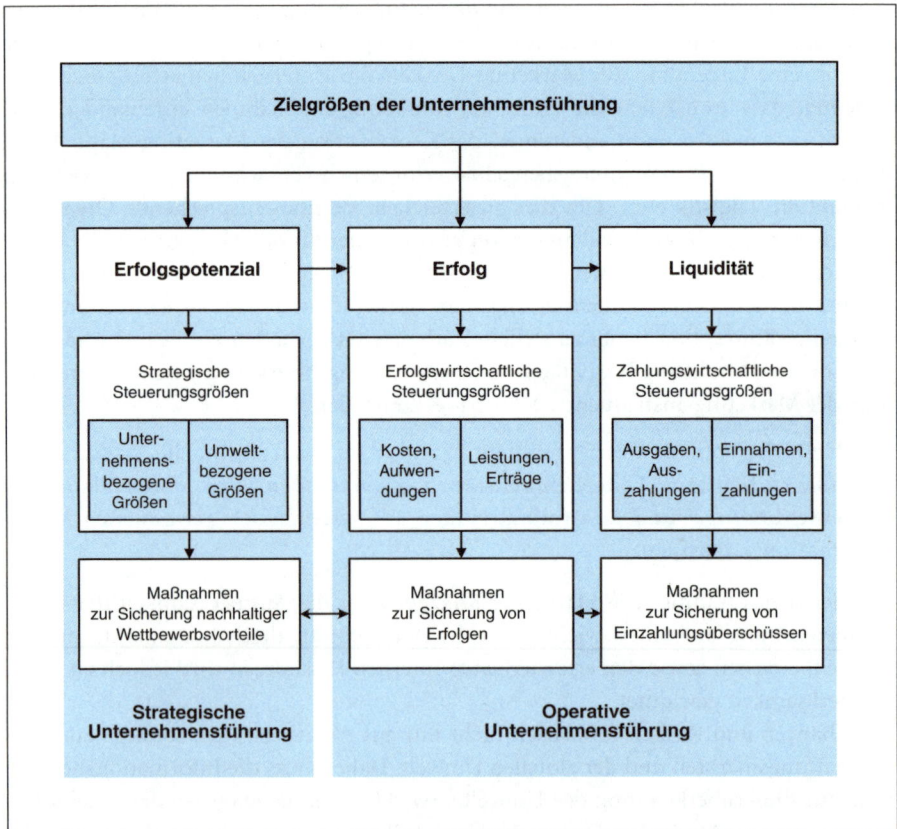

Abbildung 1:   Abgrenzung der strategischen von der operativen Unternehmensführung
                    (Quelle: in Anlehnung an Gälweiler 1990, S. 28)

Unter **Erfolgspotenzialen** versteht man anhaltende und weit in die Zukunft reichende Erfolgsmöglichkeiten (zum Erfolgspotenzialbegriff vgl. Wolfrum 1993, S. 69ff.). Sie ergeben sich aus Konstellationen interner Stärken (z. B. niedrigere Kosten als die Konkurrenz) und externer Chancen (z. B. hohes Marktwachstum einer neuen Technologie), die vom Unternehmen gestaltet werden können. So kann ein Unternehmen einerseits die »**Strategie der Kostenführerschaft**« verfolgen. Die hierdurch erreichten Kostenvorteile im Leistungserstellungsprozess sind die Grundlage für eine aggressive Niedrigpreisstrategie in Wachstumsmärkten, um schnell große Marktanteile aufzubauen (»**Preis-Mengen-Strategie**«). Andererseits kann ein Unternehmen hohe Ausgaben für Forschung und Entwicklung tätigen, um mit dieser »**Strategie der Differenzierung**« bessere Leistungen als die Konkurrenz bieten zu können. Die darauf aufbauende Marktbearbeitungsstrategie besteht darin, dass Premiummarken mit hohem Kommunikationsaufwand über ein ausgesuchtes Vertriebssystem bei anspruchsvollen Zielgruppen vermarktet werden (»**Strategie der Qualitätsführerschaft**«).

Die Weiterentwicklung des traditionellen Marketing-Konzepts zum strategischen Marketing basiert mithin auf der Erkenntnis, dass die Wettbewerbsfähigkeit eines Unternehmens nur gesichert werden kann, wenn die vielfältigen Chancen und Risiken im Umfeld des Unternehmens ebenso berücksichtigt werden wie die Stärken und Schwächen innerhalb des Unternehmens.

Abbildung 2: Das strategische Marketing-Konzept

Das strategische Marketing-Konzept lässt sich durch folgende Merkmale charakterisieren (vgl. u. a. auch Köhler 1993, S. 20ff.; Becker 2002, S. 135ff.; Benkenstein 2002; Diller 2002, S. 175f.):

Problemlösungsaspekt und Konkurrenzorientierung

In entwickelten Märkten konkurrieren i. d. R. mehrere Unternehmen mit ähnlichen Produkten um dieselben Kunden. Der daraus resultierende Wettbewerb und die sich ändernde Umwelt führen zu einer kontinuierlichen Veränderung relevanter Wettbewerbsvorteile (z. B. verbesserte Nachfolgeprodukte, kostengünstigere Produktionstechnologie). Die kontinuierliche Aufrechterhaltung eines komparativen Konkurrenzvorteils erfordert daher eine umfassende Berücksichtigung der bestehenden und potenziellen Konkurrenten, ihrer Wettbewerbsvorteile und ihrer Marketing-Programme, mit denen sie sich am Markt profilieren (vgl. Jenner 2000, S. 12ff.).

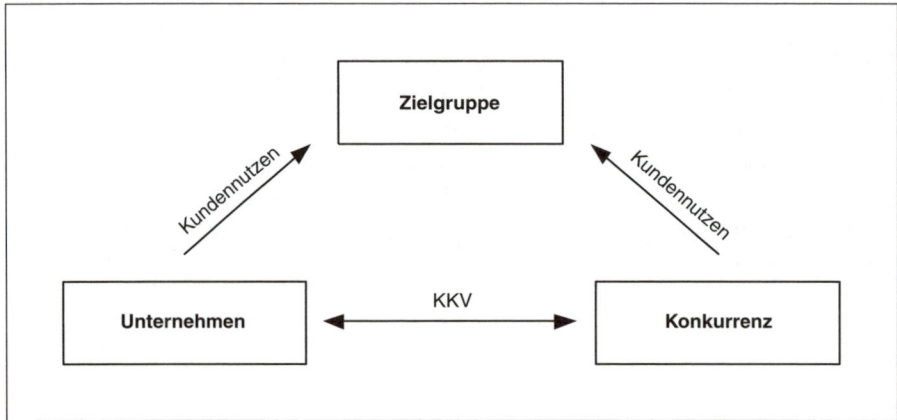

Abbildung 3:   Komparativer Konkurrenzvorteil (Quelle: Ohmae 1983, S. 92)

Ein komparativer Konkurrenzvorteil (KKV) liegt vor, wenn folgende Bedingungen erfüllt sind (vgl. Simon 1988, S. 461ff.):

- Der KKV beruht auf unternehmensinternen Ressourcen und Kompetenzen, die von der Konkurrenz längerfristig nicht imitierbar oder substituierbar sind.
- Das Unternehmen muss eine Marktleistung anbieten, die in wichtigen kaufentscheidenden Eigenschaften einen deutlichen Vorteil gegenüber den Konkurrenzleistungen aufweist.
- Die Leistungsvorteile des eigenen Angebots müssen von den Kunden wahrgenommen werden. Die Überführung von internen Kostenvorteilen in eine aggressive Preis-Mengen-Strategie ist relativ einfach zu bewältigen. Schwieriger gestaltet sich die Vermittlung von Differenzierungsvorteilen (z. B. Qualitätsvorteile im Produkt, im Service, in der Lieferzuverlässigkeit) zur Erreichung einer Position des Qualitätsführers. In der Praxis findet sich dies zumeist in der Form der Premiummarkenstrategie, wobei der kommunikative Auftritt auf das Erreichen eines Unique Selling Proposition (USP) abstellt.

Der Aufbau von Wettbewerbsvorteilen sollte sich zunächst an der Marktstruktur (Abnehmer, aktuelle und potenzielle Konkurrenten, Substitutionsprodukte, Zulieferer) orientieren (vgl. Porter 2000, S. 28f.). Hier spricht man von der **Outside-In-Perspektive** der **Industrieökonomie**, deren Paradigma als Structure-Conduct-Performance bezeichnet wird, d. h. ausgehend von der Marktstruktur wird eine überlegene Strategie entwickelt, die sich langfristig in höheren Gewinnen niederschlägt. Des Weiteren ist eine **Inside-Out-Perspektive** gefordert, die besagt, dass das Unternehmen sich vornehmlich an den internen Ressourcen bzw. Kompetenzen orientieren sollte, um diese so weiterzuentwickeln, dass daraus eine überlegene Strategie resultiert (so genanntes Resources-Conduct-Performance-Paradigma des **ressourcenorientierten Ansatzes**). Die gleichzeitige Berücksichtigung beider Perspektiven wird im Folgenden als »Balanced Strategy« bezeichnet (vgl. 2. Kap. Abschn. 3).

Informationsaspekt

Strategische Marketing-Entscheidungen können nicht nur auf Marktforschungsergebnissen aufbauen, sondern müssen darüber hinaus vielfältige Umwelteinflüsse berücksichtigen (z. B. durch Früherkennung). In einer so genannten SWOT-Analyse (vgl. 2. Kap. Abschn. 1) werden die Umwelt- und Unternehmensanalyse zusammengeführt (vgl. Andrews 1971, S. 59ff.). Sie liefert die Informationen für langfristige Entscheidungen in den verschiedenen Unternehmensbereichen mit dem Ziel, Erfolgspotenziale aufzubauen. Grundsätzlich gilt es, Umweltchancen mit den eigenen Unternehmensstärken zu kombinieren.

Markt- und Zielgruppenaspekt

Ein wichtiger Schritt im Rahmen des strategischen Marketing ist die Definition des Unternehmenszwecks durch Angabe der Märkte und Zielgruppen sowie der Produkte und der damit anvisierten Problemlösungen (vgl. Abell 1980). Märkte werden hierbei nicht als »gegeben« betrachtet, sondern können aktiv geschaffen werden, z. B. durch Einführung neuer Technologien in neue Märkte.

Maßnahmenaspekt

Wie bereits erwähnt, bezieht sich der Maßnahmenaspekt im strategischen Marketing nicht nur auf die kürzerfristige operative Gestaltung der Marketing-Instrumente, vielmehr sind Marketing-Strategien zu entwickeln, die auf die Erreichung komparativer Konkurrenzvorteile ausgerichtet sind. Die internen Wettbewerbsvorteile müssen dann mit Hilfe des Marketing-Mix gegenüber dem Kunden verdeutlicht werden, um entsprechende Positionierungsvorteile zu erlangen. Märkte werden hierbei gewissermaßen als Arenen betrachtet, in denen es die Konkurrenten zu besiegen gilt. Als Beispiele lassen sich der Kampf um Wettbewerbsvorteile in der PKW-Luxusklasse sowie im Discount-Lebensmittelbereich anführen.

Koordinationsaspekt

Die Schaffung und Erhaltung von Erfolgspotenzialen setzt am gesamten Wertschöpfungsprozess an und stellt auf entsprechende Wettbewerbsvorteile in Beschaffung, FuE, Produktion, Marketing, Logistik und in der Unternehmensleitung etc. ab. Alle unternehmensinternen Ressourcen sind so zu steuern, dass Stärken aufgebaut und Schwächen abgebaut werden, um Chancen in der Umwelt zu nutzen und Risiken abzumildern. Des Weiteren wird das Unternehmen als ein Portfolio von Produkten und Märkten betrachtet, das unter Rendite- und Risikogesichtspunkten ausgewogen zu gestalten ist. Wichtig ist in diesem Zusammenhang auch die Nutzung von Synergien über die Produkte und Märkte hinweg, da sich hierdurch die verfolgten Wettbewerbsvorteile verstärken lassen.

1.3   Aufgaben des Marketing

In der Literatur variieren Art und Umfang der dem strategischen Marketing zugerechneten Aufgaben (vgl. u. a. Hax/Majluf 1991, S. 15ff., Köhler 1993, S. 22ff.).

In der folgenden Abbildung sind die wichtigsten Marketing-Aufgaben auf der Gesamtunternehmensebene und auf der Geschäftsfeldebene dargestellt. **Strategische Geschäftsfelder** (SGF) sind im einfachsten Falle weitgehend autonome Produkte bzw. Produktlinien, für die eine eigenständige Planung vorzunehmen ist (vgl. ausführlich 2. Kap.).

Zu den **Unternehmens- bzw. Geschäftsfeldzielen** zählen in erster Linie **ökonomische Ziele** wie

- Shareholder-Value,
- Unternehmenswert,
- Markenwert,
- Return on Investment,
- Cash Flow,
- Gewinne,
- Deckungsbeiträge oder
- Marktanteile.

Allerdings lässt sich der Erfolg einzelner Marketing-Maßnahmen oft nicht anhand der ökonomischen Zielerreichung ermitteln. So wird z. B. der erzielte Gewinn eines Produktes durch Maßnahmen der Produktpolitik, durch die Preissetzung, die Werbung und die Kosten etc. zugleich beeinflusst. Für die Steuerung einzelner Maßnahmen ist es sinnvoller, an Zielgrößen anzusetzen, die sich direkt aus diesen Maßnahmen ergeben (z. B. die Positionierung einer Marke durch Produktpolitik, Werbemaßnahmen und Preisfestsetzung als Premiummarke). Man bezeichnet solche Zielgrößen als psychographische Zielgrößen, da sich diese Wirkungen »in den Köpfen der Verbraucher niederschlagen«. Zu den wichtigsten **psychographischen Zielgrößen** zählen

- Einstellung (Image),
- Zufriedenheit und
- Nutzenstiftung des Produktes (Unique Selling Proposition).

Neben der Vorgabe und Kontrolle der genannten Ziele zählt zu den wichtigsten Aufgaben des strategischen Marketing die **Bestimmung des Unternehmenszwecks,** d. h. des Angebotsprogramms und der Märkte, die das Unternehmen bearbeiten möchte.

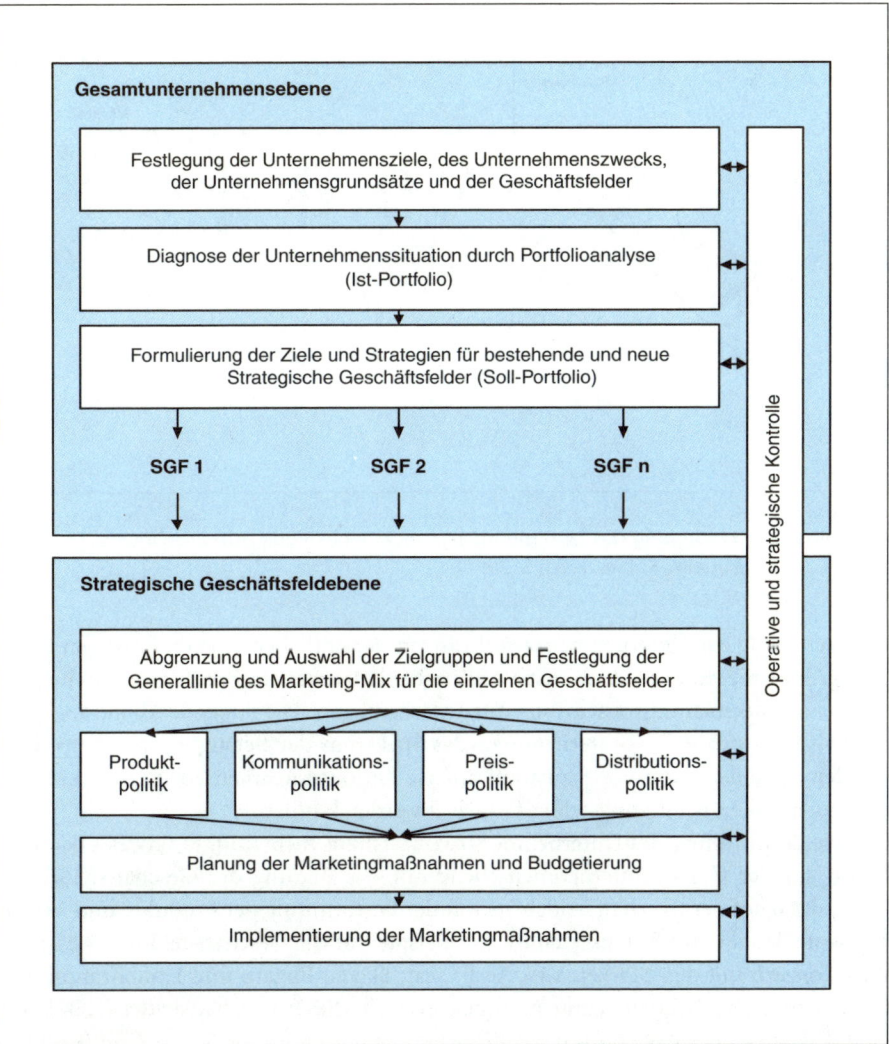

Abbildung 4: Aufgaben des strategischen Marketing (Quelle: in Anlehnung an Köhler/ Böhler 1984, S. 94).

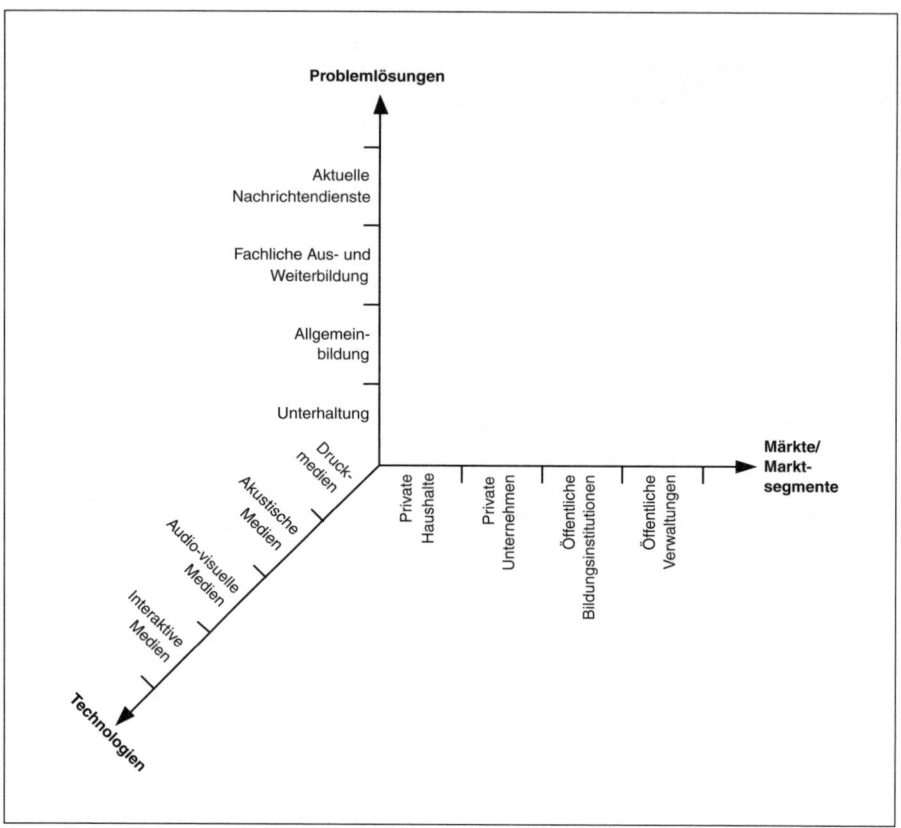

Abbildung 5:   Festlegung des Unternehmenszwecks eines Verlagsunternehmens
(Quelle: Köhler 1993, S. 26)

Die Festlegung des Unternehmenszwecks ist im Wesentlichen ein von kreativen Ideen getragener Prozess, der jedoch insbesondere bei heterogenem Programm durch systematische Untersuchungsraster unterstützt werden kann. Die folgende Abbildung zeigt am Beispiel eines Verlagsunternehmens das Spektrum der Betätigungsmöglichkeiten, bei dem in einer ersten Grobauswahl auf Gesamtunternehmensebene die aktuellen und potenziellen Betätigungsfelder festgelegt werden können.

Die Bestimmung des Unternehmenszwecks ist ein mehrstufiger Prozess, der Top-Down auf der Gesamtunternehmensebene mit der Bildung der Geschäftsfelder beginnt, dann auf der Geschäftsfeldebene mit der Bestimmung der Produkte und Marktsegmente detaillierter fortzusetzen ist. Ein Beispiel für die Geschäftsfeldbildung ist der VAG-Konzern mit den Marken VW, Audi, Seat, Skoda, Bugatti und Lamborghini und mit einer weitergehenden Segmentierung innerhalb dieser Geschäftsfelder (z. B. Lupo, Golf, Passat etc. bei VW) bis hin zur Zielgruppenbildung für die Marke Golf (Golf Cabrio, GTI etc.)

In größeren Unternehmen werden neben der Festlegung der Unternehmensziele und des Unternehmenszwecks zusätzlich so genannte **Unternehmensgrundsätze** formuliert. Hierbei werden das Leitbild des Unternehmens (»Wir wollen auf Dauer in unserem Tätigkeitsfeld ein internationales Spitzenunternehmen sein«), die Haltung gegenüber verschiedenen Anspruchsgruppen (Kunden, Mitarbeiter, Aktionäre, Gläubiger, Gesellschaft etc.) sowie die grundsätzlich verfolgte Wettbewerbsstrategie (z. B. Qualitätsführer) festgelegt.

Nach der Festlegung der strategischen Geschäftsfelder wird ein so genanntes **Ist-Portfolio** erstellt, in dem die derzeitige Wettbewerbsposition sowie die zu erwartende Marktentwicklung der SGF abgeschätzt werden.

Die Ist-Portfolioanalyse zeigt auf, ob bei einem Geschäftsfeld ein Wettbewerbsvorteil vorliegt und ob es sich in einem attraktiven Market befindet. Auf dieser Basis ist das **Soll-Portfolio** festzulegen, d. h. es sind die Ziele für die bestehenden Geschäftsfelder festzulegen (z. B. Cash Flow-Ziele) und die Strategien für die Geschäftsfelder zu formulieren (z. B. Investitionen in Geschäftsfelder in Wachstumsmärkten, Rückzug aus stagnierenden Märkten). Zudem ist über die Aufnahme neuer Geschäftsfelder in das Soll-Portfolio zu befinden.

Auf der **strategischen Geschäftsfeldebene** ist für jedes SGF unter Berücksichtigung der Zielvorgaben und seiner Rolle im Portfolio die konkrete **Marktbearbeitungsstrategie** zu planen. Dies beginnt mit einer Detailanalyse des Marktes, insbesondere der Abgrenzung und Auswahl der Zielgruppen, und setzt sich fort mit der Festlegung der Generallinie des Marketing-Mix. Entsprechend dieser Generallinie (Preis-Mengen-Strategie vs. Qualitätsstrategie) werden die Produkt-, die Kommunikations-, die Preis- und die Distributionspolitik geplant.

Daran schließt sich die **Planung** der Marketing-Maßnahmen (z. B. für die Entwicklung neuer Produktvarianten, die Entwicklung von Werbebotschaften, die Auswahl von Werbeträgern) sowie die **Budgetierung,** d. h. die Bereitstellung finanzieller Ressourcen, an.

Die **Implementierung** umfasst die Einrichtung marktorientierter Organisationsstrukturen und die Umsetzung der geplanten Marketing-Maßnahmen, wie z. B. Durchführung von Marktforschungsstudien, Einführung der Produkte, Durchführung von Werbekampagnen.

Alle bisherigen Analyse-, Planungs- und Implementierungsaufgaben werden durch eine laufende **operative und strategische Marketing-Kontrolle** begleitet, die zu entsprechenden Korrekturmaßnahmen führen kann.

Auf der Grundlage der bisherigen Ausführungen wird Marketing als ein **Konzept der Unternehmensführung verstanden, bei dem die Marketing-Perspektive bei folgenden Aufgaben eingebracht werden muss** (vgl. auch Hax/Majluf 1991, S. 6):

- Bestimmung der Unternehmensziele, des Unternehmenszwecks und der Unternehmensgrundsätze,
- Wahl und Steuerung der derzeitigen und zukünftigen Strategischen Geschäftsfelder,

- Schaffung und Erhaltung von Erfolgspotenzialen durch Aufbau von komparativen Konkurrenzvorteilen in jedem Geschäftsfeld unter Berücksichtigung der Stärken/Schwächen und Gelegenheiten/Bedrohungen,
- strategiekonforme Gestaltung der Marketing-Instrumente auf Geschäftsfeldebene,
- Umsetzung und Kontrolle der Marketing-Maßnahmen.

Im Verlaufe des Buches werden sowohl die wichtigsten strategischen als auch die operativen Marketing-Aufgaben an entsprechender Stelle behandelt.

2   Marketing-Prozess

Der Aufbau des Lehrbuchs erfolgt in Anlehnung an die Phasen eines Entscheidungsprozesses, wobei ausgehend von den anvisierten Zielen im Marketing-Prozess die Arbeitsschritte der Analyse, Planung, Implementierung und Kontrolle zu durchlaufen sind.

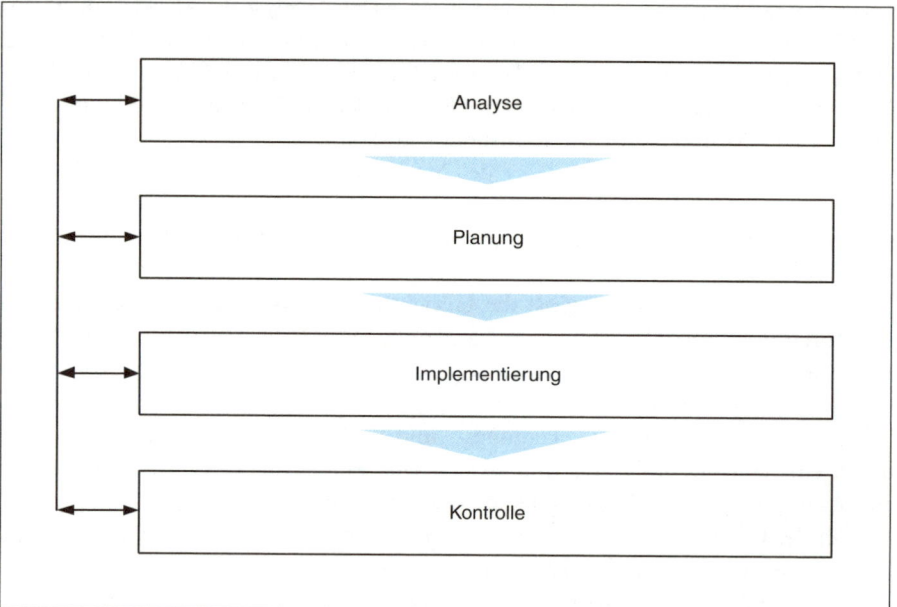

Abbildung 6:   Marketing-Prozess

Aus didaktischen Gründen folgt das vorliegende Buch dieser einfachen Phasenfolge, obgleich dieser Prozess in der Praxis sowohl als iterativer Top-Down- und als Bottom-Up-Prozess mit vielfältigen Rückkoppelungen und Überlappungen vorzufinden ist (vgl. Hax/Majluf 1991, S. 15ff.; Welge/Al-Laham 2001, S. 96; Jenner 2003, S. 49f.).

2. KAPITEL: MARKETING-ANALYSE

1   SWOT-Analyse

Im Rahmen der SWOT-Analyse (Strengths, Weaknesses, Opportunities, Threats) werden jene unternehmensexternen und -internen Faktoren analysiert, die den zukünftigen Erfolg des Gesamtunternehmens und seiner Geschäftsfelder nachhaltig beeinflussen.

Einen Überblick über die Analysefelder und wichtige Analyseinhalte gibt die nachfolgende Abbildung.

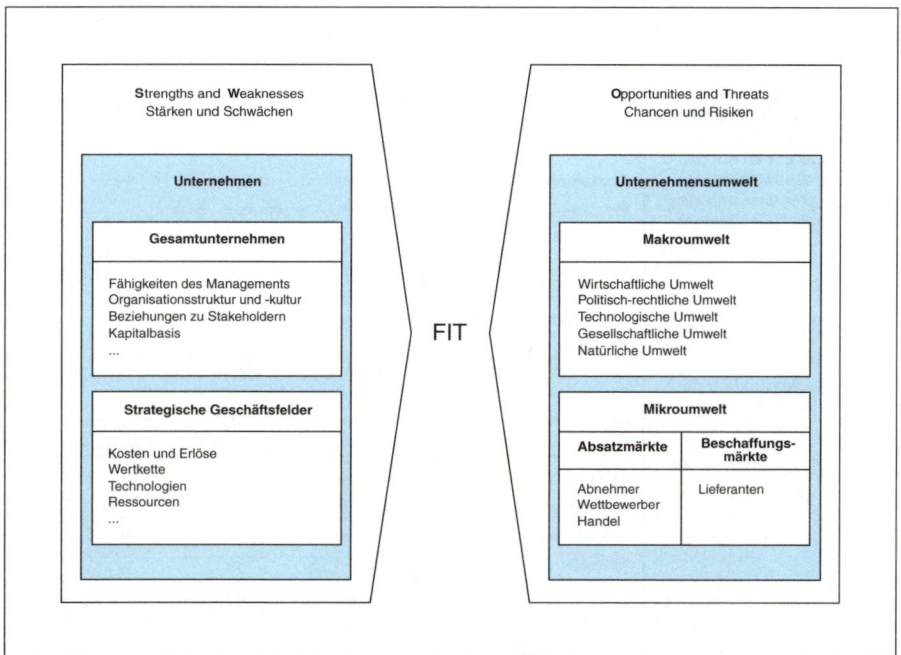

Abbildung 7:   SWOT-Analyse

Die unternehmensexternen Analysefelder lassen sich in die Makroumwelt und die Mikroumwelt einteilen.

In der Makroumwelt (globalen Umwelt) werden üblicherweise die Komponenten der wirtschaftlichen, politisch-rechtlichen, technologischen, gesellschaftlichen und der natürlichen Umwelt unterschieden. Im Rahmen der Analyse der Mikroumwelt

(Aufgabenumwelt) werden die Absatz- und Beschaffungsmärkte untersucht und überwacht. Wichtige Akteure sind in diesem Bereich die Abnehmer, die Wettbewerber
und der Handel. Die Umweltanalyse dient vornehmlich der Identifikation von Chancen und Risiken für das Unternehmen bzw. seine Geschäftsfelder.

Zu den unternehmensinternen Analysefeldern zählen u. a. die Kosten und Erlöse, die Wertkette, die Technologien und die Ressourcen, um im Vergleich zu den
Wettbewerbern Stärken und Schwächen zu ermitteln.

Die Analyse interner und externer Faktoren kann jedoch – je nach Informationsbedarf und Fragestellung – in Bezug auf die unterschiedlichen Planungsebenen des Unternehmens durchgeführt werden (Gesamtunternehmens-, SGF- und Funktionsebene),
wobei der Schwerpunkt in diesem Buch auf der Analyse der Geschäftsfeldebene liegt.

	Beispiele für strategisch relevante Früherkennungsindikatoren
Makroumwelt (Informationen für die Planungs- aufgaben auf der Gesamtunter- nehmens- und Ge- schäftsfeldebene)	**Ökonomische Komponenten** Konjunkturprognosen, Geschäftsklima-Index, Auftragseingänge, Entwicklung auf Arbeits- und Kapitalmärkten **Technologische Komponenten** Ausgaben für Forschung und Entwicklung, Ergebnisse der Grundlagenforschung, Änderungen bei Produkt- und Verfahrenstechnologien **Soziokulturelle Komponenten** Bevölkerungsentwicklung (Wachstum, Altersstruktur), Bildung, Kulturelle Wertesysteme, Lebensstile **Politisch-rechtliche Komponenten** Gesetzesinitiativen, politische Stabilitätsindices (z.B. BERI-Index), Aktivitäten von Interessenverbänden und Bürgerinitiativen
Marktsituation des Gesamtunter- nehmens	Ist-Portfolio des Unternehmens und das wichtiger Konkurrenten, Eigene Diversifikationsmöglichkeiten und die wichtiger Wettbewerber
Erfolgsfaktoren eines Geschäftsfelds	Marktwachstum des Geschäftsfeldes, Konzentrationstendenzen auf Anbieter- und Nachfragerseite, Investitionsvolumen, Kapazitätsauslastungen, Marketing-Budgets, FuE-Budgets
Produkt-Markt- Kombinationen innerhalb der Geschäftsfelder	Bekanntheit und Image von Produkten, Erstkauf- und Wiederkaufrate, Marktanteile (absolut und zu den stärksten Konkurrenten), Produkt-Lebenszyklusphase, Veränderung in der Käuferstruktur

Abbildung 8:   Marktforschungs- und Früherkennungsinformationen auf verschiedenen
Analyseebenen (Quelle: in Anlehnung an Köhler 1993, S. 53)

Die Gegenüberstellung von Chancen/Risiken und Stärken/Schwächen ermöglicht die Entwicklung der jeweils geeigneten Marketing-Strategie (zu diesem Fit-Prinzip vgl. Andrews 1971, S. 59ff.). Die Konkretisierung des Fit-Prinzips findet sich insbesondere in den verschiedenen Portfolioanalysen (vgl. 3. Kap. Abschn. 2.3.3.1), bei denen die Umweltentwicklung den internen Wettbewerbsvorteilen gegenüber gestellt wird.

2   Analysemethoden

2.1   Marktforschung

2.1.1   Begriff und Aufgaben der Marktforschung

»Marktforschung ist die systematische Sammlung, Aufbereitung, Analyse und Interpretation von Daten über Märkte und Marktbeeinflussungsmöglichkeiten zum Zweck der Informationsgewinnung für Marketing-Entscheidungen« (Böhler 2004, S. 19).

Eine Möglichkeit, den Aufgabenbereich der Marktforschung für das Marketing zu konkretisieren, ist die Einteilung der Informationen in Bezug auf die Art der zu treffenden Entscheidung in dem Sinne, dass zwischen strategischen und operativen Marktinformationen unterschieden werden kann. Bei Ersteren besteht der Informationsbedarf z. B. in der Beurteilung des derzeitigen und zukünftigen Portfolios, der Prognose der Entwicklung der Aufgabenumwelt und der globalen Umwelt sowie in der Analyse der Auswirkungen alternativer Marktbearbeitungsstrategien. Der Informationsbedarf bei operativen Marketingentscheidungen bezieht sich auf sachlich und zeitlich eng begrenzte Fragestellungen, die vor allem Anregungen zur Gestaltung und Kontrolle der Marketing-Instrumente betreffen.

Eine zweite Möglichkeit, Marktinformationen zu systematisieren, ist die Orientierung an den Phasen des Entscheidungsprozesses. So besteht seitens des Marketing ein Interesse an Informationen

- zur Identifikation des Entscheidungsproblems: Welche Ursachen führten zum Rückgang des Marktanteils?
- zur Ermittlung von Handlungsalternativen: Welche Produktvarianten sind möglich?
- zur Wirkungsprognose von Handlungsalternativen: Welche Absatzmengen ergeben sich bei einer Preissenkung?
- zur Erfolgskontrolle: Führte der neue Werbespot zum erwünschten Bekanntheitsgrad?

Jedes Marktforschungsvorhaben lässt sich nun, gleich welcher Informationsbedarf zu befriedigen ist, idealtypisch in mehrere Phasen gliedern: Zunächst obliegt dem Marketing-Management eine möglichst präzise Definition des Marktforschungsproblems. Daran anschließend folgen die Wahl des Forschungsdesigns, die Bestimmung der Informationsquellen und der Methoden zur Informationsgewinnung, die Operationalisierung und Messung der einbezogenen Variablen sowie die Durchführung und Auswertung der Erhebung und schließlich die Erstellung des Projektberichts (Böhler 2004, S. 29ff.; Kinnear/Taylor 1996, S. 64ff.; Churchill/Iacobucci 2002, S. 54ff.).

2.1.2   Marktforschungsproblem und Forschungsdesigns

Am Anfang eines jeden Marktforschungsprojektes ist eine möglichst präzise **Definition des Marktforschungsproblems** zu erarbeiten. Hierbei sind die verfolgten Marktforschungsziele festzulegen. Zur Präzisierung der Forschungsziele werden die zu beschaffenden Informationen angegeben.

Trotz der in der Praxis vorzufindenden Vielzahl der Marktforschungsprobleme lassen sich im Wesentlichen drei **Marktforschungsdesigns** unterscheiden: das explorative Design, das deskriptive Design und das experimentelle Design.

Das **explorative Design** dient vorrangig der Präzisierung des Entscheidungs- und Marktforschungsproblems, z. B. Befragungen des Außendienstes über mögliche Gründe eines Umsatzrückgangs.

Das **deskriptive Design** eignet sich zur Beschreibung von Märkten (Marktvolumen, Marktanteile) und Marktsegmenten, zur Ermittlung der Nutzer verschiedener

	Exploratives Design	Deskriptives Design	Experimentelles Design
Kenntnisstand	gering	präzise formuliert	präzise formuliert
Ziele der Forschung	Präzisierung von Marketing-Entscheidungs- und Marktforschungsproblemen (Hypothesenfindung) Prioritätensetzung für die Projektauswahl Anhaltspunkte für die Projektabwicklung	Beschreibung von Markttatbeständen und Ermittlung der Häufigkeit ihres Auftretens Ermittlung des Zusammenhangs zwischen Variablen Prognosen	Aufdeckung von Ursache-Wirkungs-verhältnissen Überprüfung von Marketing-Maßnahmen (Kausalzusammenhänge)
Ausgewählte Methoden des Forschungsdesigns	Literatursichtung Analyse bereits vorliegender interner und externer Daten Befragung von Experten	Standardisierte Befragung bzw. Beobachtung möglichst repräsentativer Teilerhebungen aus der Grundgesamtheit Systematische (statistische) Analyse von Sekundärdaten (insbesondere von Paneldaten)	Laborexperimente Marktexperimente

Abbildung 9: Forschungsdesigns

Medien sowie für die Ermittlung von Bekanntheitsgraden und Einstellungen etc. Eine weitere Aufgabe ist die Prognose der Marktentwicklung und letztlich die (statistische) Abschätzung der Wirkung von Marketing-Maßnahmen.

Einen Schritt weiter als die deskriptiven gehen die **experimentellen Forschungsdesigns**. Hierbei geht es um die Abschätzung der Wirkung von Marketing-Maßnahmen unter gleichzeitiger Kontrolle von Störfaktoren (z. B. Ausschaltung von Konkurrenzeinflüssen, von Saisonbeeinträchtigungen usw.) in Experimenten (vgl. im Folgenden Böhler 2004, S. 42ff.).

Ein klassisches Experimentdesign ist die Vorher-Nachher-Messung mit Experiment- (EG) und Kontrollgruppe (KG).

Ein Beispiel soll den Grundgedanken dieses Designs verdeutlichen: Um den Einfluss einer 10 %igen Preissenkung (experimentelle Maßnahme) auf den Marktanteil eines Fruchtsaftgetränks zu ermitteln, wird in einer Experimentgruppe von 10 Lebensmittelgeschäften die Marke zum niedrigeren Preis (x) und in 10 weiteren Lebensmittelgeschäften (der Kontrollgruppe) weiterhin zum alten Preis angeboten. Vor Durchführung des Experiments werden in der Experiment- und in der Kontrollgruppe die im letzten Monat erzielten Marktanteile des Fruchtsaftgetränks ermittelt (Messungen M1 und M3). Nach Durchführung des einwöchigen Experiments werden wiederum die Marktanteile in der Experiment- und in der Kontrollgruppe erfasst (Messungen M2 und M4). In der Zwischenzeit haben jedoch mehrere Störfaktoren gewirkt: Durch Distributionsschwierigkeiten war die Konkurrenzmarke B eine Zeit lang nicht lieferbar und Konkurrent C versuchte, seinen Absatz durch verstärkte Werbung und Verkaufsförderung zu beleben. Da sich diese Störfaktoren sowohl auf die Abverkäufe in der Experiment- als auch in der Kontrollgruppe gleichermaßen auswirkten, lässt sich die durch die Preissenkung hervorgerufene Änderung des Marktanteils durch die Differenzbildung herausrechnen. Die Ergebnisse sind:

	Marktanteil im letzten Monat	Experiment-faktor X	Marktanteil im entsprechenden Monat
EG	$M_1 = 15,0\,\%$	Preissenkung um 10 %	$M_2 = 18,0\,\%$
KG	$M_3 = 14,5\,\%$	-	$M_1 = 12,0\,\%$

Abbildung 10: Vorher-Nachher-Messung mit EG und KG (Quelle: Böhler 2004, S. 44)

Die Experimentwirkung berechnet sich wie folgt:

$$(18\,\% - 15\,\%) - (12\,\% - 14,5\,\%) = (3\,\%) - (-2,5\,\%) = 5,5\,\%$$

Da Störgrößen in der Kontrollgruppe zu einem Marktanteilsrückgang von 2,5 % geführt haben und anzunehmen ist, dass hiervon auch die Experimentgruppe betroffen wurde, ist die Wirkung der Preissenkung auf den Marktanteil letztlich 5,5 %.

Experimente werden in der Marktforschungspraxis als Labor- oder als Marktexperiment durchgeführt.

Das **Laborexperiment** findet in einem »künstlichen« Umfeld statt, das genau die Bedingungen aufweist, die der Experimentator möchte (z. B. Süßwarenregal im Studio eines Marktforschungsinstituts). Demgegenüber werden **Marktexperimente** in einem »natürlichen« Umfeld durchgeführt (z. B. in Geschäften des Einzelhandels, in einer Stadt oder einem Nielsen-Gebiet). Zu den wichtigsten Laborexperimenten zählen Preis- und Werbemitteltests sowie die Ermittlung des Einführungserfolgs neuer Produkte.

Zu den wichtigsten Marktexperimenten zählen Store-Tests sowie lokale und regionale Testmärkte. Beim Store-Test wird die jeweilige Marketing-Maßnahme in einer Anzahl von Einzelhandelsgeschäften überprüft. Die Ergebnisse, wie Umsatz oder Marktanteil, werden durch Scannerkassen bzw. per Inventur durch Mitarbeiter des Instituts erfasst. Beim lokalen Testmarkt dienen eine kleinere Stadt oder einzelne Stadtgebiete als Testgebiet. Als wichtige Variante ist vor allem GfK-BehaviorScan zu nennen, das zur experimentellen Überprüfung von Marketing-Maßnahmen (Produkte, Verpackungen, Marken, Preise, Verkaufsförderungsmaßnahmen, Fernseh- und Printwerbung etc.) dient. Beim regionalen Testmarkt werden Marketing-Maßnahmen in einem größeren Marktgebiet (z. B. Bundesland oder Nielsen-Gebiet) erprobt. Beispielsweise wurde vor der nationalen Einführung von Pampers-Windeln der zu erwartende Markterfolg im Saarland überprüft. In den letzten Jahren ist die Bedeutung regionaler Testmärkte wegen der hohen Kosten und der mangelnden Mitarbeit der Handelskonzerne eher zurückgegangen.

2.1.3   Informationsquellen und Methoden der Informationsgewinnung

Nachdem der Informationsbedarf und das Forschungsdesign festgelegt sind, müssen die Informationsquellen und die Erhebungsmethoden bestimmt werden (vgl. Abb. 11).

Sekundärforschung

Sehr große Bedeutung in der Marktforschung kommt der Sekundärforschung zu, bei der auf bereits vorliegendes Datenmaterial zurückgegriffen wird. Bei häufigerem Kundenkontakt kann man zunächst in der Kundendatei weitreichende Informationen ablegen und für eine gezielte individuelle Bearbeitung nutzen, z. B. im Rahmen des Customer Relationship Marketing.

Standardisierte Informationen von Marktforschungsinstituten beruhen zumeist auf Paneldaten. Ein **Panel** ist eine über einen längeren Zeitraum gleich bleibende Teilauswahl von Erhebungseinheiten, die in regelmäßigen Abständen zum gleichen Untersuchungsgegenstand befragt bzw. beobachtet wird (vgl. Böhler 2004, S. 69f.; Be-

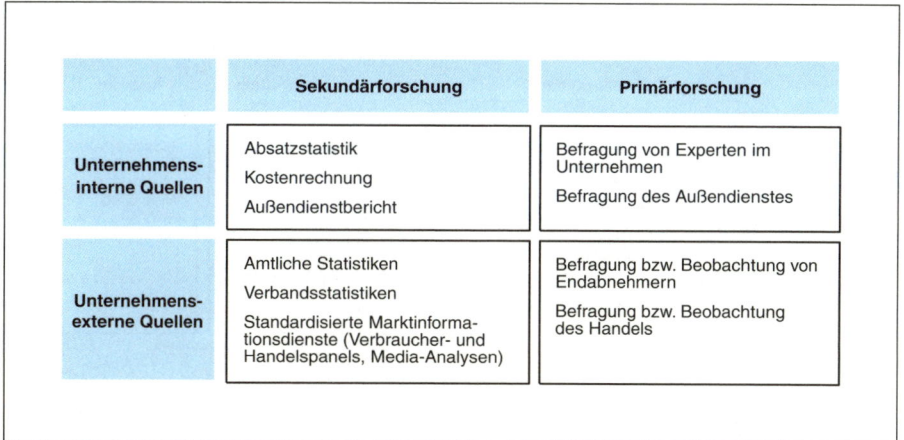

Abbildung 11: Erhebungsmethoden und Informationsquellen (Quelle: Böhler 2004, S. 63)

rekoven/Eckert/Ellenrieder 2004, S. 127f.). Von großer Bedeutung sind vor allem Haushalts- und Einzelhandelspanels.

Die Datenerhebung erfolgt beim Haushaltpanel entweder im Wege der schriftlichen Befragung, indem die Einkäufe in Berichtsbogen einzutragen und an das Institut einzusenden sind, oder durch einen Homescanner. Mit diesem werden die Daten anhand des Balkencodes auf der Produktverpackung erfasst und über Datenfernübertragung an das Institut weitergeleitet. Beim Einzelhandelspanel werden die Absatzzahlen der Produkte zum Teil durch eine Inventur ermittelt, zum Teil anhand von Scannerkassen.

Beide Panelarten bieten zunächst eine Reihe identischer Informationen wie z. B. Angaben über Marktvolumen, Marktanteile, Absatzmengen etc. Andererseits lassen sich nur mit Verbraucherpanels Fragen beantworten, die sich auf die Konsumentenmerkmale und das Konsumentenverhalten beziehen, während Handelspanels Aufschlüsse über die Distribution einer Marke in den Geschäften liefern. Viele Marketing-Entscheidungen benötigen daher Informationen aus beiden Panels.

Primärforschung

Wenn die Analyse von Sekundärmaterial nicht ausreicht, um den Informationsbedarf für Marketing-Entscheidungen zu decken, ist durch Primärforschung das entsprechende Datenmaterial zu beschaffen. Als Erhebungsmethoden lassen sich die Befragung und die Beobachtung unterscheiden. Als Auskunftspersonen für unternehmensinterne Befragungen kommen bspw. Mitglieder der Geschäftsleitung, Experten aus den Fachabteilungen und Außendienstmitarbeiter in Frage. Unternehmensexterne Quellen der Primärforschung sind vor allem die Abnehmer und der Handel.

Bei der **Befragung** werden die Auskunftspersonen durch verbale oder andere Stimuli, wie z. B. schriftliche Fragen, Bilder oder Produkte, zu Aussagen über den Unter-

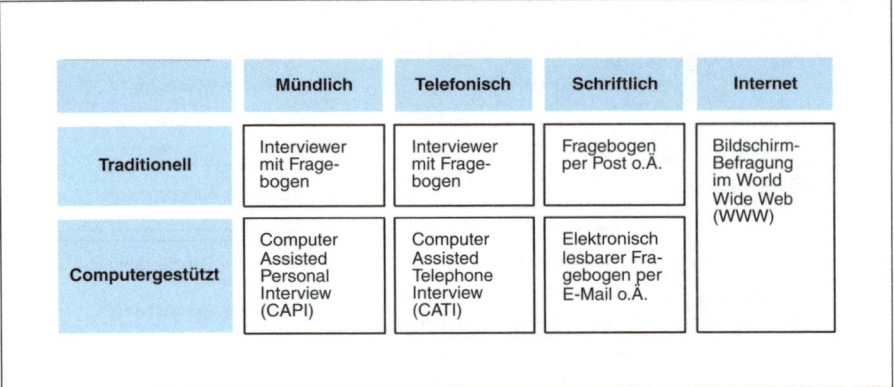

Abbildung 12: Kommunikationsformen bei der Befragung

suchungsgegenstand veranlasst. Bei deskriptiven Designs überwiegt die standardisierte Befragung, der ein strikt einzuhaltender Fragebogen zu Grunde liegt. Von der gewählten Kommunikationsform (vgl. Abb. 12) hängen insbesondere der Umfang, die Zeitdauer, die Kosten und die Qualität der Ergebnisse ab.

So lassen sich bei mündlichen Erhebungen umfangreichere Themengebiete abfragen, wobei sämtliche Stimuli (Fragen, Bilder und Produkte) zum Einsatz kommen können. Dafür ist aber diese Vorgehensweise zeitaufwendig und verursacht hohe Interviewerkosten. Demgegenüber ist die telefonische Befragung billiger und schneller, andererseits ist sowohl die Länge als auch der Inhalt der Befragung begrenzt und daher nur für spezifische Themengebiete, z. B. Abfrage der Markenkenntnis, geeignet. Die schriftliche Befragung und die Internet-Befragung sind zwar vergleichsweise preiswert, leiden jedoch unter mangelnder Repräsentanz, da zumeist nur bestimmte Gruppen der Grundgesamtheit daran teilnehmen.

Die Beobachtung ist eine Datenerhebungsmethode, die auf die planmäßige Erfassung wahrnehmbarer Tatbestände gerichtet ist (vgl. Böhler 2004, S. 102ff.). Bedeutsam ist vor allem die Unterscheidung zwischen persönlicher und apparativer Beobachtung, z. B. Ermittlung der Aktiviertheit im Rahmen der Werbeerfolgsprognose durch einen Apparat, der die Hautleitfähigkeit als Indikator der Erregung aufgrund einer Anzeige misst.

2.1.4   Auswahlverfahren und Durchführung der Erhebung

Im Rahmen der Datenerhebung sind die Erhebungseinheiten (z. B. Personen, Handelsbetriebe) festzulegen, die zu befragen beziehungsweise zu beobachten sind. Bei kleinen Grundgesamtheiten bieten sich Vollerhebungen an (z. B. PKW-Hersteller in Deutschland), ansonsten sind die üblichen Auswahlverfahren der Marktforschung zur Bestimmung der Erhebungseinheiten heranzuziehen (z. B. eine Stichprobe von Personen, die älter als 14 Jahre sind).

Nicht auf dem Zufallsprinzip beruhende Auswahlverfahren

Wichtigstes Verfahren ist hier die Quotenauswahl, bei der die Teilauswahl analog zu der Verteilung einiger Merkmale der Grundgesamtheit aufgebaut ist. In der Praxis werden zu diesem Zweck meist nur einige wenige Merkmale der Grundgesamtheit herangezogen, z. B. Alter, Geschlecht, Beruf, und deren Struktur auf die Quoten der Teilauswahl übertragen. Bspw. muss die Verteilung der Altersgruppen und der Männer- bzw. Frauenanteil in der Teilauswahl der demographischen Struktur Deutschlands entsprechen.

Auf dem Zufallsprinzip beruhende Auswahlverfahren

Die einfache Zufallsauswahl lässt sich am besten durch das Urnenmodell beschreiben: Eine Urne enthält für jedes Element der Grundgesamtheit eine Kugel mit der Angabe des Merkmalswertes des Elements, das sie repräsentiert (z. B. Alter einer Person). Die Kugeln sind gut durchzumischen und anschließend ist eine Stichprobe vom Umfang n zu entnehmen.

Hierdurch hat jedes Element der Grundgesamtheit die gleiche Wahrscheinlichkeit, in die Stichprobe zu gelangen. Eine beliebige Stichprobe vom Umfang n > 30 stammt dann aus einer Grundgesamtheit aller möglichen Stichproben mit dem Mittelwert μ und dem Standardfehler $\sigma_{\bar{x}}$. In diesem Falle kann man vom Mittelwert der Stichprobe $\bar{x}$ (z. B. Alter, Einkommen, Haushaltsgröße einer Stichprobe von Lesern einer Zeitschrift) bzw. vom Anteilswert der Stichprobe (z. B. Prozentsatz der PKW-Besitzer) mit einer vorgegebenen Wahrscheinlichkeit (z. B. z = 2 für 95,5 %) schließen, in welchem Bereich (Konfidenzintervall) der interessierende Wert μ in der Grundgesamtheit liegt:

$$\bar{x} - z \cdot \sigma_{\bar{x}} \leq \mu \leq \bar{x} + z \cdot \sigma_{\bar{x}}$$

(Zur Berechnung des Konfidenzintervalls bei unbekannter Varianz der Grundgesamtheit bzw. zur Berechnung des Konfidenzintervalls bei Prozentsätzen vgl. Böhler 2004, S. 150).

Die einfache Zufallsauswahl lässt sich nur anwenden, wenn man über ein Verzeichnis der Grundgesamtheit verfügt (z. B. die Kunden eines Versandhauses als Grundgesamtheit).

Bei großen Grundgesamtheiten und fehlendem Verzeichnis der zu befragenden Personen greift man häufig auf die Klumpenauswahl zurück. Die Klumpen sind z. B. Wahlbezirke oder Straßenabschnitte in Deutschland, die per Zufall gezogen werden. Im Bezirk kann dann jeder n-te Hauhalt kontaktiert und dort die Auskunftsperson ausgewählt werden. Bei genügend großer Anzahl der Klumpen ist $\bar{x}$ wiederum ein unverzerrter Schätzwert für μ.

Bei der Durchführung einer standardisierten Befragung wird der Fragebogen in einem Pretest auf Verständlichkeit und Fehlerfreiheit überprüft. Anschließend sind bei mündlicher und telefonischer Befragung die Interviewer zu schulen, die Befragten zu kontaktieren und die Antworten im Fragebogen zu vermerken bzw. elektronisch einzugeben. Mit Nachfassaktionen bei schwer erreichbaren Auskunftspersonen und der Interviewerkontrolle ist die Datenerhebung abgeschlossen.

2.1.5   Datenanalyse und Ergebnispräsentation

Nach der Datenerhebung erfolgt die Auswertung mit Hilfe der statistischen Datenanalyse.

Viele Fragestellungen im Marketing lassen sich durch die **univariate Analyse** beantworten, die sich bei der Auswertung isoliert auf jeweils eine einzelne Variable bezieht (z. B. Bekanntheitsgrad, Marktanteil, soziodemographische Merkmale der Käufer).

Werden mehrere Variablen gleichzeitig analysiert, spricht man von **multivariater Analyse**.

Bei der **Dependenzanalyse** wird untersucht, ob sich eine abhängige Variable durch eine oder mehrere unabhängige Variablen erklären bzw. prognostizieren lässt. Beispiele sind die Regressions-, die Diskriminanz- und die Varianzanalyse.

Bei der **multiplen Regressionsanalyse** sind die abhängige Variable y und die unabhängigen Variablen x metrisch skaliert.

$$\hat{y} = b_0 + b_1 \cdot x_1 + b_2 \cdot x_2 + \dots + b_m \cdot x_m$$

$\hat{y}$ kann z. B. der Absatz oder der Marktanteil einer Marke sein, der mit unterschiedlichen Preisen, Werbeausgaben, Ausgaben für Verkaufsförderung etc. einhergeht (so genannte Marktreaktionsfunktion). Ebenso könnte man versuchen, die Verbrauchshöhe eines Haushalts durch das Alter des Haushaltsvorstandes, das Einkommen, die Ausbildungsdauer in Jahren etc. zu erklären. Ein Schätzverfahren für die Regressionskoeffizienten b_0, b_1, …, b_m ist die Kleinstquadrate-Methode, bei der die gesuchte Gerade $\hat{y}$ so in die Beobachtungswerte y_i gelegt wird, dass die Summe der quadrierten Abweichungen minimiert wird:

$$\sum_{i=1}^{n} (y_i - \hat{y}_i)^2 \to \min !$$

Aus der ersten Ableitung dieser Zielfunktion lassen sich die so genannten Normalgleichungen für die Berechnung der Regressionskoeffizienten ableiten. Die Berechnung der Regressionskoeffizienten erfolgt anhand der Beobachtungsdaten der abhängigen und unabhängigen Variablen. Als Resultat erhält man den Ordinatenabschnitt b_0 sowie die Koeffizienten b_1, b_2 etc. Diese zeigen bei Marktreaktionsfunktionen an, in welchem Umfang z. B. der Preis, die Werbeausgaben und die Verkaufsförderung den Marktanteil beeinflussen.

Die **Diskriminanzanalyse** wird angewandt, wenn die abhängige Variable nominal und die unabhängigen Variablen metrisch skaliert sind. Bei der Abhängigen kann es sich um Käufer (Wert der Abhängigen = 1) bzw. Nicht-Käufer (Wert der Abhängigen = 0) einer Marke handeln, wobei z. B. untersucht wird, ob sich die Kaufentscheidung aus soziodemographischen Merkmalen (Alter, Einkommen, Haushaltsgröße) erklären lässt. So interessiert unter Umständen die Frage, ob sich Alfa Romeo-Besitzer von Renault-Besitzern in ihren soziodemographischen Merkmalen oder ihren Persönlichkeitsvariablen unterscheiden. Analog zur Regressionsanalyse lässt sich die Diskriminanzfunktion wie folgt darstellen:

$$\hat{y} = b_0 + b_1 \cdot x_1 + b_2 \cdot x_2 + \dots + b_m \cdot x_m$$

Ziel ist es, die Diskriminanzkoeffizienten b_0, b_1, ..., b_m so festzulegen, dass eine Diskriminanzachse $\hat{y}$ entsteht, auf der die Werte der unabhängigen Variablen die Zugehörigkeit zu einer Gruppe möglichst gut prognostizieren (z. B. Prognose der Markenwahl, der bevorzugten politischen Partei, Insolvenzprognose für ein kreditsuchendes Unternehmen etc.). Die Zielfunktion lautet:

$$\frac{\text{Streuung auf der Diskriminanzachse zwischen den Gruppen}}{\text{Streuung auf der Diskriminanzachse innerhalb der Gruppen}} \rightarrow \max!$$

Aus der ersten Ableitung dieser Zielfunktion lassen sich die Normalgleichungen für die Berechnung der Diskriminanzkoeffizienten ableiten. Die Berechnung der Diskriminanzkoeffizienten erfolgt anhand der Beobachtungsdaten der abhängigen und unabhängigen Variablen. Als Resultat erhält man den Ordinatenabschnitt b_0 sowie die Diskriminanzkoeffizienten b_1, b_2 etc. der Diskriminanzfunktion. Setzt man die Beobachtungsdaten z. B. einer Person (Alter, Schulbildung in Jahren, Haushaltsgröße) in die Diskriminanzfunktion ein, so lässt sich aus diesen Daten, je nach abhängiger Variable, prognostizieren, welche Automarke er kauft, welche Partei er wählt oder ob er kreditwürdig ist.

Die **Varianzanalyse** ist ein Verfahren, mit dem sich feststellen lässt, ob sich die Unterschiede einer metrisch skalierten abhängigen Variablen (z. B. Verbrauchsmenge pro Haushalt) auf die Ausprägung einer oder mehrerer nominalskalierter unabhängiger Variablen zurückführen lassen (z. B. unterschiedliche Packungsalternativen, Werbespots etc., deren Abverkaufswirkung bei verschiedenen Experimentgruppen überprüft wird).

Dabei interessiert die Frage, ob die Unterschiede zwischen den Gruppen auf die experimentellen Maßnahmen zurückzuführen sind oder nicht. Es handelt sich um einen Signifikanztest (so genannter F-Test), dessen Prüfgröße bei nur einem Experimentfaktor (z. B. mehrere Packungsalternativen) lautet:

$$F = \frac{\text{Zwischengruppenstreuung}}{\text{gruppeninterne Streuung}}$$

Ist die Zwischengruppenstreuung aufgrund der unterschiedlichen Marketing-Maßnahmen (hier: Packungsalternativen) bei den Experimentgruppen sehr groß und die Streuung in den Gruppen gering, so kann angenommen werden, dass sich die Wirkungen der jeweiligen Alternativen signifikant unterscheiden. Zu diesem Zweck wird der oben ermittelte empirische F-Wert mit einem tabellarischen F-Wert bei einer gegebenen Irrtumswahrscheinlichkeit verglichen.

Eine zweite Gruppe multivariater Verfahren ist die **Interdependenzanalyse**, bei der der Zusammenhang zwischen allen Variablen untersucht wird, ohne dass es eine Einteilung in Abhängige und Unabhängige gibt. Wichtige Verfahren sind die Faktoren- und die Clusteranalyse.

Ein Hauptanwendungsgebiet der **Faktorenanalyse** beschäftigt sich mit der Frage, ob eine größere Anzahl von Variablen einige wenige Faktoren gemeinsam hat, die ihre Korrelationen erklären. Ein typisches Beispiel ist die Befragung von Personen zu ihrem Lifestyle, indem dutzende Fragen zu ihren Freizeitaktivitäten, ihren Interessensgebieten und ihren Meinungen über Beruf, Haushalt, Familie, Erziehung, Politik, Religion etc. gestellt werden. Wenn z. B. die Meinungen über Erziehung, Politik, Religion hoch

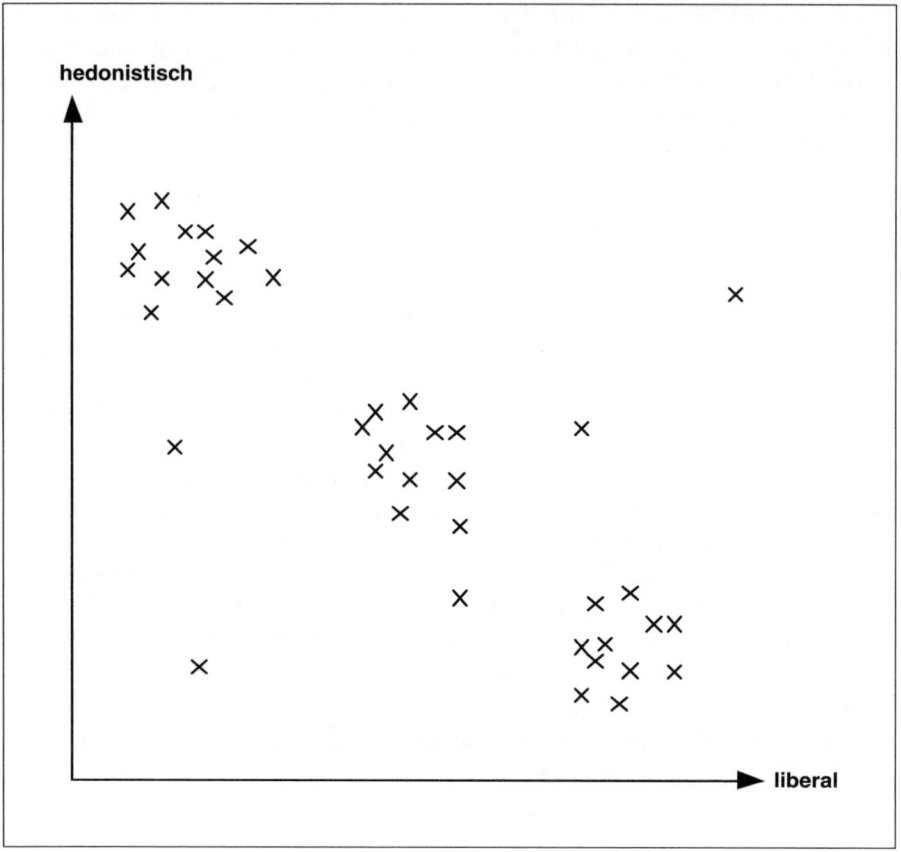

Abbildung 13: Zweidimensionaler Faktorenraum und Positionen der Auskunftspersonen

korrelieren, könnten diese drei Variablen durch einen einzigen Faktor (neue Dimension) ersetzt werden (z. B. durch den Faktor »Konservativismus«). Gleichermaßen können auch die Korrelationen zwischen anderen Variablen (z. B. Meinungen über Freizeit, Urlaubsreisen, gutes Essen etc.) zu einem zweiten Faktor (z. B. »Hedonismus«) führen, der unabhängig von der konservativen Haltung der Befragten ist.

Wenn sich die Vielzahl der Ausgangsvariablen auf zwei Faktoren reduzieren lässt, kann das Ergebnis in einem zweidimensionalen Faktorenraum graphisch dargestellt werden.

Nach der Extraktion der Faktoren können die Werte der Auskunftspersonen auf den neuen Dimensionen (Faktor 1 und Faktor 2) aus den Ausgangswerten berechnet werden:

$$F = b_1 \cdot x_1 + b_2 \cdot x_2 + \dots + b_m \cdot x_m$$

Rechnerisch werden die Koeffizienten b_1 bis b_m so festgelegt, dass der zu ermittelnde erste Faktor ein Maximum der Varianz der Punktewolke der Auskunftspersonen im m-dimensionalen Raum der Ausgangsvariablen erklärt. Der zweite Faktor wird so berechnet, dass er ein Maximum der Restvarianz der Punktwolke erfasst und zum ersten Faktor senkrecht steht. Dieses Verfahren wird so lange fortgeführt, bis keine nennenswerte Restvarianz mehr übrig ist.

Nach der Ermittlung der Faktorenwerte der obigen Gleichung können die Positionen der Personen im Faktorraum abgebildet werden (vgl. obige Abbildung).

Ein weiteres Anwendungsgebiet der Faktorenanalyse ist die Erstellung von **Produktpositionierungsmodellen**, wobei die Ausgangsvariablen die Produkteigenschaften sind, anhand derer Marken von den Auskunftspersonen beurteilt werden. Die Zusammenfassung korrelierender Eigenschaften führt zu einem niedrig dimensionierten Raum, in dem sich die Markenpositionen darstellen lassen (zu den methodischen Problemen der Faktorenanalyse für die Erstellung von Produktpositionierungsmodellen vgl. Böhler/Stölzel 1977, S. 21ff.).

Ziel der **Clusteranalyse** ist es, Objekte zusammenzufassen, die einander ähnlich sind (z. B. Auskunftspersonen mit gleichem Lifestyle), wodurch man z. B. zu Marktsegmenten (in diesem Fall auch Käufertypologien genannt) gelangt, die intern homo-

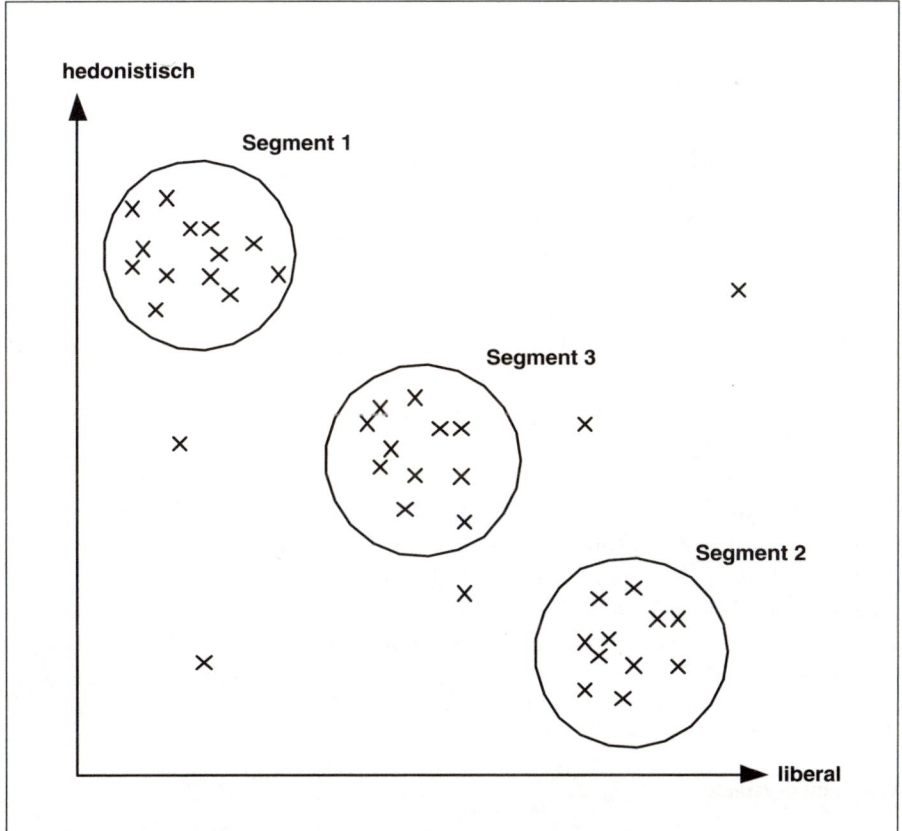

Abbildung 14: Zweidimensionaler Faktorenraum und Cluster der Auskunftspersonen

gen, untereinander jedoch unterschiedlich sind. Bei metrischen Merkmalen, die von einander unabhängig sind, kann als Maß für die Unähnlichkeit zweier Objekte die Euklid-Distanz Anwendung finden:

$$d_{jk} = \left[\sum_{i=1}^{m} \left(x_{ji} - x_{ki} \right)^2 \right]^{1/2} \text{mit: } j, k = \text{Objekte; } i = \text{Merkmale}$$

Bei zwei Merkmalen reduziert sich die Euklid-Distanz auf die übliche Berechnungsformel für die Hypothenuse eines rechtwinkligen Dreiecks ($c = \sqrt{a^2 + b^2}$). In obigem Beispiel würde die Zusammenfassung nahe beieinander liegender Personen zu drei Segmenten führen. Personen, die weitab von den jeweiligen Segmenten positioniert sind, werden als Ausreißer nicht bei der Segmentbildung berücksichtigt.

Nach der Interpretation der statistischen Ergebnisse ist der Forschungsbericht zu erstellen, in dem die Ergebnisse vorgestellt und die methodische Vorgehensweise erläutert werden. Zumeist werden auch Handlungsempfehlungen für das die Forschung auslösende Marketing-Entscheidungsproblem gegeben (z. B. eine Empfehlung, das neue Produkt zu einem bestimmten Preis einzuführen).

2.2 Früherkennung

2.2.1 Begriff und Ansätze der Früherkennung

Konzeption, Aufgaben und Methoden der Früherkennung leiten sich aus dem Verständnis des strategischen Marketing ab. Da die Schaffung und die Erhaltung von Erfolgspotenzialen oft erhebliche Ressourcen binden und einen langfristigen Planungs- und Implementierungszeitraum nach sich ziehen, ist es erforderlich, schon mit Beginn der Strategieplanung die Planungsprämissen zu überwachen. Ergänzend sind mit Hilfe der ungerichteten Überwachung relevante Umweltveränderungen aufzuspüren, um dadurch einen ausreichenden Reaktionszeitraum für eventuelle Strategieänderungen zu haben (vgl. 4. Kap. Abschn. 3).

Früherkennung ist ein systematischer Informationsbeschaffungs- und Informationsverarbeitungsprozess zur rechtzeitigen Erfassung von Umweltveränderungen (Bedrohungen bzw. Gelegenheiten), die in Anbetracht der Stärken bzw. Schwächen der Unternehmung die gegenwärtigen bzw. den Aufbau zukünftiger Erfolgspotenziale gefährden bzw. begünstigen (vgl. auch Müller 1981). Ziel ist es, eine ausreichende Reaktionszeit für die Entwicklung und Implementierung geeigneter Strategien zu gewährleisten (vgl. Böhler 1993, Sp. 1257). Die Ansätze zur Früherkennung lassen sich in drei Kategorien einteilen, die im Folgenden kurz skizziert werden.

Kennzahlensysteme

Anhand von Kennzahlen, die vornehmlich aus dem Rechnungswesen bzw. der Marktforschung ermittelt wurden (z. B. Deckungsbeiträge nach Produktgruppen oder nach

Absatzwegen), versucht man, durch Vergleich der hochgerechneten Ist-Werte mit den Soll-Werten bedrohliche Abweichungen zu prognostizieren (vgl. 4. Kap. Abschn. 2). Die hierdurch ausgelöste »Frühwarnung« soll dann eine rechtzeitige Aktualisierung der überholten Pläne ermöglichen. Die Aussagefähigkeit derartiger Frühwarnansätze ist jedoch begrenzt, da sie sich im Wesentlichen auf Vergangenheitsdaten aus dem operativen Bereich stützen, so dass lediglich akute Krisen aufgezeigt werden.

Frühindikatorensysteme

Diese Ansätze versuchten zunächst nur Gefährdungen durch Frühwarnung aufzuzeigen, um damit ein systematisches Krisenmanagement zu unterstützen (vgl. Krystek 1980). Später wurden auch solche Beobachtungsbereiche und Frühindikatoren gesucht, die Gelegenheiten bzw. Chancen für die Unternehmung aufzeigen sollen. Das Konzept dieser indikatorgestützten Früherkennung geht davon aus, dass sich die Entwicklung einer Zielreihe durch vorauseilende Ereignisse ankündigt. Typische Beispiele für derartige Frühindikatoren sind der Geschäftsklima-Index des ifo-Instituts, der einen eindeutigen Vorlauf vor den Auftragseingängen der Industrie hat, oder die Bevorratung im Handel als Indikator der zukünftigen Bestelltätigkeit.

Maßnahmen zur Sicherung und zum Aufbau von Erfolgspotenzialen können allerdings nur dann rechtzeitig ergriffen werden, wenn alle relevanten Beobachtungsbereiche erfasst und geeignete Frühindikatoren in diesen Beobachtungsbereichen gefunden werden. Die grundlegende Kritik am Indikatoransatz ergibt sich aus seinem starren Vorgehen, bei dem nur die einmal als relevant eingestuften Beobachtungsbereiche und Indikatoren überwacht werden.

Früherkennung strategischer Diskontinuitäten

Diskontinuitäten sind plötzliche Strukturbrüche in der Unternehmensumwelt, aus denen strategische Chancen bzw. Risiken resultieren. Nun sind solche Diskontinuitäten, wie z. B. die Wiedervereinigung Deutschlands oder umwälzende wissenschaftliche Erkenntnisse zur Genmanipulation, nur schwer vorhersehbar, sie kündigen sich aber nach Ansoff durch schwache Signale an (vgl. Ansoff 1976, S. 129ff.). Eine frühzeitige Erfassung und Beurteilung schwacher Signale ist somit das Hauptanliegen der Früherkennung strategischer Diskontinuitäten (z. B. Analyse des Baumsterbens als Indikator für Umweltverschmutzung und wachsendes Ozonloch).

2.2.2   Aufgaben und Methoden der Früherkennung

Abbildung 15 gibt einen Überblick über die Arbeitsschritte der Früherkennung.

Hierbei ist zu beachten, dass es sich nicht um einen linear ablaufenden Prozess handeln kann, da Erkenntnisse auf späteren Stufen dazu führen, dass vorhergehende Arbeitsschritte erneut aufgegriffen werden müssen.

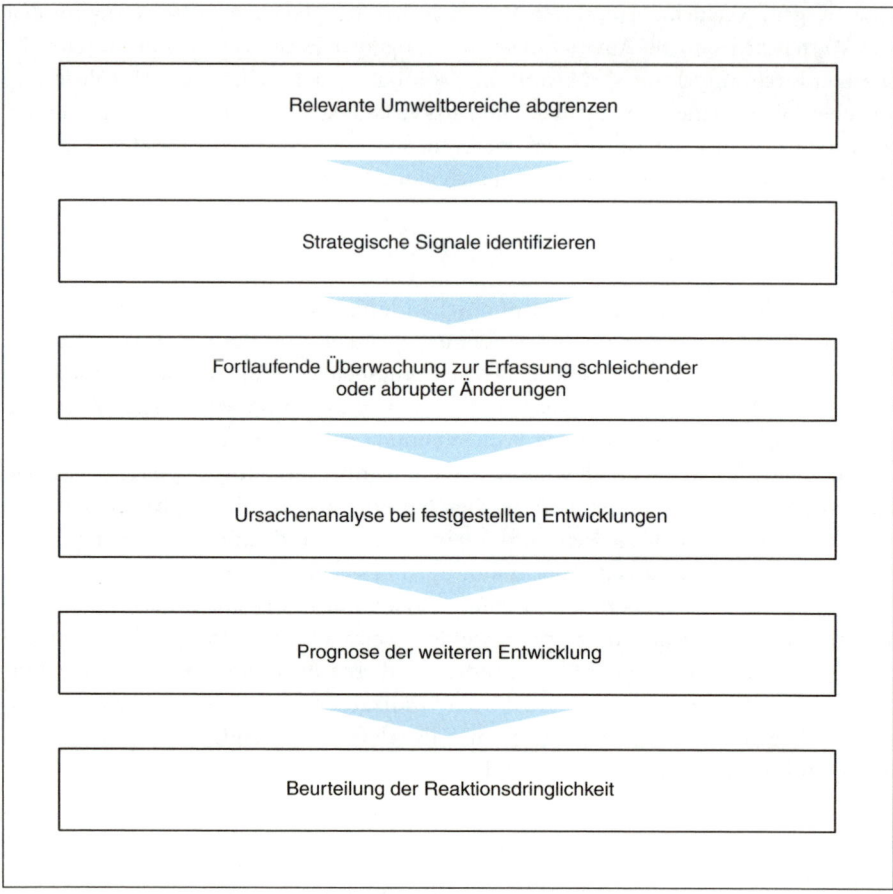

Abbildung 15: Arbeitsschritte der Früherkennung (Quelle: Böhler 1993, Sp. 1261)

Bestimmung der Analysefelder und der Analyseintensität

Früherkennung steht vor dem Dilemma, dass einerseits alle Umwelt- und Unternehmensbereiche überwacht werden müssten, da von ihnen jederzeit potenzielle Bedrohung bzw. Gelegenheiten ausgehen können; andererseits kann die Vielzahl der Beobachtungsfelder und der erfassbaren Signale die Grenzen der Informationsaufnahme- und Informationsverarbeitungskapazität der Unternehmung bei weitem übersteigen. Die Lösung des Problems besteht in einem differenzierten Früherkennungssystem, bei dem Umweltbereiche mit abgestufter Relevanz sowie Informationsbeschaffungsaktivitäten mit abgestuftem Konkretisierungsgrad unterschieden werden.

Hilfreich ist hier die Unterscheidung in »Monitoring« und »Scanning«. **Monitoring** konzentriert sich bei der Beobachtung und Analyse auf einen aus den strategischen Entscheidungen abgeleiteten, konkreten Informationsbedarf. Demgegenüber befasst sich **Scanning** mit dem Aufspüren neuer Phänomene, z. B. durch Erfassung schwacher Signale innerhalb und auch außerhalb der derzeit relevanten Märkte und Umweltbereiche.

Erfassung strategisch relevanter Signale

Für die Erfassung strategisch relevanter Signale bietet es sich an, zunächst die wichtigsten strategischen Variablen in den zentralen Umfeldern und in der Unternehmung zu ermitteln (SWOT-Analyse). Von großer Bedeutung ist hier die Überwachung der strategischen Erfolgsfaktoren (z. B. Marktvolumen, Marktwachstum, Marktanteil, Konkurrenzstrategien), da sie als Indikatoren der Erfolgspotenziale einen weitreichenden Zeithorizont eröffnen. Als Orientierungsrahmen zur Identifizierung der strategischen Umwelt- bzw. Unternehmensvariablen können die Determinanten des Wettbewerbs nach Porter (vgl. Porter 1999, S. 33ff.) bzw. die im so genannt PIMS-Programm ermittelten Einflussfaktoren des Return on Investment und des Cash Flow (z. B. Marktanteil, Produktqualität im Verhältnis zur Konkurrenz, Marktwachstum etc.) herangezogen werden (vgl. Abell/Hammond 1979, S. 271ff.). Neben diesen Indikatoren der Marktattraktivität und der Wettbewerbsstärke der vorhandenen und zukünftigen strategischen Geschäftsfelder ist vor allem die Erfassung von Indikatoren der Technologieattraktivität und der Ressourcenstärke von Bedeutung. Gerade die Überwachung dieser Indikatoren im Rahmen von Technologie- oder Ressourcenportfolios (vgl. Wolfrum 1994, S. S. 111ff. und S. 220ff.; Rasche 1994, S. 55ff.) zeigt Gelegenheiten im Sinne von Innovationschancen bzw. Bedrohungen durch Substitutionstechnologien früher an, als dies bei der Analyse von Marktportfolios möglich ist (vgl. auch 3. Kap. Abschn. 2.2.4 sowie Scigliano 2003, S. 114ff.).

Feststellung von Diskontinuitäten und Ursachenanalyse

Um diskontinuierliche Entwicklungen aufzuspüren, können quantitative Zeitreihen bspw. volkswirtschaftlicher Daten mit Hilfe statistischer Verfahren im Hinblick auf Strukturbrüche oder auch auf schleichende Veränderungen überprüft werden. Die neueren Ansätze zur Früherkennung schwacher Signale bedienen sich zusätzlich der systematischen Generierung und Auswertung von Expertenaussagen. Beim »Strategic Assumption Surfacing and Testing« erarbeiten mehrere Arbeitsgruppen die Planannahmen, die für die erfolgreiche Realisierung der zu betrachtenden Strategie erfüllt sein müssen (z. B. Annahmen über die Akzeptanz einer neuen Technologie in der Bevölkerung). Bei divergierenden Gruppenauffassungen werden anschließend Informationsbeschaffungsaktivitäten zur Verbesserung des Wissensstandes über die kritischen Planannahmen festgelegt (vgl. Mason/Mitroff 1981).

Entwicklungsprognose

Sind die Ursachen einer Diskontinuität aufgespürt, z. B. Änderung von Lifestyles als Grund für einen Marktanteilsrückgang, so ist nun die Prognose der möglichen Entwicklungspfade der kritischen Variablen (hier: des Lifestyles) erforderlich. Zur Prognose der kritischen Variablen kommen alle üblichen quantitativen und qualitativen Prognoseverfahren in Frage. Zudem ist die Szenario-Technik besonders geeignet, mit deren Hilfe sich alternative zukünftige Umweltsituationen sowie die zu ihnen führenden Entwicklungspfade aufzeigen lassen (vgl. Reibnitz 1992, S. 23ff.).

Abweichungsbeurteilung und Bestimmung der Reaktionsdringlichkeit

Prognostizierte Abweichungen kritischer Planannahmen bzw. Hinweise auf strategische Diskontinuitäten müssen daraufhin untersucht werden, ob eine Reaktion erforderlich ist.

Ein relativ einfacher Ansatz zur Ermittlung der Reaktionsdringlichkeit ist die in Abb. 16 dargestellte Impact-Analyse.

Der Einfluss möglicher Umweltentwicklungen auf die strategischen Geschäftsfelder wird vom Management durch Angabe von Punktwerten geschätzt. Die Summierung der Punktwerte eines Geschäftsfeldes über die Umweltfaktoren kann aufzeigen, welche Geschäftsfelder besonders günstige bzw. gefährliche Rahmenbedingungen aufweisen, so dass für sie entsprechende Maßnahmen einzuleiten sind. Die Summierung der Punktwerte eines Umweltfaktors über alle SGF hinweg zeigt, welche Umweltentwicklungen für das Gesamtunternehmen chancen- bzw. risikoreich sind.

Umweltbereich	SGF 1	SGF 2	SGF 3	Gesamt
Ökonomische Kriterien				
Bruttoinlandsprodukt	- 3	- 2	+ 1	- 5 / + 1
Zinsen	- 3	0	0	- 3 / 0
Politisch-rechtl. Kriterien				
Umweltschutz	- 1	+ 2	0	- 1 / + 2
Subventionen	0	+ 1	+ 1	0 / + 2
Technologische Kriterien				
Produkttechnologien	+ 2	+ 2	+ 3	0 / + 7
Verfahrenstechnologien	+ 1	0	0	0 / + 1
Soziokulturelle Kriterien				
Bevölkerungsentwicklung	- 1	- 2	+ 4	- 3 / + 4
Einstellung zum Konsum	- 1	0	0	- 1 / 0
Gesamt	- 9 / + 3	- 4 / + 5	0 / + 9	

Abbildung 16: Impact-Analyse für Entwicklungen der Makroumwelt (Quelle: Köhler 1993, S. 54)

3   Analysefelder

3.1   Externe Analysefelder

Im Rahmen der Methoden der Früherkennung wurden bereits die wichtigsten Analysefelder der Makroumwelt aufgeführt. Die folgenden Ausführungen konzentrieren sich daher auf den Absatzmarkt und dort auf die Konsumenten und die Konkurrenten.

3.1.1   Analyse des Konsumentenverhaltens

Die Analyse des Konsumentenverhaltens ist eine wichtige Grundlage für die Festlegung der Marketing-Ziele, die Gestaltung der Marketing-Instrumente sowie für die Marketing-Kontrolle. Eine erfolgreiche Marktbearbeitung setzt voraus, dass man das Verhalten der Verbraucher erklären, prognostizieren und damit gezielt beeinflussen kann.

3.1.1.1   S-O-R-Modell

Die Formulierung und empirische Überprüfung von Hypothesen über das Verbraucherverhalten ist Gegenstand der Konsumentenverhaltensforschung (vgl. Kroeber-Riel/Weinberg 2003). Das am weitesten verbreitete, jedoch nicht unumstrittene Paradigma des Konsumentenverhaltens ist das neo-behavioristische S-O-R Modell (vgl. hierzu Graumann 1988, S. 84).

Marketing-Maßnahmen, z. B. die Produktpräsentation im Geschäft, führen zu einem Kontakt mit dem Verbraucher. Wird ein derartiger Marketing-Stimulus von ihm wahrgenommen, setzen mehr oder weniger intensive Gefühls- (z. B. Hungergefühle bei Betrachtung einer Pizza im Kühlregal) und Informationsverarbeitungsprozesse

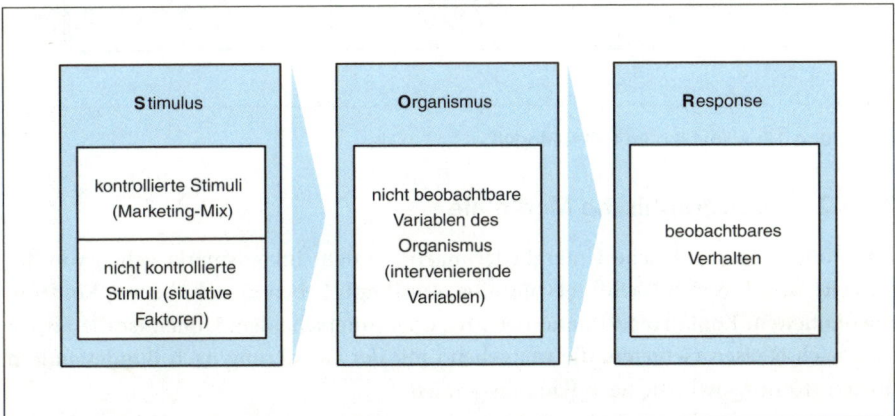

Abbildung 17: S-O-R-Modell des Konsumentenverhaltens

(z. B. Preisvergleich mit anderen Marken) ein, die zu beobachtbaren Reaktionen führen (z. B. Kauf oder Nichtkauf). Die internen Prozesse (intervenierende Variablen) hängen zudem von nicht kontrollierten Stimuli (situativen Faktoren) wie z. B. Familiensituation, Einkommen oder Konkurrenzangeboten ab.

Die verschiedenen Komponenten des S-O-R-Modells geben vielfältige Anregungen für die Marktsegmentierung sowie für die Gestaltung und Kontrolle der Marketing-Instrumente. Dementsprechend kann die Erklärung und Prognose des Konsumentenverhaltens an den situativen Faktoren, den Variablen des Organismus und am beobachteten Verhalten ansetzen.

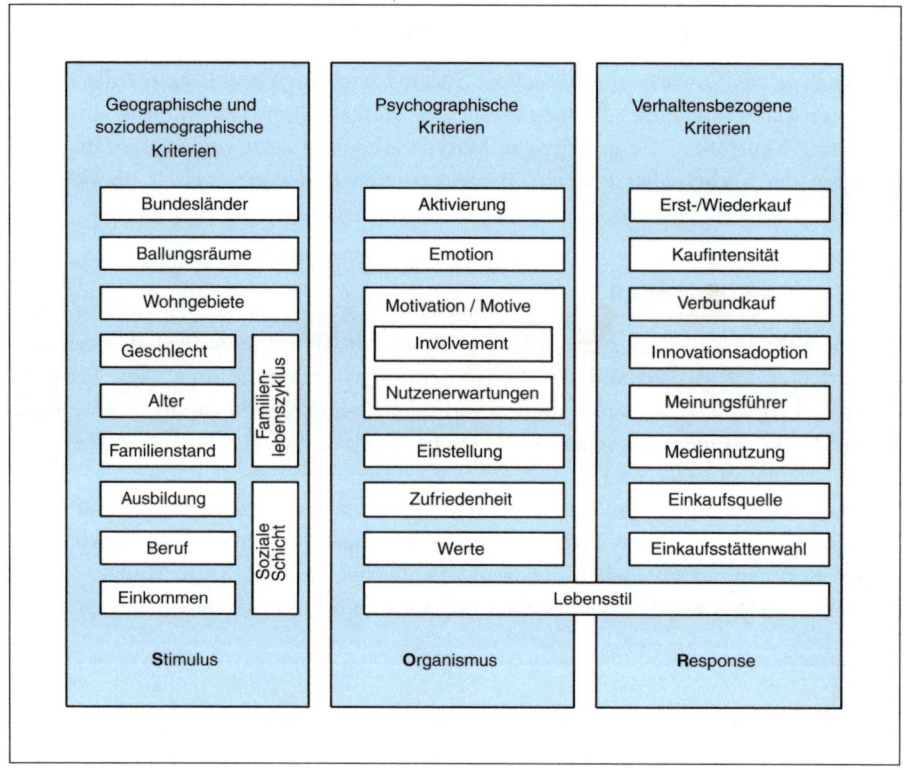

Abbildung 18: Variablen im S-O-R-Modell

3.1.1.2 Geographische Merkmale

Traditionelle geographische Untergliederungen auf dem Inlandsmarkt gehen von der Tatsache aus, dass sich Nachfragevolumina, Kaufkraft, Lebensgewohnheiten, Konsumgewohnheiten, Konkurrenzsituation etc. regional unterscheiden. Üblich ist die Einteilung nach Nielsen-Gebieten, die weitgehend mit der Gliederung nach Bundesländern übereinstimmt sowie die nach Ballungsräumen.

Aus regionalen Untergliederungen ergeben sich bspw. folgende Anhaltspunkte für die Gestaltung der Marketing-Maßnahmen:

- Produkt- und Sortimentspolitik: regionale Anpassung des Angebots im Lebensmittelbereich, Sportartikelsortiment im Handel, regionale Anpassung bundesweit erscheinender Zeitungen und Fernsehsendungen.
- Kommunikationspolitik: regionale Unterschiede beim Einsatz der Kommunikationsinstrumente, der Botschaftsgestaltung und der Werbebudgets.
- Distributionspolitik: unterschiedliche Absatzwege und Betriebsformen in Ballungsräumen und ländlichen Regionen, Handelsvertreter oder Reisender je nach regionalem Marktvolumen.
- Preispolitik: räumliche Preisdifferenzierung.

Mikrogeographische Ansätze untergliedern den Inlandsmarkt bis hin zu Wohnbezirken und erfassen das Einkaufsverhalten bzw. die Sozialmilieus ihrer Bewohner (vgl. Martin 1992). Diese Vorgehensweise erleichtert die Auswahl von attraktiven Adressen und die gezielte Ansprache von Haushalten im Direktmarketing. So wird bspw. nur Adressen in gehobenen Wohnbezirken ein Angebot von American Express unterbreitet, wodurch sich die Streuverluste gegenüber einer bundesweit flächendeckenden Ansprache geringer halten lassen.

3.1.1.3   Demographische und sozioökonomische Merkmale

Demographische und sozioökonomische Einflussfaktoren des Konsumentenverhaltens, wie z. B. Alter, Einkommen, Beruf, Geschlecht, Familienstand, sind einfach und kostengünstig durch die Nutzung von Sekundärmaterial, wie Volkszählungsdaten, Veröffentlichungen der statistischen Landesämter sowie der Arbeitsgemeinschaft Media-Analyse e. V. etc., zu beschaffen.

Soziodemographische Segmentierungen erlauben eine erste Abgrenzung von Käufern bzw. Nichtkäufern einer Produktart. So sind z. B. Alter und Familienstand entscheidende Einflussfaktoren für den Bedarf an Babyartikeln, Einrichtungsgegenständen etc. Des Weiteren lässt sich das Angebot an Produkten und Dienstleistungen für soziodemographisch gebildete Segmente spezifisch gestalten. Beispiele sind Mode, Urlaubsangebote, Zeitschriften, Fernseh- und Radiosendungen, Versicherungsangebote etc.

Auch die Mediaselektion erfolgt überwiegend anhand soziodemographischer Merkmale der anvisierten Zielgruppen (z. B. Young Miss für die Teenager-Kleidung, FAZ für die Werbung von Sixt Budget). Entsprechendes gilt auch für die Botschaftsgestaltung und die Kommunikatorauswahl.

Im Rahmen der Preispolitik erfolgt häufig eine Preisdifferenzierung nach Alter, Beruf und Familienstand und in der Distributionspolitik eine entsprechende Betriebsformenwahl und Verkaufsstättengestaltung.

Weitergehende Erklärungen für den Bedarf in einer Produktgattung erhofft man sich durch Zusammenfassung mehrerer soziodemographischer Kriterien zu einem Index, wie z. B. beim Familienlebenszyklus (verheiratet, Anzahl der Kinder, berufstätig etc.) oder bei der Sozialen Schicht (z. B. vermögende Akademiker).

Allerdings ist die Prognose des Markenwahlverhaltens anhand soziodemographischer Merkmale nur in geringem Umfang möglich. So ist bei einem vermögenden Akademiker kaum vorhersehbar, ob er einen Mercedes S-Klasse, einen 12-Zylinder Audi A8 oder einen BMW 750 kaufen wird.

3.1.1.4   Psychographische Merkmale

Bessere Anhaltspunkte für die Erklärung und Prognose des Käuferverhaltens verspricht man sich von den Variablen des Organismus (so genannte psychographische Kriterien). Im Folgenden werden die wichtigsten emotionalen und kognitiven Konstrukte und ihre Anwendung im Marketing skizziert.

Aktiviertheit

Unter Aktiviertheit versteht man einen unspezifischen Erregungszustand des Zentralnervensystems, bedingt durch innere (z. B. Hunger, Durst) und äußere Reize (z. B. Werbespot).

Da mit der Erregung des Organismus vielfältige Aktivitäten (Hautleitfähigkeit, Herzschlagfrequenz, Blutdruck, hirnelektrische Aktivitäten, Muskel- und Atmungsaktivitäten) einhergehen, wurden entsprechende Messverfahren entwickelt, um den Zusammenhang zwischen einem äußeren Reiz (z. B. visuell oder auditiv) und der Aktiviertheit zu messen. Abb. 19 zeigt die Hautleitfähigkeitskurve nach einer Reizpräsentation:

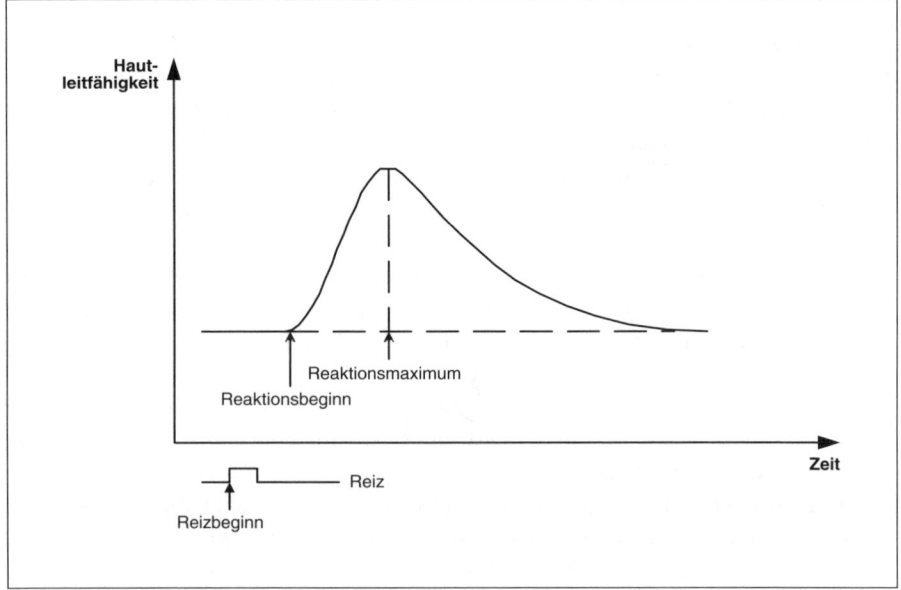

Abbildung 19: Idealisierte Hautleitfähigkeit als Indikator der Aktiviertheit (Quelle: in Anlehnung Vossel/Zimmer 1998, S. 55)

Zumeist wird das Ausmaß der Amplitude im Maximum der Hautleitfähigkeit als Indikator für die Aktiviertheit der Versuchsperson verwendet.

Die Aktiviertheit kann als Kontinuum von sehr niedrig bis sehr hoch verstanden werden, wobei vereinfacht unterstellt wird, dass mit zunehmender Aktiviertheit der Organismus zunächst in die Lage versetzt wird, höhere mentale und körperliche Leistungen zu erbringen, bei weitergehender Aktiviertheit die Leistung jedoch abfällt. Diese Hypothese einer umgekehrt U-förmigen Beziehung zwischen Aktiviertheit und Leistung geht auf Experimente von Yerkes/Dodson und Malmo zurück (vgl. Yerkes/Dodson 1908, S. 471; Malmo 1959, S. 384).

Konsequenzen für die Gestaltung der Marketing-Maßnahmen ergeben sich insoweit, dass jede Maßnahme ein gewisses Ausmaß an Aktiviertheit erzeugen muss, da sie nur dann Aufmerksamkeit weckt und weitergehend zur Informationsverarbeitung und -speicherung führt. In der Produktpolitik kann dies bspw. durch entsprechende Bilder auf der Verpackung erreicht werden, in der Botschaftsgestaltung werden zielgruppenspezifisch emotional positiv besetzte Reize genutzt, wie z. B. Landschaften, Babys, Tiere, schöne Menschen, Musik. Für die Preis- und Distributionspolitik ergeben sich insbesondere Anhaltspunkte für die Gestaltung der Preisauszeichnung (z. B. Preisbrechersymbole), erlebnisorientierte Warenpräsentation und Ladenatmosphäre.

Weitere Möglichkeiten zur Aktivierung bieten sich durch Neuartigkeit (abweichende Botschaftsgestaltung vom Branchentrend), Überraschung (sprechende Preise), Erfahrungswiderspruch (Affe in Anzug und Krawatte) und Reizintensität (laute Musik).

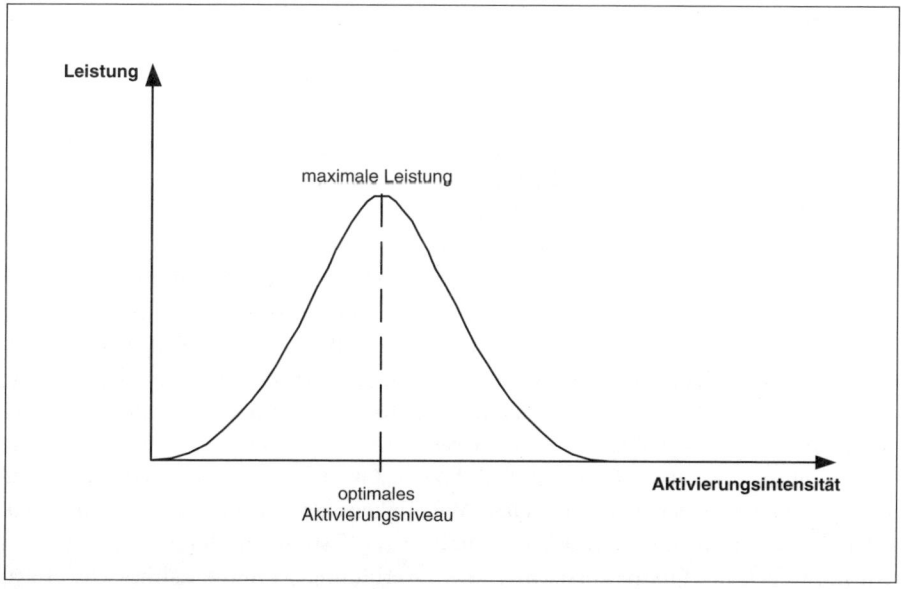

Abbildung 20: Beziehung zwischen Aktivierungsintensität und Leistung (Quelle: in Anlehnung an Vossel/Zimmer, S. 142)

Emotionen

Emotionen sind subjektiv erlebte Gefühlszustände wie Liebe, Freude, Glück, Trauer, Angst, Ekel. Positive Emotionen führen zu Hinwendung und stärkerer Leistung, negative zu Abwendung und Leistungsabfall (Ulich/Mayring 2003, S. 51ff.).

Emotionsmessungen bezüglich eines Marketing-Stimulus können an den bereits bei der Aktivierungsmessung erwähnten physiologischen Indikatoren (Hautleitfähigkeit etc.) ansetzen oder durch Befragung zum subjektivem Erleben erfolgen (Zustimmung zu emotionalen Statements, Vorlage von Eigenschaftswörtern oder von lachenden und weinenden Gesichtern, unter denen der Proband wählen muss).

Die Handlungsbeeinflussung von positiven Emotionen wird, wie bereits bei der Aktiviertheit dargestellt, für die Werbebotschaftsgestaltung, das Produktdesign usw. genutzt. Dabei wird angestrebt, dass die Konsumenten die hervorgerufenen positiven Emotionen auf das Angebot übertragen, so dass sich über die verbesserte Einstellung eine höhere Kaufneigung ergibt (zur emotionalen Produktdifferenzierung vgl. Kroeber-Riel/Weinberg 2003, S. 128ff.).

Motivation/Motiv

Unter Motivation wird ein momentanes Streben von Personen verstanden, einen positiv bewerteten Zielzustand zu erreichen (z. B. Beseitigung von Hunger und Durst, Lernen für das Examen). Mit Motiv bezeichnet man hingegen ein überdauerndes Persönlichkeitsmerkmal (z. B. Machtstreben, Ehrgeiz, Sparsamkeit etc.; vgl. Rheinberg 2002, S. 15ff.).

Erste Anwendungen im Marketing bestanden darin, mehr oder weniger ausführliche **Bedürfniskataloge** wiederzugeben (biologische und soziale Bedürfnisse sowie Bedürfnisse zur Selbstverwirklichung), um Zielgruppen nach deren vermutlich dominanten Bedürfnissen zu bilden. In diesem Genre sind auch Ansätze zur **Nutzen-bzw. Benefitsegmentierung** anzusiedeln. Hierbei wird eine Segmentierung der Käufer nach den von ihnen anvisierten Zielzuständen beim Kauf eines Produktes vorgenommen (z. B. Sicherheit beim Kauf eines Autos).

Die Messung der anvisierten Zielzustände, d. h. der dominierenden Motivationen bzw. Nutzenerwartungen, kann mit verschiedenen Methoden vorgenommen werden: Zunächst bieten sich **projektive Verfahren** an, bei denen Personen spontan erzählen, was ihnen zu einer bestimmten Konsumsituation, z. B. Verwenden einer Handelsmarke bei geselligem Kaffeetrinken, einfällt. Am häufigsten werden standardisierte direkte **Abfragen der Wichtigkeit** von Produkteigenschaften verwendet. So kann z. B. beim Kauf von Zahnpasta gefragt werden, ob der Auskunftsperson die Eigenschaften »Kariesverhütung«, »Preis«, »Geschmack«, »Weiße Zähne« etc. wichtig sind oder nicht. Personen mit gleichen bzw. ähnlichen Wichtigkeitsangaben bei den Produkteigenschaften werden sodann zu Segmenten zusammengefasst, die nach ihrem dominanten Nutzenstreben in »Preisbewusstsein«, »Kariesverhütung«, »Weiße Zähne« etc. etikettiert werden. Bei so genannten **indirekten Befragungen** müssen die Auskunftspersonen verschiedene Produktkonzepte (verbal und bildlich beschriebene Produktvarianten) mit unterschiedlichen Produkteigenschaften (z. B. natürlich, ergiebig, billig bei Waschmitteln) in eine Rangfolge bringen. Aus der Präferenzrangfolge mehrerer unterschiedlicher Konzepte lässt sich mittels statistischer Auswertungsverfahren (so genannt Conjoint Analyse) auf die Wichtigkeit der Produkteigenschaften für die Befragten schließen und eine Segmentbildung vornehmen (vgl. die Ausführungen zum Konzepttest im 3. Kap. Abschn. 2.2.3.3).

Der Aussagewert für das Marketing hängt sowohl bei direkter als auch bei indirekter Befragung von der Auswahl der richtigen Produkteigenschaften, der Auskunftsfähigkeit der Befragten und dem Informationsgehalt der Ergebnisse für die konkrete Gestaltung der Produkte, der Botschaft und des Preises etc. ab (z. B. was bedeutet ein »elegantes Design« oder eine »hohe Qualität«?).

Neben der Analyse von Motivationsstrukturen hinsichtlich der präferierten Produkteigenschaften befasst sich das Marketing mit weiteren spezifischen Motivationsstrukturen. Insbesondere hat sich mit der **Motivation zur Informationssuche** in der Literatur der Begriff des **Involvement** eingebürgert, der, obgleich er in seiner ursprünglichen Wortbedeutung zur Beschreibung des hier vorliegenden Sachverhalt ungeeignet erscheint, im Weiteren Verwendung findet. Das Ausmaß der Informationssuche wird beeinflusst vom Produkt (PKW versus Mehl), von Persönlichkeitsmerkmalen (die sparsame Hausfrau), von der Situation (Freundin kommt zum Essen) und vom Medium (Fachzeitschrift versus Fernsehen). Je nach Intensität der daraus resultierenden Informationssuche einer Person werden darauf abgestellte Werbeinhalte empfohlen. So sind an Informationen interessierte Personen eher durch eine rationale Botschaftsgestaltung anzusprechen, während bei Personen mit niedrigem Interesse nur durch eine emotionale Botschaft eine gewisse Aufmerksamkeit geweckt werden kann.

Andere am Motivationskonstrukt orientierte Marketing-Maßnahmen setzen an riskanten Aktivitäten (Hill-Climbing, Himalaya- und Sahara-Trekking), an der **Erlebnissuche** (Erlebnisparks, Erlebnisshopping) und am **Flow-Erlebnis** (Suche nach Tätigkeiten, in denen man Raum und Zeit vergisst, wie Schach spielen, Computerspiele, Schmökern in Büchern etc.) an (vgl. Csikszentmihalyi 1999).

Einstellungen

Einstellungen (synonym Images) sind erlernte, relativ dauerhafte psychische Neigungen von Individuen, gegenüber Umweltstimuli positiv oder negativ zu reagieren (vgl. Six 1975, S. 271ff.).

Die große Bedeutung von Einstellungen für das Marketing resultiert aus der Hypothese, dass Einstellungen sowohl einzelne psychische Prozesse (z. B. Produktwahrnehmung) als auch das Kaufverhalten steuern. Gemäß der so genannten Zwei-Komponententheorie resultiert die Einstellung einer Person aus ihren differenzierten Vorstellungen über die Objekteigenschaften **(kognitive Komponente)** und der Bewertung dieser Eigenschaften **(affektive Komponente)**.

Die Operationalisierung der Einstellungen erfolgt dadurch, dass an beiden Komponenten angeknüpft wird: Bei der affektiven Komponente werden Gefühlsäußerungen erfasst, bspw. indem die relevanten Produkteigenschaften durch die Auskunftspersonen bewertet werden: »Mein ideales Auto beschleunigt sehr schnell«. Die kognitive Komponente lässt sich durch die Einstufung von Marken auf denselben Eigenschaftsskalen vornehmen, z. B. »BMW 520 beschleunigt sehr schnell«.

Zur Einstellungsmessung können eindimensionale und mehrdimensionale Modelle herangezogen werden (vgl. Böhler 2004, S. 118ff.; Hammann/Erichson 2000, S. 331ff.). Bei **eindimensionalen Modellen** erfolgt die Einstellungsmessung ausschließlich anhand der emotionalen Komponente, indem nur wertende Aussagen über die Eigenschaften des Objektes erhoben werden (z. B. gut – schlecht). Im Weiteren wird ein **mehrdimensionales Einstellungsmodell** erläutert, bei dem sowohl die kognitive (Wissen) als auch die emotionale Komponente (Bewertung) erhoben werden. Bei der kognitiven Komponente werden die subjektiv wahrgenommenen Produkteigenschaften eines Produktes beurteilt (z. B. »BMW 520i ist schnell«). Bei der emotionalen Komponente wird erfasst, wie die Person diese Produkteigenschaft bewertet (z. B. »schnelle Autos finde ich gut«). Im Weiteren wird ein mehrdimensionales Einstellungsmodell mit **Realmarken** und **Idealobjekten** (so genannt **Positionierungsmodell**) dargestellt, d. h. der Analysegegenstand ist die produktspezifische Einstellung.

In einer explorativen Vorstudie werden die einstellungsrelevanten Produkteigenschaften der Zielgruppe erhoben, wobei zumeist die häufigst genannten in einen standardisierten Fragebogen übernommen werden.

Im Rahmen der deskriptiven Hauptstudie erfolgt durch die Befragten zunächst eine Einstufung der wahrgenommenen Eigenschaftsausprägungen der interessierenden Marken auf Eigenschaftsskalen (Realmarken):

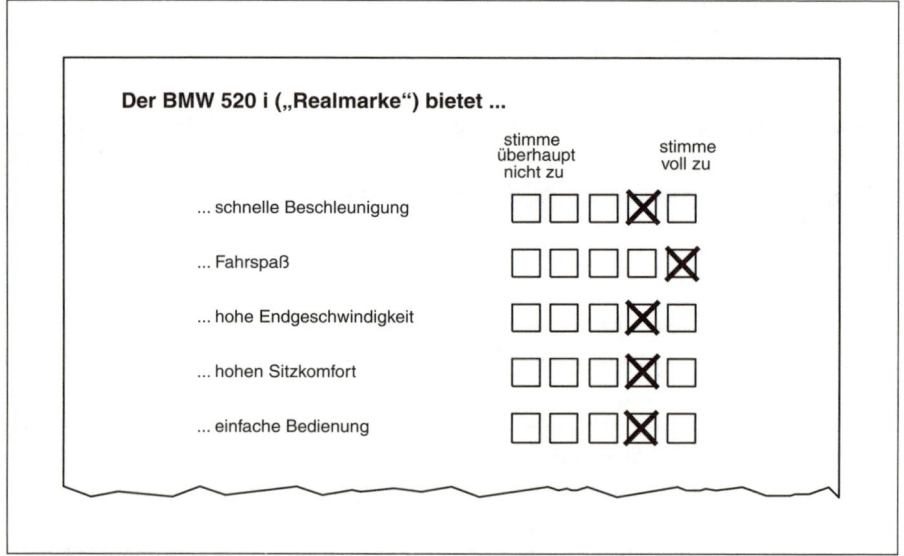

Abbildung 21: Beurteilung der Realmarken

Anschließend werden die als ideal empfundenen Ausprägungen der kaufrelevanten Eigenschaften erhoben (Idealvorstellungen):

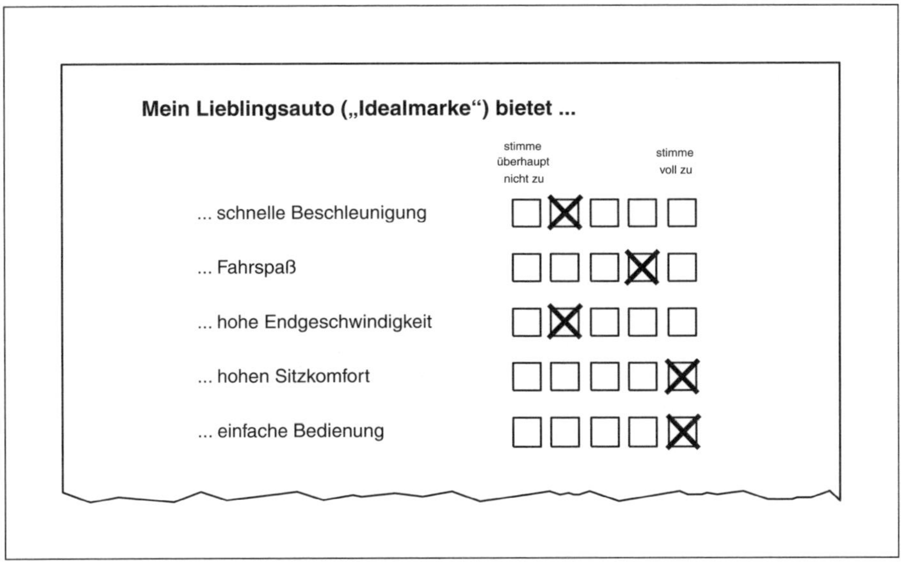

Mein Lieblingsauto („Idealmarke") bietet ...

	stimme überhaupt nicht zu				stimme voll zu
... schnelle Beschleunigung	☐	☒	☐	☐	☐
... Fahrspaß	☐	☐	☐	☒	☐
... hohe Endgeschwindigkeit	☐	☒	☐	☐	☐
... hohen Sitzkomfort	☐	☐	☐	☐	☒
... einfache Bedienung	☐	☐	☐	☐	☒

Abbildung 22: Abfrage der Idealvorstellungen (so genannte Idealobjekte)

Da in der Regel, je nach Produktinteresse der Befragten, eine mehr oder weniger große Anzahl von Eigenschaften relevant sein kann (bei Automobilen z. B. PS-Zahl, Beschleunigung, Höchstgeschwindigkeit sowie Sitzkomfort, Audio- und Navigationssystem), werden diese mehrdimensionalen Eigenschaftsräume zumeist mit Hilfe multivariater statistischer Verfahren (Faktoren- oder Diskriminanzanalyse) auf wenige redundanzfreie Dimensionen reduziert (vgl. Böhler 2004, S. 221ff.). Im obigen Beispiel ließen sich die Ausgangseigenschaften PS-Zahl, Beschleunigung und Höchstgeschwindigkeit zu einer Dimension »Sportlichkeit« und die restlichen Eigenschaften zu einer Dimension »Ausstattungskomfort« zusammenfassen. Üblicherweise werden die Realmarken anhand der Durchschnittsbewertungen der Stichprobe abgebildet, während die individuellen Idealvorstellungen für jede Person eingetragen werden.

Die folgende Abbildung stellt ein fiktives Beispiel für ein zweidimensionales Positionierungsmodell für PKW dar: In einem zweidimensionalen Raum, der durch die Dimensionen »Sportlichkeit« und »Ausstattungskomfort« gebildet wird, sind sowohl die Realmarken als auch die Idealvorstellungen der einzelnen Auskunftspersonen positioniert.

Wie ersichtlich ist, lassen sich aufgrund der Idealvorstellungen der Befragten vier Segmente bilden: Personen in Segment 1 zeichnen sich dadurch aus, dass sie keinen großen Wert auf Komfort und Sportlichkeit legen, wohingegen Personen in Segment 2 zwar eine komfortable Ausstattung erwarten, aber kein PS-starkes Auto wünschen. Die Idealvorstellungen von Segment 1 werden bereits von der Realmarke Dacia Logan, die Idealvorstellung von Segment 2 durch die Marken Audi A4 und die Mercedes C-Klasse abgedeckt. Segment 3, das einen komfortablen und sportlichen PKW wünscht, wird durch die Marke BMW 320i zufrieden gestellt. Segment 4 stellt eine Marktnische

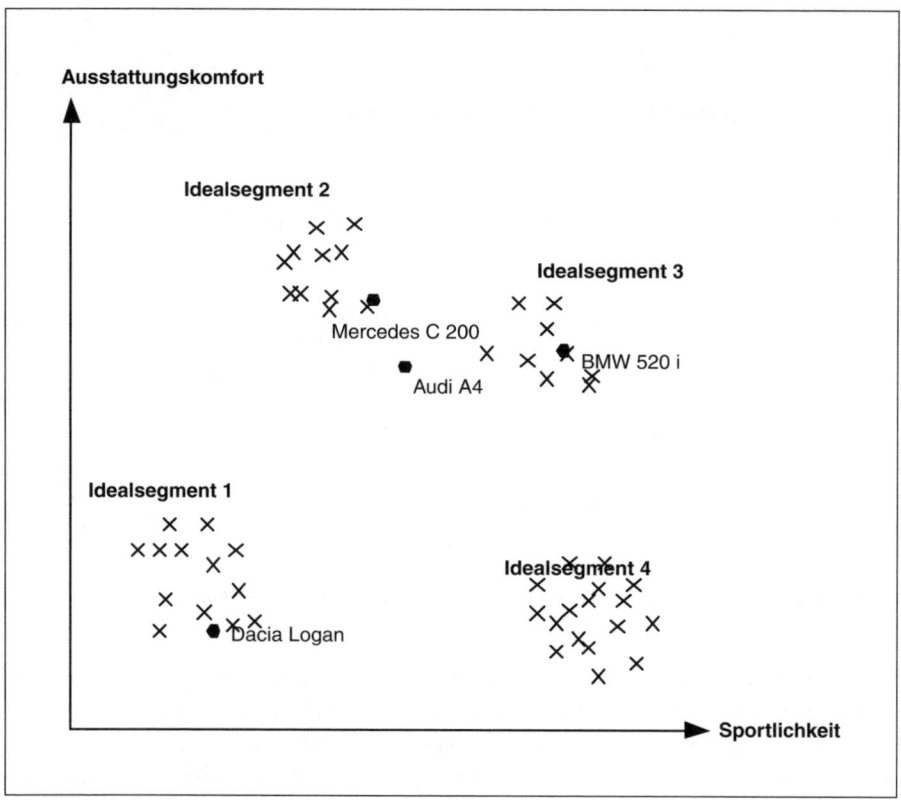

Abbildung 23: Beispielhaftes Positionierungsmodell

dar, da bisher kein entsprechendes Produktangebot existiert. Für die Produktentwicklung lassen sich hieraus mehrere Optionen ableiten (vgl. zu den Strategieoptionen des Positionierungsmodells Freter 1983, S. 117ff.). Ein Unternehmen kann eine Nischenstrategie verfolgen und gezielt ein Neuprodukt für das Segment 4 entwickeln, also einen PKW, bei dem die Racing-Eigenschaften im Vordergrund stehen und die Ausstattung eher spartanisch ist (z. B. Retro-Look englischer Sportwagen). Es besteht aber auch die Möglichkeit, zusätzliche Produktvarianten für die anderen Segmente zu entwickeln (Me-too-Strategie), wobei diese Strategie nur dann erfolgreich sein wird, wenn die Produktvarianten einen deutlichen Wettbewerbsvorteil gegenüber den bestehenden Produkten aufweisen (z. B. einfache Ausstattung und deutlich niedrigerer Preis für Segment 1 oder noch höherer Komfort bei gleichem Preis für Segment 2 etc.).

Derartige Positionierungsmodelle liefern folglich einen Orientierungsrahmen, indem die aktuelle Wettbewerbsposition innerhalb einer Produktgruppe und vor allem die kaufrelevanten Kriterien der Verbraucher und deren Idealvorstellungen aufgedeckt werden. Allerdings sind solchen Positionierungsmodellen im Hinblick auf die Innovativität der resultierenden Neuprodukte Grenzen gesetzt (vgl. auch Brockhoff 1999, S. 145; Haedrich/Tomczak 1996, S. 141.).

- Sie sind nur für bestehende Produktkategorien anwendbar, für die Verbraucher kaufrelevante Kriterien kognitiv verfestigt haben.
- In der Regel werden zur Bildung des Positionierungsmodells solche »Items« herangezogen, die sich im Rahmen explorativer Voruntersuchungen für einen Großteil der Befragten als kaufrelevante Eigenschaften erwiesen haben. Dadurch fallen hochgradig innovative Vorstellungen von Verbrauchern (z. B. neue, bisher vernachlässigte Beurteilungskriterien) heraus.
- Da in der Regel alle Anbieter derartige Studien durchführen, besteht letztlich die Gefahr, dass alle Anbieter wieder die gleichen »Nischen« identifizieren und Produkte hierfür entwickeln.
- Schließlich ist die konkrete Umsetzung im Rahmen der Neuproduktentwicklung schwierig, da sich aus den Dimensionen des Positionierungsmodells (hier z. B. Komfort und Sportlichkeit) nicht ohne weiteres die erforderlichen technischen Produkteigenschaften ableiten lassen.

Zufriedenheit

In engem motivationspsychologischen Zusammenhang mit der Einstellung steht auch das Zufriedenheitskonstrukt. Zufriedenheit mit einem Produkt oder einer Dienstleistung ist hierbei definiert als die Differenz zwischen erwartetem Soll-Zielerreichungsgrad und dem durch ein in Anspruch genommenes Angebot erreichten Ist-Zielerreichungsgrad.

Die Ermittlung der Zufriedenheit kann z. B. durch ein **aktives Beschwerdemanagement** (z. B. Telefonhotline), durch **Abfrage der Gesamtzufriedenheit** (z. B. »Wie zufrieden sind Sie mit uns?«) oder durch **mehrere standardisierte Zufriedenheitsstatements** (z. B. Zufriedenheit mit dem Service, den Preisen, der Liefergeschwindigkeit etc.) erfolgen.

Der Zufriedenheit kommt im Marketing eine hohe Bedeutung als Kontrollgröße der Marketing-Maßnahmen zu, da zumeist davon ausgegangen wird, dass zufriedene Kunden dem Unternehmen treu bleiben **(Kundenbindung)**. Die Verhaltensrelevanz der Zufriedenheit ist allerdings dadurch eingeschränkt, dass zum einen auch sehr zufriedene Kunden den Anbieter wechseln (so genanntes **Variety Seeking-Behavior**) und zum anderen vielfach unzufriedene Kunden dieses dem Anbieter gegenüber nicht äußern, zugleich aber durch bspw. negative Mund-zu-Mund-Propaganda potenzielle Neukunden verprellen. Bei Unzufriedenheit wird durch entsprechende Maßnahmen Abhilfe geschaffen (»Geld zurück-Garantie«, großzügige Umtauschregelung, Kulanz bei Reklamationen etc.).

Werte

Werte lassen sich mit Überzeugungen von persönlich oder sozial erwünschten Eigenschaften oder Zuständen umschreiben, wie z. B. gesundes Leben, Ehrlichkeit, guter Familienvater (vgl. Rokeach 1973).

Werte sind den bisher behandelten Konstrukten übergeordnet, da sie Emotionen, Motive und Einstellungen beeinflussen. Folgende Charakteristika von Werten sind zu betonen:

- Werte beinhalten elementare Verhaltensvorschriften, haben also verbindlichen Charakter (»Du sollst nicht töten!«).
- Werte beeinflussen viele Lebens- und Verhaltensbereiche. Der Wert »gesundes Leben« bspw. führt zu positiven Einstellungen zu gesunder Ernährung, einem ruhigen Wohnort, ausreichendem Urlaub, einer schadstofffreien Einrichtung usw.
- Werte sind abhängig von der Familie oder einer anderen Referenzgruppe, von der sozialen Schicht und der jeweiligen Kultur.
- Werte verändern sich nur langsam im Zeitablauf, z. B. von Generation zu Generation.

Werte sind in Wertesystemen organisiert (z. B. unterscheidet Rokeach zwischen »terminal« und »instrumental values«, vgl. Rokeach 1973, S. 7). Des Weiteren differenzieren Vinson/Scott/Lamont (Vinson/Scott/Lamont 1977, S. 46) insbesondere zwischen globalen und domänenspezifischen Werten: Globale Werte beziehen sich auf zentrale Überzeugungen über erwünschte persönliche Zustände (z. B. »ein erfülltes Leben«, »ein Leben in Frieden«). Domänenspezifische Werte sind Überzeugungen aus ökonomischen, sozialen, religiösen und anderen Bereichen (z. B. »berufliche Karriere und gesellschaftliches Engagement sind wichtig«).

Wie bei Einstellungsstudien beurteilen die Befragten die Aussagen zu Werten auf Ratingskalen danach, wie wichtig der betreffende Wert für sie persönlich ist. Im Rahmen der Datenauswertung können mit Hilfe der Faktorenanalyse korrelierende Werte zusammengefasst und Personen mit ähnlichen Werteprofilen durch Clusteranalyse zu Wertesegmenten aggregiert werden.

Werteunterschiede eignen sich für die Marktsegmentierung, die Produktentwicklung, die Botschaftsgestaltung etc. Sie führen zu unterschiedlichen Präferenzen für Produktkategorien (z. B. Fernseher vs. Haushaltsgeräten), für Marken innerhalb einer Produktkategorie (Bang&Olufsen vs. Sony) und für Produkteigenschaften (Design vs. Preis) (vgl. auch Gaus 2000, S. 131ff.).

Eine Analyse von Werteveränderungen im Zeitablauf ermöglicht die Prognose von Nachfrage- und Präferenzverschiebungen. Werte ändern sich jedoch nur relativ langsam und eignen sich insofern zur Orientierung für die Produktentwicklung in Branchen mit langen Entwicklungszeiten (z. B. Automobilbranche).

Lebensstil

Der wichtigste Ansatz zur Ermittlung von Lebensstilen ist der AIO-Ansatz, bei dem Aktivitäten (Activities), Interessen (Interests) und Meinungen (Opinions) einer Person bezüglich allgemeiner Lebensbereiche (Arbeit, Familie, Religion, Politik etc.), so genannte generelle Lebensstile, oder bezüglich einzelner Produktbereiche (Mode, Kosmetik, Ernährung etc.), so genannte produktspezifische Lebensstile, erfasst werden (vgl. Böhler 1995, Sp. 1091ff.).

Generelle Lebensstile geben ein plastisches Bild existierender Lifestyle-Zielgruppen (z. B. die Yuppies, das traditionelle Arbeitermilieu, die emanzipierte intellektuelle Berufstätige). Dadurch bieten sie Anhaltspunkte dafür, welche Zielgruppen für ein Produktangebot überhaupt in Frage kommen (z. B. Güter des gehobenen Bedarfs), wie der Tenor der Botschaft gestaltet werden sollte und welche Medien für die Erreichung der Zielgruppen in Frage kommen. Zu beachten ist jedoch, dass der Aussagegehalt genereller Lifestyles sowohl hinsichtlich der Produkt- und Medienwahl als auch hinsichtlich ihres Beitrags für die Botschaftsgestaltung i.d.R. nicht wesentlich höher ist als der von sinnvoll gebildeten soziodemographischen Typen (z. B. Familienlebenszyklus).

Produktspezifische Lebensstile werden durch standardisierte Befragungen erfasst, d. h. den Auskunftspersonen werden AIO-Statements zu der jeweiligen Produktkategorie vorgelegt, zu denen sie ihre Zustimmung oder Ablehnung angeben müssen (z. B. »ich kaufe gerne Fertignachspeisen«, »Fertignachspeisen sollten kalorienarm sein« etc.). Durch die Zusammenfassung von Auskunftspersonen mit ähnlichen produktspezifischen AIO-Aussagen mittels Clusteranalyse erhält man Lebensstilsegmente wie z. B. »die Kalorienbewusste«, »die Hausarbeitsscheue« usw. Die Kaufverhaltensrelevanz produktspezifischer Lifestyles ist höher als die der generellen Lifestyles. Sie eignen sich für die Prognose der Markenwahl, der präferierten Produkteigenschaften und Einkaufsstätten sowie für die Gestaltung der Werbebotschaft (»slice of life«).

Kognitive Prozesse

Kognitive Prozesse betreffen die Informationsaufnahme, Informationsverarbeitung und Informationsspeicherung. Sie bestehen aus

- Wahrnehmung, d. h. die Aufnahme von Informationen in das Gehirn,
- Aufmerksamkeit, d. h. die zielgerichtete Aufnahme von Informationen in das Gehirn,
- Lernen, d. h. die Veränderung kognitiver Strukturen,
- Denken und Problemlösen, d. h. die zielgerichtete Informationsverarbeitung sowie
- Gedächtnis, d. h. die Speicherung von Informationen.

Nach dem **Dreispeichermodell** finden diese Vorgänge in drei unterschiedlichen »Speichern« statt, wobei zwischen dem Ultrakurzzeitspeicher, dem Kurzzeitspeicher und dem Langzeitspeicher unterschieden wird.

Der menschliche Organismus ist gleichzeitig einer Vielzahl von Reizen ausgesetzt (z. B. beim Durchblättern einer Zeitschrift). Ein Reiz (z. B. eine Anzeige) prägt sich für kurze Zeit im sensorischen Speicher (Ultrakurzzeitspeicher) ein (z. B. Bildinformationen auf der Netzhaut). Damit diese Informationen vom Ultrakurzzeitspeicher in den Kurzzeitspeicher (Arbeitsspeicher) gelangen, muss der Reiz eine gewisse Schwelle überschreiten (z. B. aktivierende Anzeige für eine Urlaubsreise). Die Reizverarbeitung im Kurzzeitspeicher muss nicht unbedingt zu einer Informationsspeicherung im Langzeitspeicher führen. Dies ist dann der Fall, wenn bei geringer Aufmerksamkeit

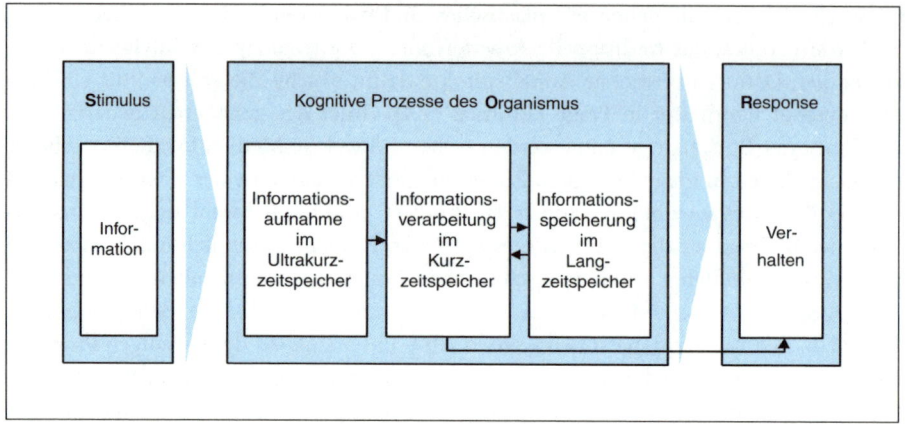

Abbildung 24: Drei-Speicher-Modell kognitiver Prozesse

die Informationen nur oberflächlich aufgenommen werden. In diesem Fall ist eine häufige Wiederholung notwendig, damit eine Speicherung im Gedächtnis erfolgt (z. B. der Markenname und die Vorzüge des Angebots).

Abschließend ist festzustellen, dass eine Trennung in rein kognitive oder rein aktivierende Prozesse nur formal möglich ist. In der Realität setzen sich sämtliche psychische Prozesse des menschlichen Organismus stets aus aktivierenden und kognitiven Komponenten zusammen, wobei der jeweilige Anteil einer Komponente variiert (vgl. z. B. Emotionen versus Einstellungen).

3.1.1.5   Beobachtetes Verhalten

Die Analyse des beobachteten Verhaltens bezieht sich auf das Einkaufsverhalten (z. B. Einkaufstättenwahl, Markentreue), das Medienverhalten (z. B. Leser einer Zeitschrift), den Besitzstand o.Ä. Im Folgenden werden gemäß der Einteilung der Marketing-Maßnahmen vier verhaltensbezogene Kategorien unterschieden: produktbezogenes Verhalten, kommunikationsbezogenes Verhalten, preisbezogenes Verhalten sowie distributionsbezogenes Verhalten.

Produktbezogenes Verhalten

Hierzu zählen die Haushaltseinkäufe (Kauf vs. Nicht-Kauf), die Verbrauchsintensität sowie das Innovationsverhalten der Abnehmer. Diese Analysen stützen sich u. a. auf Daten aus Haushaltspanels und Kundendatenbanken (z. B. Database-Marketing).

Nach dem Kriterium **Kauf versus Nichtkauf** können Käufertypen anhand ihres typischen Warenkorbs in einer Produktgattung gebildet werden. Im Rahmen einer Befragung wurden z. B. die verschiedenen Sportartikeleinkäufe der Auskunftspersonen ermittelt. Käufer von Tennisschuhen, Tenniskleidung, Rackets gegenüber Käufern von Alpinski, Skianzügen, Accessoires sowie Käufer, die lediglich Wanderschuhe und Wanderbekleidung kaufen. Eine Clusteranalyse der individuellen Einkaufsprofile erbrachte die folgenden Käufertypen:

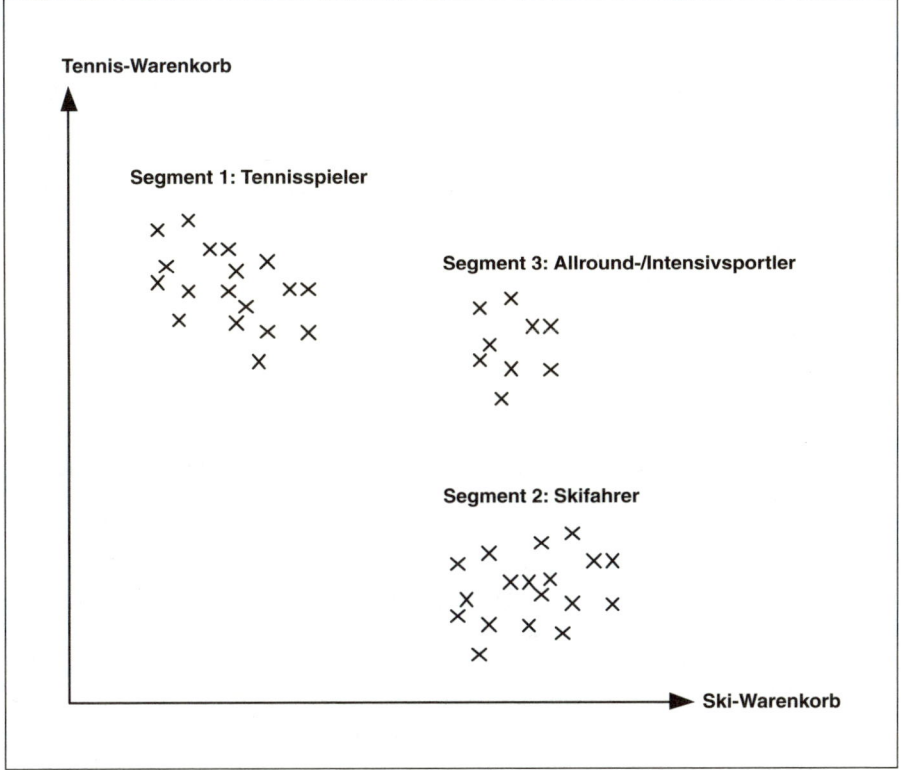

Abbildung 25: Käufertypen (Quelle: Böhler/Zieschang 1987, S. 73ff.)

Ein daraus resultierendes Segment 1 kaufte Joggingschuhe, Allroundturnschuhe, Joggingkleidung, Tennisrackets und -kleidung (Käufe im Tennis-Warenkorb). Ein anderes Segment 2 erwarb vor allem Skiausrüstung (Käufe im Skiwarenkorb). Ein drittes Segment kaufte Artikel aus beiden Sortimentsbereichen. Die zusätzliche Beschreibung der Segmente mit passiven Merkmalen, wie z. B. Soziodemographie, Einkaufsstättenwahl, Nutzenerwartungen, Ausgabenhöhe, ermöglicht die Erreichbarkeit durch Kommunikations- und Distributionspolitik und gibt weitergehende Anhaltspunkte für die Marktbearbeitung (Service und Beratung im Geschäft, Warenpräsentation zur Förderung des Cross-Selling etc.).

Aufgrund ihrer **Verbrauchsintensität** können Konsumenten in verschiedene Segmente eingeteilt werden, z. B. Wenig-Käufer und Intensivverwender. Die Intensivverwender machen oft nur einen kleinen Prozentsatz der Abnehmer aus, haben jedoch einen hohen Anteil am Gesamtverbrauch und besitzen deshalb eine besondere Bedeutung für die Marktbearbeitung (so genannt Heavy-Half-Ansatz). Der Grundgedanke besteht darin, die Marktbearbeitung vorwiegend an den Intensivverwendern auszurichten. Typische Maßnahmen sind Großpackungen für Familien, Auswahl von Medien, mit denen diese Intensivverwender erreicht werden können, Gewährung von Mengenrabatten etc.

Bei der Segmentierung nach dem **Innovationsverhalten** werden Konsumenten nach dem Kaufzeitpunkt seit Einführung des Produktes eingeteilt. Man unterscheidet demnach Innovatoren, Frühadoptoren, die frühe und späte Mehrheit und schließlich die Nachzügler (vgl. Rogers 1962, S. 162). Eine zielgruppenspezifische Marktbearbeitung richtet sich daher zunächst auf Innovatoren und Frühadoptoren, danach folgen zumeist Produktvariation und Preissenkungen, um weitere Schichten anzusprechen.

Kommunikationsbezogenes Verhalten

Gemäß der These von Lazarsfeld erreichen Informationen eines Anbieters ihre Adressaten nicht direkt über Massenmedien, sondern über zwischengeschaltete **Meinungsführer** (Two-Step-Flow-Hypothese) (vgl. Lazarsfeld/Berelson/Gaudet 1948, S. 151ff.). So bilden sich bspw. Studenten ihre Meinung über die Qualität von Lehrbüchern anhand der Aussagen ihrer Professoren bzw. der Assistenten. Des Weiteren haben Meinungsführer einen hohen Einfluss auf die Einstellungen und Verhaltensweisen der übrigen Mitglieder einer sozialen Gruppe.

Ziel einer auf Meinungsführerschaft aufbauenden Kommunikationspolitik muss es sein, die Meinungsführer seiner Zielgruppe zu identifizieren und zu erreichen, damit diese die Botschaft an ihre »Gefolgschaft« weitertragen und somit einen Multiplikatoreffekt auslösen. Dies basiert auf der Modellvorstellung »kleines Budget, große Wirkung«. Ferner besteht die Möglichkeit, Meinungsführer gezielt als Kommunikatoren in der Werbebotschaftsgestaltung einzusetzen.

Probleme ergeben sich allerdings bei der Identifikation der Meinungsführer, zumal es keine generellen, sondern nur produktspezifische Meinungsführer gibt, die jeweils vom Unternehmen zunächst identifiziert werden müssen, um sie gezielt ansprechen zu können. In einigen Produktkategorien sind Meinungsführer aufgrund ihrer beruflichen Stellung jedoch relativ einfach zu ermitteln (z. B. Verkaufspersonal im Handel, Ärzte, Architekten).

Daten über die **Mediennutzung** dienen der Mediaselektion (z. B. quantitative und qualitative Reichweitenwerte; vgl. 3. Kap. Abschn. 3.2.4.1), um die anvisierten Zielgruppen ohne große Streuverluste zu erreichen. Die Mediaselektion wird umso wichtiger, je kleiner das Budget bzw. die anvisierte Zielgruppe ist, da hohe Streuverluste vermieden werden können. So liefern die Allensbacher-Werbeträger-Analyse (AWA) und die Arbeitsgemeinschaft Media Analyse (AGMA) Informationen über die soziodemographische Struktur der Mediennutzer. Des Weiteren werden die Nutzer einzelner Medien nach Verwendungsintensität, Produktbesitz sowie generellen und produktspezifischen Lifestyles beschrieben.

Preisbezogenes Verhalten

Hinsichtlich der Reaktionen der Abnehmer auf Preisforderungen ist eine steigende Polarisierung des Verbraucherverhaltens zu beobachten. Dies schlägt sich einerseits in einem steigenden Marktanteil von Handelsmarken nieder, andererseits neigen Verbraucher bei Produkten des persönlichen Bedarfs sowie bei Produkten mit hohem Sozialprestige zum Kauf von Premiummarken, für die sie Höchstpreise bezahlen. Aufgabe des Marketing muss es sein, nicht in die unprofilierte Mitte zu geraten, sondern die Produkte entweder im Premiumsegment oder im Niedrigpreissegment zu positionieren.

Eines der wichtigsten Marketing-Instrumente ist zudem die Preisdifferenzierung in Abhängigkeit vom Konsumentenverhalten, bei der die letztlich geforderten Preise von den Abnahmemengen (Rabatte, Boni), der Häufigkeit der Nutzung (Bahncard, Miles and More) sowie dem gekauften Leistungsumfang (Ausstattungspakete bei PKW) abhängig gemacht werden (vgl. 3. Kap. Abschn. 4.3.2).

Distributionsbezogenes Verhalten

Daten über das Einkaufsverhalten (Einkaufsstättenwahl, Kauf im stationären Handel, im Versandhandel, im Internet) liefern vor allem die Haushaltspanels. Diese Informationen bilden, neben den Daten aus Handelspanels, die Grundlage für die Wahl der Absatzwege und Betriebsformen sowie für das Category Management.

Wie beim Preisverhalten findet man auch hinsichtlich der Einkaufsstättenwahl die Polarisierungshypothese bestätigt, wonach Verbraucher einerseits bei Discountern einkaufen, andererseits in bestimmten Bedarfsfällen Fachgeschäfte, Boutiquen etc. aufsuchen.

3.1.2   Konkurrenzanalyse

Bei der Konkurrenzanalyse ist der Wettbewerb zwischen den Anbietern des »relevanten Marktes« zu betrachten, d. h. es sind alle Angebote einzubeziehen, die aus Sicht der Abnehmer als äquivalent angesehen werden. Der Einfachheit halber wird jedoch zumeist auf Branchenanalysen zurückgegriffen (Branchenbildung nach dem Konzept der physikalisch-technischen Äquivalenz), wobei hierdurch der Wettbewerb mit Substitutionsprodukten außerhalb der Branche vernachlässigt wird. Deshalb empfiehlt Porter in seinem **Konzept der Five-Forces** die Untersuchung der Konkurrenzintensität zwischen den Anbietern einer Branche, die Bedrohung durch Substitutionsprodukte sowie die Bedrohung durch potenzielle Konkurrenten.

Zur Ermittlung der Bedrohung durch bestehende Wettbewerber in der Branche bieten sich folgende Analysen an (vgl. Köhler 1998, S. 28ff.):

- Ressourcenprofile der Konkurrenten: z. B. die Wertkette.
- Kundenbezogene Konkurrentenanalyse: z. B. Zielgruppen, Marktanteile.
- Produktbezogene Konkurrentenanalyse: Positionierungsmodell, technisch-objektiver Vergleich der Produkte, Kosten und Preise.
- Verhaltensbezogene Konkurrentenanalyse: derzeitige Marketing-Maßnahmen, voraussichtliche Produkteinführungen, Investitionsaktivitäten.

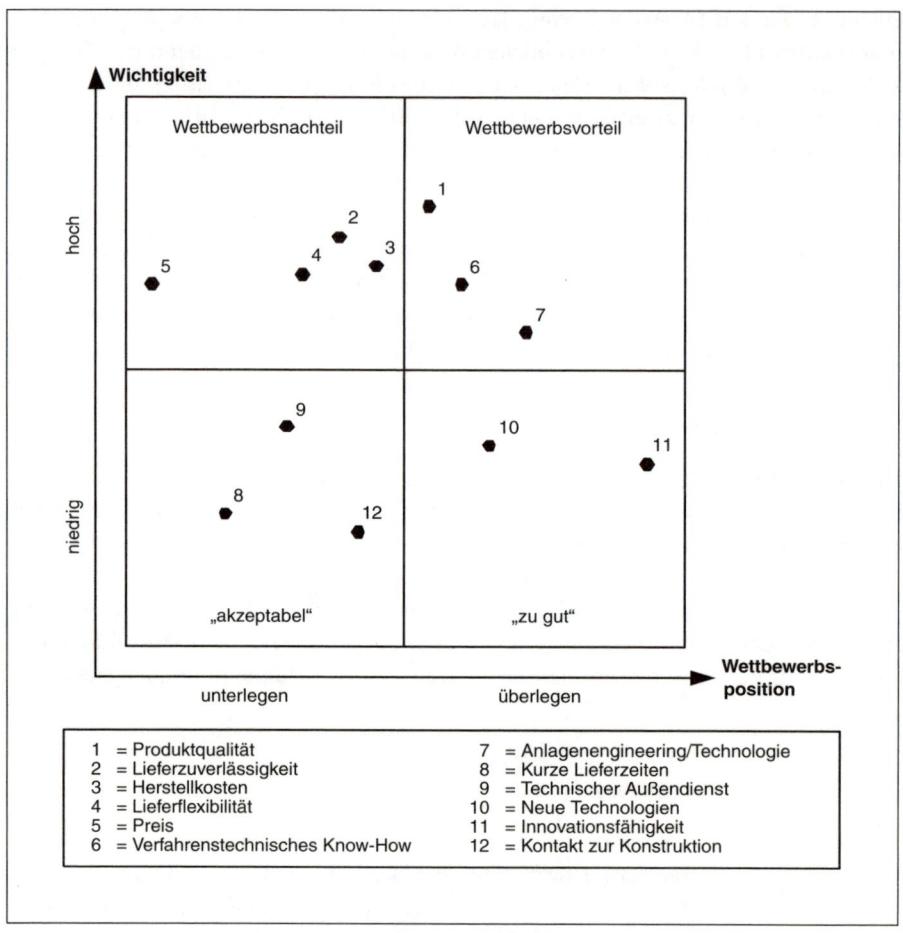

Abbildung 26: Wettbewerbsvorteilsmatrix (Quelle: in Anlehnung an Simon 2000, S. 175ff.)

Zur zusammenfassenden Diagnose der Wettbewerbsvorteile bzw. -nachteile stehen verschiedene Methoden zur Verfügung. Neben dem Positionierungsmodell, der Wertkettenanalyse (2. Kap. Abschn. 3.2.3) und der Portfolioanalyse (3. Kap. Abschn. 2.3.3.1), bieten sich vor allem **Stärken-Schwächen-Analysen** und die darauf aufbauende Wettbewerbsvorteilsmatrix an (vgl. Abb. 26).

In der Wettbewerbsvorteilsmatrix werden zwei Dimensionen zur Ermittlung des strategischen Handlungsbedarfs gegenüber den Konkurrenten verwendet: Zum einen die Wichtigkeit einzelner Leistungsmerkmale aus Kundensicht (Benefits), zum anderen die Vor- bzw. Nachteile des Unternehmens bei diesen Merkmalen gegenüber dem stärksten Konkurrenten. Ein strategischer Wettbewerbsvorteil (KKV) existiert, wenn das Unternehmen überlegen ist und wenn die Abnehmer diesen Vorteil als wichtig erachten. Strategische Wettbewerbsnachteile liegen vor, wenn das Unternehmen bei wichtigen Merkmalen unterlegen ist. Demnach müssten im obigen Beispiel dringend die Lieferzuverlässigkeit sowie die Lieferflexibilität verbessert und die Herstellkosten sowie der Preis gesenkt werden. Bei Leistungsmerkmalen, die aus Sicht des Kunden unwichtig sind und bei denen das Unternehmen überlegen ist, muss im Einzelfall abgewogen werden, ob es sich um eine überflüssige Perfektionierung handelt (»zu gut«) oder ob hier die Basis für zukünftige KKV (neue Technologien) gelegt wird, deren Bedeutung der Kunde nicht abschätzen kann.

Ein weiteres Konzept zur Analyse etablierter Konkurrenten ist das der **Strategischen Gruppen** (vgl. Caves/Porter 1977, S. 241ff.). Die Grundannahme besteht darin, dass sich die Anbieter einer Branche bspw. durch ihre Marktbearbeitungsstrategien und ihr Know-how unterscheiden. Unternehmen, die bei den wichtigsten Wettbewerbsdimensionen und Ressourcen eine ähnliche Strategie verfolgen (z. B. Audi, BMW und Mercedes im PKW-Topsegment), bezeichnet man als Strategische Gruppe.

Zur Bildung Strategischer Gruppen sind in einem ersten Schritt die für die Gruppenbildung relevanten Merkmale zu identifizieren (Porter 1999, S. 183ff.). Hierfür kommen die Marktbearbeitungsstrategie (regionale Marktabdeckung, Breite des Absatzprogramms, verfolgte Markenstrategie), der Ressourceneinsatz (FuE-Budgets, Produktionstechnologie) und Unternehmensmerkmale (Größe, Kapitalkraft) in Frage. Im

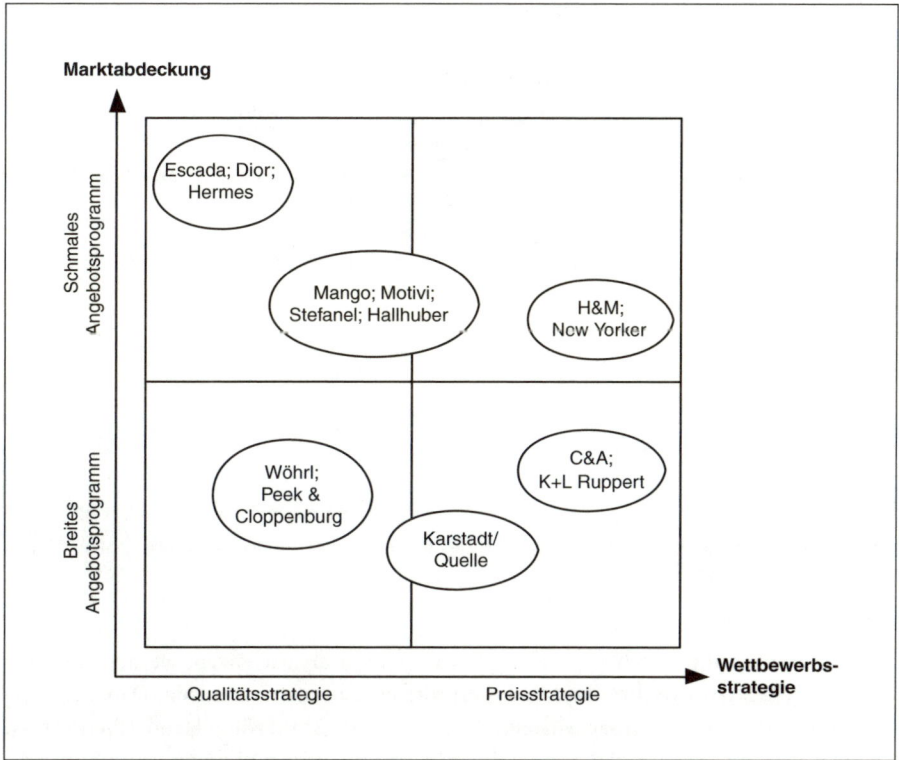

Abbildung 27: Strategische Gruppen im Bekleidungsmarkt

zweiten Schritt werden die Anbieter einer Branche aufgrund ihrer Merkmalsausprägungen zu Strategischen Gruppen zusammengefasst:

Jede dieser Strategischen Gruppe ist von anderen Gruppen durch »Mobilitätsbarrieren« geschützt, die den Übertritt eines Unternehmens in eine andere Strategische Gruppe erschweren. So kann z. B. die Erfolgsstrategie von Dior nicht ohne weiteres von Unternehmen anderer Strategischer Gruppen kopiert werden (z. B. Karstadt/Quelle). Aus diesem Grunde haben z. B. die Hersteller von Massen-PKW wie Ford Nischenanbieter mit exklusiverem Image aufgekauft, um unter deren Namen die eigene Angebotspalette zu erweitern (Volvo, Jaguar).

Ein erweiterter Ansatz zur Wettbewerbsanalyse bezieht nach Porters Modell der **Five-Forces** neben den etablierten Wettbewerbern die Bedrohung durch potenzielle Konkurrenten, Substitutionsprodukte, Zulieferer und Abnehmer mit ein (vgl. hierzu Porter 1999, S. 34ff.)

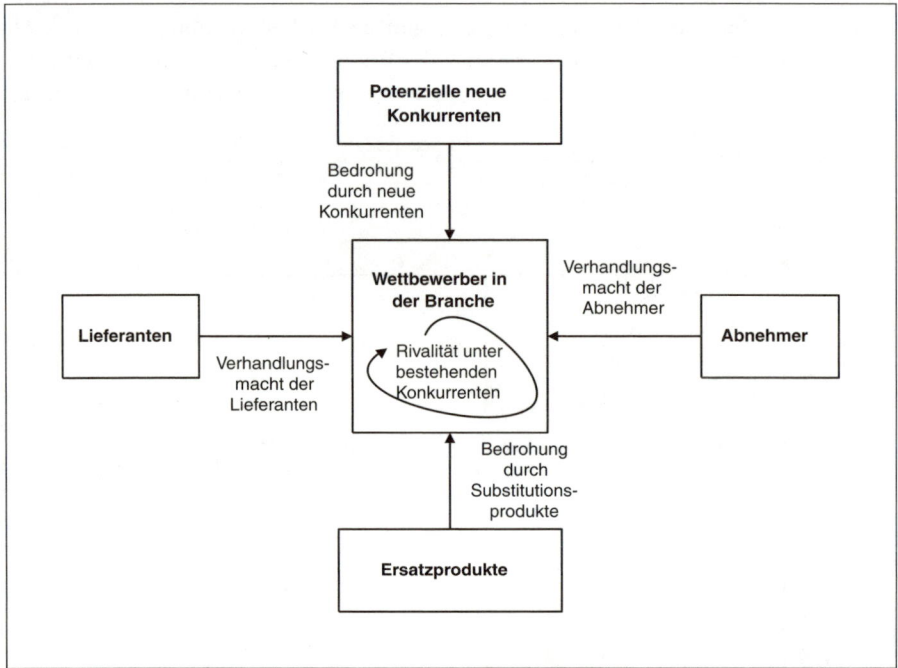

Abbildung 28: Strukturelle Determinanten des Branchenwettbewerbs (Quelle: Porter 1999, S. 34)

Um die Bedrohung durch potenzielle Konkurrenten abzuschätzen, werden üblicherweise die Marktzutrittschranken analysiert, die eine Branche schützen. Dabei kann es sich um Kostenvorteile, Imagevorteile, Patentschutz, Schutzzölle, Handelshemmnisse etc. handeln. Als Faustregel gilt, dass diese Bedrohung umso geringer ist, je höher die Marktzutrittsschranken sind.

Die Bedrohung durch Substitionsprodukte lässt sich durch das Preis-Leistungs-Verhältnis von Substitionstechnologien abschätzen (z. B. die Bedrohung herkömmlicher Verbrennungsmotoren durch wasserstoffgetriebene Motoren).

Weitere Einflussfaktoren des Branchenwettbewerbs sind die Verhandlungsmacht der Abnehmer und die der Lieferanten. Die Bedrohung ist hoch, wenn wenige große Lieferanten (z. B. Microsoft) bzw. Abnehmer (z. B. Nachfragemacht des Handels) in der Branche existieren.

Das Modell der Five-Forces lässt sich auch zur Bewertung der Branchenattraktivität heranziehen. Demnach ist eine Branche umso attraktiver, je weniger Wettbewerb unter bestehenden Anbietern herrscht und je geringer die Bedrohung durch potenzielle neue Konkurrenten, Substitutionsprodukte, Lieferanten und Abnehmer ist.

3.2 Interne Analysefelder

Entsprechend den unterschiedlichen Planungsebenen im Unternehmen ist eine Analyse der Stärken und Schwächen des Gesamtunternehmens, der Strategischen Geschäftsfelder und der Funktionsbereiche vorzunehmen.

Aufgrund der Schwerpunktsetzung des Buches werden vor allem die **Strategischen Geschäftsfelder** betrachtet. Diversifizierte Unternehmen, d. h. Unternehmen mit breitem Produktprogramm und unterschiedlichen Marktsegmenten, müssen für diese Produkt-Markt-Kombinationen jeweils eigene Wettbewerbsstrategien entwickeln. Das heterogene Produktprogramm wird daher in isolierte Analyse- und Planungseinheiten, d. h. in Strategische Geschäftsfelder (SGF), untergliedert.

Üblicherweise werden an die zu betrachtenden Strategischen Geschäftsfelder folgende Anforderungen gestellt (vgl. Szyperski/Winand 1978, S. 123ff.): Sie sollten eine eigene Marktaufgabe haben (kein interner Zulieferer) und autonom bezüglich ihrer Zielsetzung sowie hinsichtlich der Planung und Realisierung der Wettbewerbsstrategie sein. Des Weiteren wird gefordert, dass ihre Produktpalette homogen bezüglich ihrer internen Erfolgsfaktoren (z. B. Synergien bei FuE und der Produktionstechnologie) und ihrer externen Wettbewerbssituation ist. Letztlich sollten Wettbewerbsstrategien, die ein Geschäftsfeld betreffen (z. B. die Programmpolitik von Smart-Autos) keinen Einfluss auf die anderen SGF eines Unternehmens haben (z. B. auf die S-Klasse). Daher werden SGF häufig als eigenständige Organisationseinheiten im Unternehmen etabliert (so genannte Sparten, Divisionen bzw. Strategische Geschäftseinheiten).

Ziel der Analyse von SGF ist es, deren spezifischen Umwelt- bzw. Marktentwicklungen sowie deren internen Stärken und Schwächen im Vergleich zur Konkurrenz festzustellen, um hieraus geeignete Strategien (z. B. Marktanteilsausbau, Preissenkung, Diversifikation) abzuleiten (vgl. auch 3. Kap. Abschn. 2.3.1.2).

Im Folgenden werden die wichtigsten Konzepte zur internen Analyse behandelt.

3.2.1 Kosten- und Erlösanalysen

Eine wichtige Quelle für Marketing-Entscheidungen ist das betriebliche Rechnungswesen, das Kosten- und Erlösinformationen über Strategische Geschäftsfelder, Produkte, Kunden(-gruppen), Absatzwege etc. sowie für die Wirkung der Marketing-In-strumente liefert (vgl. Köhler 1993, S. 299).

Bei der Analyse der Kosten ist zwischen variablen und fixen Kosten zu unterschei-den. Diese Begriffe beziehen sich darauf, ob die Kosten auf Beschäftigungsänderungen (x) reagieren oder nicht. Fixkosten fallen unabhängig von der produzierten Menge an, variable Kosten verändern sich mit der Ausbringungsmenge.

Bei der Teilkostenrechung in der Form des so genannten **Direct-Costing** verzich-tet man auf die Aufteilung der Fixkosten auf die einzelnen Bezugsobjekte (z. B. Pro-dukte, Kunden, Absatzwege). Hier werden nur die »entscheidungsrelevante Kosten- und Erlösinformationen« (vgl. Köhler 1993, S. 302) betrachtet, die durch eine Marke-ting-Entscheidung (z. B. Einführung eines neuen Produktes, Streichung eines Produk-tes aus dem Programm, Preissenkung etc.) neu entstehen bzw. wegfallen (»Prinzip der Veränderungsrechnung«). Kosten, die im Betrachtungszeitraum, unabhängig von der betrachteten Maßnahme weiterhin in derselben Höhe anfallen (z. B. die Fixkosten für eine vorhandene Produktionsanlage), sind nicht entscheidungsrelevant.

Bei dieser Betrachtungsweise werden Deckungsbeiträge ermittelt, also (im ein-fachsten Falle) die Differenz zwischen dem Preis des Produktes und seinen variablen Stückkosten:

$$\text{Stückdeckungsbeitrag}: DB_{St} = (p - k_v)$$

$$\text{Gesamtdeckungsbeitrag}: DB_{G} = (p - k_v) \cdot x$$

Derartige Deckungsbeitragsrechnungen lassen sich z. B. im Rahmen der kurzfristigen Programmplanung sowie weitergehend bei Eliminationsentscheidungen nutzen. So bleibt ein Produkt im Programm, wenn der Stückdeckungsbeitrag größer Null ist. Je-des verkaufte Stück bringt einen Erlösüberschuss über die mit seiner Produktion ein-hergehenden variablen Kosten (z. B. Material, Energieverbrauch) und trägt damit zur Deckung der ohnehin bestehenden Fixkosten bei. Würde man das Produkt streichen, dann wäre der Erlöswegfall größer als die wegfallenden variablen Kosten und der Ge-samtgewinn würde kleiner bzw. der Gesamtverlust größer.

Bei längerfristiger Betrachtung z. B. bei strategischen Programm- oder Preisent-scheidungen sind natürlich auch die Fixkosten disponierbar, so dass Erlös- und Kos-tenschätzungen über den gesamten Produktlebenszyklus (vgl. 3. Kap. Abschn. 2.3.2.1) vorzunehmen sind. Genau dies wird bei der Analyse der **»Erfahrungskurve«** berück-sichtigt. Diese zeigt den Zusammenhang zwischen den Stückkosten der Wertschöp-fung und den mit zunehmender kumulierter Stückzahl einhergehenden Lern- und Ra-tionalisierungsprozessen auf. Die Kosten der Wertschöpfung enthalten neben den Fertigungskosten auch Kapital-, FuE-, Marketing- und Verwaltungskosten. Anderer-seits bleiben die durch die Zulieferer verursachten Kosten (z. B. Material, Vorproduk-te) unberücksichtigt. Die Kernaussage lautet: Mit jeder Verdoppelung der kumulierten Produktionsmenge (als Maßstab der gewonnenen Erfahrung) lassen sich die infla-tionsbereinigten Stückkosten der Wertschöpfung eines Produktes um 20 bis 30 Pro-zent senken (vgl. Henderson 1994, S. 145).

Unter der Annahme, dass alle Anbieter einer Branche sich auf derselben Erfah-rungskurve bewegen, bestimmen bei einem gegebenen Marktpreis die relativen

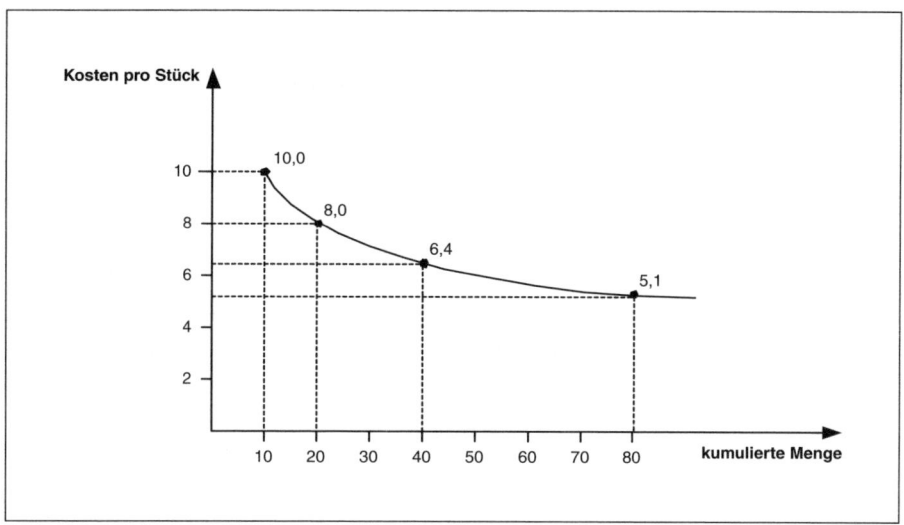

Abbildung 29: Die Kosten-Erfahrungskurve bei 20%iger Kostensenkung

Marktanteile (eigener Marktanteil im Vergleich zu dem des größten Konkurrenten) die Kostenpositionen und die Gewinn-(Verlust-)Situationen der betrachteten Wettbewerber.

Aus der Erfahrungskurve lassen sich mehrere Folgerungen ableiten: So empfiehlt sich ein frühzeitiger Markteintritt in Wachstumsmärkte, dort ein schneller Marktanteilsaufbau durch aggressive Preispolitik und eine stetige Kostensenkung durch Ausnutzung von Rationalisierungspotenzialen. Problematisch bei diesen Empfehlungen ist jedoch die einseitige Betonung der Kostenführerschaftsstrategie (zur Kritik vgl. Kreikebaum 1997, S. 107ff.).

3.2.2 Wertkettenanalyse

Anstatt das Unternehmen als ganzheitliches kostenverursachendes und leistungserbringendes Gebilde zu betrachten, schlägt Porter vor, die wertschöpfenden Aktivitäten zu betrachten, die die Basis von Kosten- bzw. Differenzierungsvorteilen bilden (vgl. Porter 1999, S. 63ff.).

Zu diesem Zweck wird ein SGF in strategisch relevante Tätigkeiten untergliedert und überprüft, ob sich diese billiger oder besser als durch die Konkurrenz ausführen lassen (z. B. niedrigere Kosten in der Produktion, höhere Qualität des Kundendienstes).

In diesem Modell werden die strategisch relevanten Tätigkeiten in primäre Aktivitäten, die sich mit der Herstellung und dem Vertrieb des Produktes befassen, und in sekundäre Aktivitäten (unterstützende Aktivitäten) gegliedert, die sich auf die Führung, die Organisationsstruktur etc. beziehen.

Das Wertkettenmodell dient zunächst der systematischen Strukturierung der Quellen von Wettbewerbsvorteilen: Der Gesamtwert (Nutzen) eines Produktes schlägt

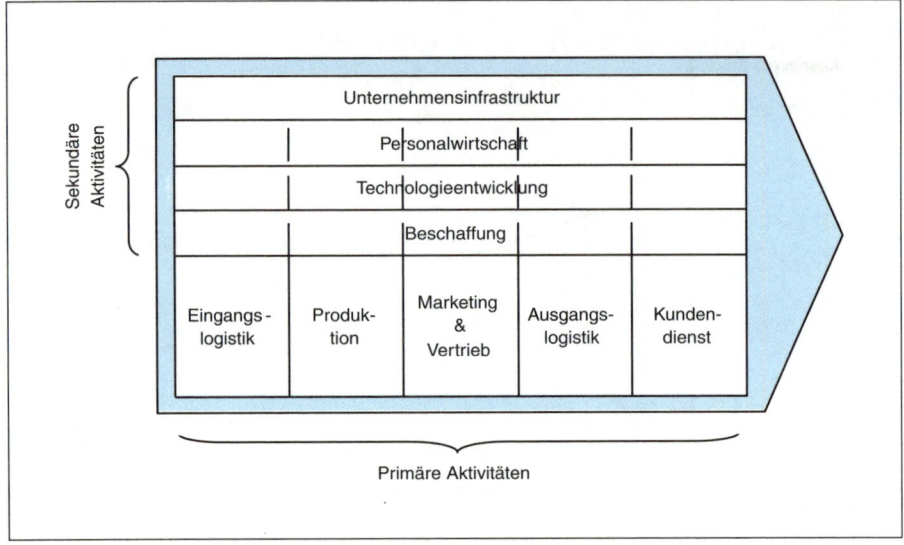

Abbildung 30: Das Wertkettenmodell (Quelle: Porter 2000, S. 66)

sich im Preis nieder, den die Abnehmer zu zahlen bereit sind. Stellt man diesen die Kosten gegenüber, die durch Ausübung der Wertaktivitäten entstanden sind, so ergibt sich die Gewinnspanne.

Des Weiteren liefert die Wertkettenanalyse den Rahmen für eine Konkurrenzanalyse, indem die eigenen Aktivitäten im Vergleich zur Konkurrenz betrachtet werden (vgl. auch die Wettbewerbsvorteilsmatrix im 2. Kap. Abschn. 3.1.2). Hierbei lassen sich Anhaltspunkte zur Kostensenkung bzw. Qualitätssteigerung durch Neugestaltung der Aktivitäten bzw. durch Neustrukturierung der Wertkette finden.

3.2.4   Technologieanalyse

Zentrale Bedeutung für die Kosten eines Unternehmens und die Qualität seines Angebots haben die Technologien, die für die Produkte und ihre Herstellung eingesetzt werden.

Eine bestehende Nachfrage (z. B. nach Rechenleistung) kann durch unterschiedliche Technologien befriedigt werden (Rechenschieber, Taschenrechner, Computer, IT-Netzwerke), wobei leistungsfähigere Nachfolgetechnologien ihre Vorgänger ganz oder teilweise verdrängen. Für das strategische Marketing stellt sich daher die Frage, wann von einer Technologie (T1) auf eine Nachfolgetechnologie (T2) überzugehen ist.

Ein Ansatz, der versucht, diese Frage zu beantworten, ist das so genannte S-Kurven-Modell. Hierbei wird der Zusammenhang zwischen dem kumulierten FuE-Aufwand, der für die Entwicklung einer Technologie entsteht bzw. entstanden ist, und der dadurch erreichten bzw. erreichbaren Leistungsfähigkeit einer Technologie betrachtet. Eine Technologie T1 (z. B. Vierzylinder-Vergaser-Motor) erreicht trotz hoher

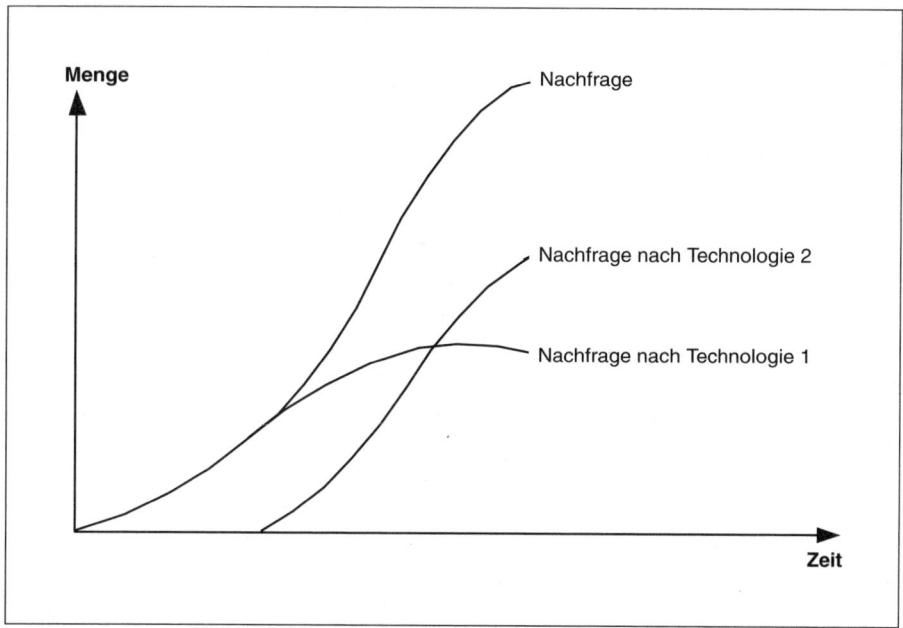

Abbildung 31: Nachfrage- und Technologielebenszyklen (Quelle: in Anlehnung an Ansoff 1984, S. 41)

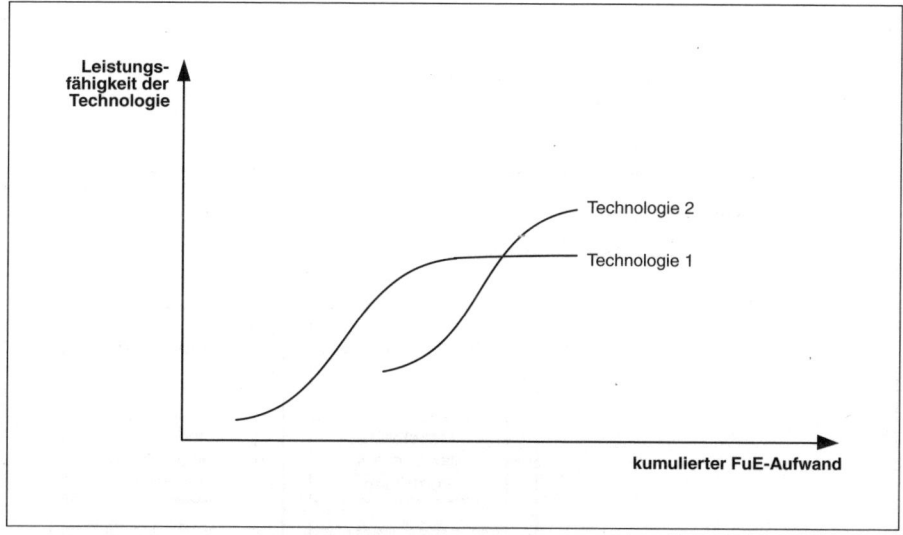

Abbildung 32: Technische Potenziale in Abhängigkeit vom kumulierten FuE-Aufwand (Quelle: Wolfrum 1995, S. 250)

kumulierter FuE-Aufwendungen irgendwann ihre technische Leistungsgrenze (z. B. Motorleistung). Die Nachfolgetechnologie T2 (z. B. Vierzylinder-Einspritz-Motor) hat zwar zu Beginn oft ein niedrigeres Leistungsniveau als die ausgereifte Vorgänger-technologie. Analysen zeigen aber, dass mit weiteren FuE-Anstrengungen eine wesent-lich höhere Leistung erzielt werden kann. Die Attraktivität einer Technologie ist daher umso größer, je höher ihr technisches Potenzial und je geringer der erforderliche FuE-Aufwand zur Erreichung der maximalen Leistungsfähigkeit ist.

Derartige technologische Analysen sind eine wichtige Hilfe für die frühzeitige Ini-tiierung von Innovationsprojekten. Würde ein Unternehmen erst bei Rückgang der Marktanteile oder Umsätze derzeitiger Produkte mit neuen FuE-Projekten für die Nachfolgetechnologie beginnen, könnte nur noch durch aufwendige Crash-Program-me eine Innovationslücke geschlossen werden (z. B. rechtzeitige Entwicklung von Flachbildschirmen, anstatt eine neue Produktlinie bei Röhrenfernsehern zu entwi-ckeln). Des Weiteren hilft die Technologieanalyse, die »Vergoldung« veralteter Techno-logien zu vermeiden, da hierbei weiterhin in wenig ausbaufähige Produkte investiert wird.

3.2.5   Ressourcenanalyse

Bereits bei der Wertkettenanalyse, der Erfahrungskurvenanalyse und der Technologie-analyse wurden einzelne Fähigkeiten des Unternehmens bzw. seiner SGF und deren Stellung gegenüber der Konkurrenz betrachtet. Für eine weitergehende Analyse der

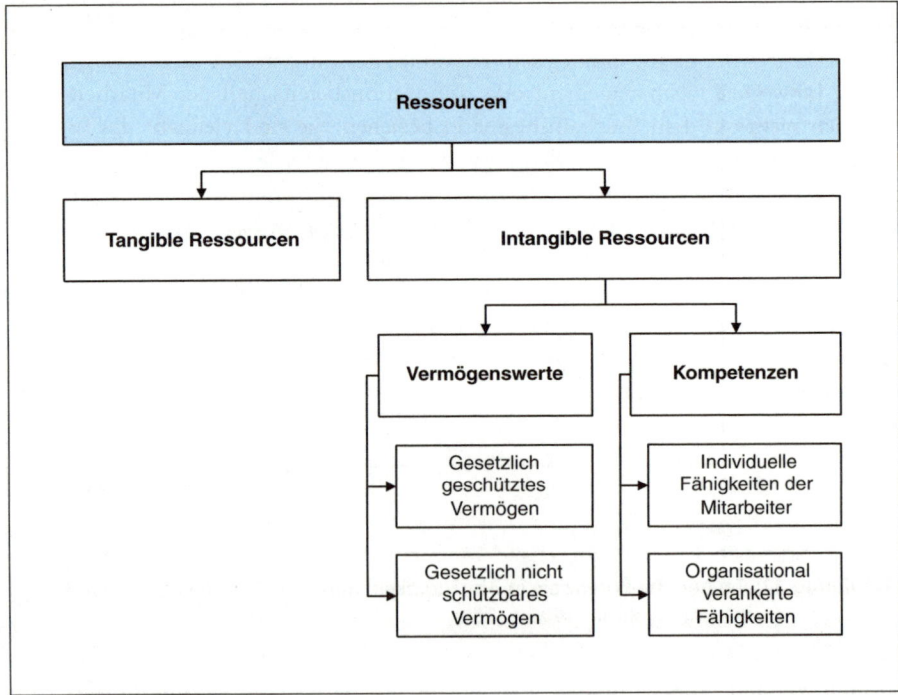

Abbildung 33: Ressourcenarten

Quellen der Wertschöpfung eines Unternehmens ist jedoch eine umfassendere Betrachtung der verschiedenen Arten von Ressourcen sinnvoll. Bei diesem **Resource-Based-View (RBV)** wird der Erfolg eines Unternehmens oder SGF auf den Aufbau und die Pflege einzigartiger Ressourcen (bzw. Kompetenzen) zurückgeführt (vgl. Rasche 1994). Neben der marktseitigen Betrachtung von Erfolgsfaktoren (Marktanteil, Produktqualität im Vergleich zur Konkurrenz etc.) im »Industrieökonomischen Ansatz«, werden die unternehmensinternen Voraussetzungen analysiert, die gegeben sein müssen, um Wettbewerbsvorteile entstehen zu lassen. Die Maxime lautet: »Bilde die Fähigkeiten aus und stelle Ressourcen bereit, um daran orientiert die Planerstellung zur Ausschöpfung der im Markt vorhandenen Chancen und Gelegenheiten voranzutreiben« (vgl. Staehle 1989, S. 394). Abbildung 33 zeigt einen Überblick über strategisch relevante Ressourcen, wobei oft unterstellt wird, dass insbesondere Wettbewerbsvorteile, die auf intangiblen Ressourcen beruhen, von der Konkurrenz nur schwer aufgeholt werden können (vgl. Hall 1993, S. 608ff.).

Beispiele für tangible Ressourcen sind Immobilien und Produktionsanlagen. Zu den gesetzlich geschützten Vermögenswerten gehören Lizenzen und Patente, zu den gesetzlich nicht schützbaren Vermögenswerten zählen insbesondere das Markenimage, die Organisationsstruktur oder Geheimrezepte. Darüber hinaus spielen die Kompetenzen der Mitarbeiter (Leistungsmotivation, Know-how) und die kulturell verankerte Fähigkeiten (z. B. Entrepreneurship, Unternehmenskultur) eine herausragende Rolle.

Damit Ressourcen die Basis für einen KKV bilden können, sollten sie mehrere Eigenschaften aufweisen (vgl. Rasche 1994, S. 55ff.):

Nichtimitierbarkeit: Strategisch relevante Ressourcen, wie z. B. Image, FuE-Know-how, Qualitätsmanagement oder Innovationsbereitschaft der Mitarbeiter, lassen sich nicht auf dem Beschaffungsmarkt beziehen. Sie sind vielmehr das Ergebnis vergangener Aktivitäten (z. B. akkumuliertes Know-how) sowie des Zusammenwirkens verschiedener Ressourcen (z. B. partizipativer Führungsstil und Kreativität der Mitarbeiter als Basis erfolgreicher Produktinnovationen), wobei diese Zusammenhänge oft nur diffus beurteilt werden können. Unternehmensinterne Lernprozesse und unklare Kausalzusammenhänge erschweren mithin der Konkurrenz die Imitation von Ressourcen, die zu Wettbewerbsvorteilen führen.

Nichtsubstituierbarkeit: Eine Ressource ist umso wertvoller, je weniger sie von der Konkurrenz durch andere Ressourcen ersetzt werden kann (z. B. der patentgeschützte Wirkstoff eines Medikaments, der sich nicht durch andere Wirkstoffe substituieren lässt).

Unternehmensspezifität: Die unternehmensinterne Entwicklung von Ressourcen sowie ihre Wechselwirkungen führen zu unterschiedlichen Fähigkeiten von Unternehmen. Ein Transfer solcher Fähigkeiten auf andere Unternehmen ist nicht ohne weiteres möglich, so dass sie eine wichtige Basis dauerhafter Wettbewerbsvorteile darstellen (z. B. die Qualitätssicherungsprogramme japanischer PKW-Hersteller).

Nutzenstiftung für die Abnehmer: Letztendlich sind interne Ressourcen nur dann strategisch wertvoll, wenn sie zu einem dauerhaften KKV im Markt führen, der für die Abnehmer wahrnehmbar und wichtig ist. Demgegenüber boten deutsche Ma-

schinenbauer aufgrund ihrer »engineering excellence« perfekte Produkte und Service-
leistungen an, die jedoch von vielen internationalen Kunden in diesem Ausmaß weder
benötigt noch bezahlt wurden (vgl. Rasche 1994, S. 89).

Problematisch beim RBV bleiben allerdings die Identifikation der relevanten Ressourcen, die Beurteilung ihrer Attraktivität, die Ermittlung der eigenen Position im
Vergleich zur Konkurrenz (zu den Methoden der Ressourcen- und Kompetenzanalyse
vgl. Riedl 1996, S. 177ff.) sowie die einseitige Inside-Out-Orientierung.

4 SWOT-Analyse als Basis einer »Balanced Strategy«

Während die ausschließliche Marktorientierung häufig zu unrealistischen Marketing-
Plänen führt, die die internen Kompetenzen des Unternehmens vernachlässigen bzw.
die sich viel zu spät um die Schaffung solcher Kompetenzen bemühen, neigt eine ausschließlich an den internen Ressourcen orientierte Planung zu Lösungen, die an den
Kundenbedürfnissen vorbeigehen.

Bereits die Beschäftigung mit der SWOT-Analyse wies darauf hin, dass interne
und externe Informationen gleichermaßen erfasst und verarbeitet werden müssen,
wobei es von der jeweiligen Situation abhängt, ob die Strategieentwicklung eher von
den Marktgegebenheiten (Outside-In) oder den Unternehmensinterna (Inside-Out)
angestoßen und vorangetrieben wird. In jedem Falle ist im Laufe des Strategieprozes-
ses die jeweils »andere Seite« systematisch einzubeziehen, wobei im Sinne einer dia-
lektischen Planung ein Perspektivenwechsel ausdrücklich zu fordern ist (vgl. Rasche/
Wolfrum 1994, S. 513, Böhler/Scigliano 2004, S. 200ff.). Hierdurch wird erwiesenermaßen eine so genannte Balanced Strategy gefördert, die sich als generelle Orientierung, z.B. bei der Auswahl von Marktsegmenten, bei der Produktentwicklung, beim
Markenmanagement etc. als erfolgreich erwiesen hat (vgl. u.a. Cooper 1984, S. 32ff.).

3. KAPITEL: MARKETING-PLANUNG UND -IMPLEMENTIERUNG

Die folgenden Ausführungen beziehen sich zunächst auf den S-T-P-Ansatz als Basis für die Marketing-Planung und -Implementierung. Daran schließt sich die Behandlung der Marketing-Instrumente an, wobei jeweils die Grundlagen, die Entscheidungstatbestände und die strategische Perspektiven des Instrumenteneinsatzes dargestellt werden. Das Kapitel schließt mit einer Diskussion der unterschiedlichen Organisationsformen zur Implementierung des Marketing.

Als **Marketing-Instrumente** (absatzpolitische Instrumente) werden die Aktionsparameter des Unternehmens zur Beeinflussung von Märkten bezeichnet. Die in der Literatur vorzufindenden Einteilungen fassen Einzelinstrumente zu Gruppen von drei bis fünf »Submixes« zusammen, die wiederum zum so genannten Marketing-Mix (vgl. Borden 1964) so zu kombinieren sind, dass der Kundennutzen im Vergleich zur Konkurrenz möglichst höher ist. Im Weiteren wird der Einteilung von McCarthy in die vier Ps (Product, Promotion, Price, Place) gefolgt (vgl. McCarthy 1975, S. 75f.).

Demzufolge werden in diesem Buch die Instrumentebereiche **Produkt-, Kommunikations-, Preis-** und **Distributionspolitik** behandelt, wobei sich die Schwerpunktsetzung an den Problemen von Konsumgütermärkten orientiert. In Investitionsgüter- und Dienstleistungsmärkten ergibt sich aufgrund der Charakteristika des Leistungsangebotes mitunter die Notwendigkeit zur Erweiterung der Einzelinstrumente und Sub-

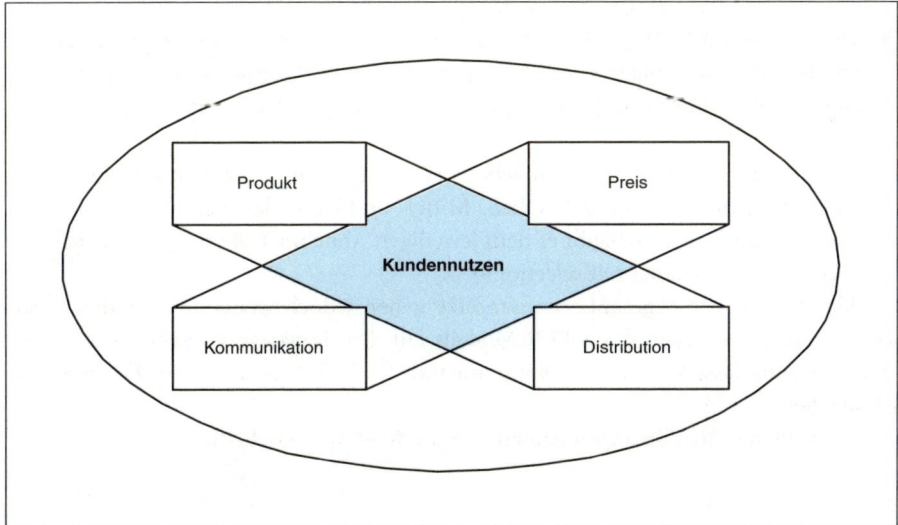

Abbildung 34: Marketing-Mix (Quelle: Simon 1992, S. 5)

mixes sowie eine andere Bedeutung für die einzelnen Marketing-Instrumente (vgl. grundlegend zum Industriegütermarketing Backhaus 2003; zum Handelsmarketing Müller-Hagedorn 2002; zu den Besonderheiten des Dienstleistungsmarketing vgl. Homburg/Krohmer 2003, 833ff.).

1 Der S-T-P-Ansatz als Orientierungsrahmen für die Planung und Implementierung der Marketing-Instrumente

1.1 Ziele und Aufgaben der Marktsegmentierung

Abnehmer innerhalb eines Marktes unterscheiden sich hinsichtlich ihres Kaufverhaltens. So belegen z. B. Marktforschungsstudien, dass ältere Konsumenten mit höherem Einkommen Fachgeschäfte bevorzugen, eher Markenartikel kaufen, Wert auf Beratung legen und damit auch bereit sind, höhere Preise zu zahlen. Für einen Bekleidungshersteller, der dieses Segment bearbeiten möchte, bietet sich daher die Herstellung hochwertiger Markenartikel und der Vertrieb über den Fachhandel an. Daher sind durch die Marktsegmentierung zwei Anforderungen zu erfüllen (vgl. Böhler 1977, S. 10ff.; Freter 1983, S. 20ff.):

- Sie dient der Auffindung homogener Teilmärkte im Gesamtmarkt und der Auswahl jener Marktsegmente (Zielgruppen), die das Unternehmen angesichts seiner Fähigkeiten und der erkennbaren Konkurrenzaktivitäten mit Erfolg bearbeiten kann (»Markterfassungsseite der Marktsegmentierung«).
- Die ausgewählten Zielgruppen sollten so beschrieben sein, dass sie die segmentspezifische Gestaltung des Angebots und die gezielte Ansprache der Zielgruppenmitglieder erlauben (»Marktbearbeitungsseite der Marktsegmentierung«).

Eine der ältesten Varianten geht angebotsorientiert vor und segmentiert Märkte anhand der Marketing-Stimuli (z. B. Ober-, Mittel- und Unterklasse von PKWs). Bei diesem »Schrotflintenansatz« bleibt es dem jeweiligen Abnehmer überlassen, welches Angebot er wählt (»customer self selection«).

Marktorientierte Segmentierungsansätze gehen jedoch weiter und greifen einen oder mehrere Faktor(en) des S-O-R-Modells auf. Das konkrete Vorgehen zur Marktsegmentierung lässt sich weitergehend anhand des S-T-P-Ansatzes von Kotler veranschaulichen:

Die weiteren Ausführungen lehnen sich an diese Arbeitsschritte an.

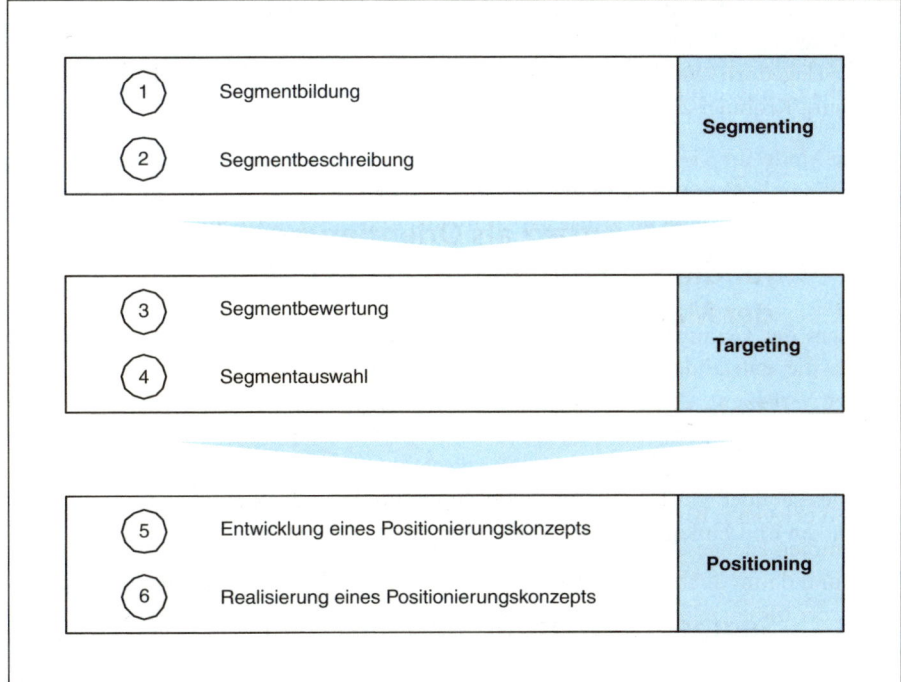

Abbildung 35: Arbeitsschritte der Marktsegmentierung (Quelle: in Anlehnung an Kotler/Blie-
mel 2001, S. 416)

1.2   Segmentbildung und -beschreibung

Im ersten Schritt der Schritt der Marktsegmentierung ist der heterogene Gesamtmarkt
mit Hilfe von Segmentierungsmerkmalen (aktive Variablen) in homogene Teilmärkte
aufzuteilen. Als Segmentierungskriterien kommen alle Variablen des S-O-R-Modells
in Frage. Bei der Auswahl der Segmentierungskriterien sind folgende Anforderungen
zu beachten:

- Verhaltensrelevanz: Unterschiedliche Merkmalsausprägungen bei den Verbrau-
  chern (z. B. Alter) sollten zu unterschiedlichem Kaufverhalten (z. B. bevorzugte
  Modestile) führen.
- Messbarkeit: Die Messung sollte möglichst fehlerfrei (reliabel und valide) sein.
  Dies ist bei leicht erfassbaren Merkmalen wie Familienstand oder Geschlecht eher
  der Fall als bei hypothetischen Konstrukten wie Einstellungen oder Lifestyles.
- Zeitliche Stabilität: Da der Prozess der Marktsegmentierung, der Entwicklung
  der segmentspezifischen Marketing-Programme und die anschließende Segment-
  bearbeitung sich oft über längere Zeiträume erstreckt, sollte das Verhalten, wel-

ches durch ein Segmentierungskriterium erklärt wird, über diesen Zeitraum hinweg stabil sein.
- Anhaltspunkte für die Marktbearbeitung: Die gebildeten Marktsegmente sollten Hinweise für die Gestaltung der Marketing-Instrumente geben. Ein Beispiel ist die Mode für 15- bis 22-jährige, denen »trendige« Kleidung zu niedrigen Preisen, durch Werbung in Young Miss und Vertrieb über H&M angeboten wird.
- Wirtschaftlichkeit: Die Erlöse der segmentspezifischen Bearbeitung sollten höher sein als die Kosten der differenzierten Segmentbearbeitung.

Nachdem der Gesamtmarkt mittels eines oder mehrerer Kriterien aufgeteilt wurde, werden die entstandenen Segmente zumeist durch weitere Merkmale beschrieben (passive Variablen). Ziel ist es, ein umfassendes Segmentprofil zu erhalten, das möglichst viele Anhaltspunkte für die Gestaltung der Marketing-Instrumente gibt. So werden z. B. Segmente, die nach Produktbesitz, Nutzenerwartungen, Einstellungen oder Lifestyles gebildet wurden, anschließend durch ihre Soziodemographie, ihre präferierten Marken und Einkaufsstätten sowie durch ihre Mediennutzung beschrieben.

1.3 Segmentbewertung und -auswahl

Die gebildeten Segmente sind hinsichtlich ihrer Attraktivität für das Unternehmen zu bewerten. Die Segmentbewertung kann anhand von Checklisten bzw. Punktbewertungsverfahren und Wirtschaftlichkeitsüberlegungen (vgl. u. a. 3. Kap. Abschn. 2.2.3.3) erfolgen. Dabei sind zum einen Aspekte der Marktattraktivität, wie Segmentvolumen, Segmentwachstum, Anzahl der Abnehmer, Anzahl der Konkurrenten usw. zu berücksichtigen. Zum anderen ist die voraussichtliche Wettbewerbssituation, d. h. der erzielbare Marktanteil, die Produktqualität und der Preis im Vergleich zu den wichtigsten Konkurrenten und die erforderlichen Marketing-Budgets im Vergleich zur Konkurrenz bei der Beurteilung der Segmente zu beachten. Zusätzlich ist zu überprüfen, ob die zur Segmentbearbeitung notwendigen internen Ressourcen bzw. Kompetenzen (Kapital, FuE-Know-how, Personal, Image, Patente etc.) vorhanden sind bzw. aufgebaut werden können.

Die letztendliche Segmentauswahl und -bearbeitung hängt des Weiteren von den Unternehmensgrundsätzen, dem Ziel-Portfolio, dem vorgesehenen Geschäftszweck des SGF sowie von Synergie- und Renditeüberlegungen ab (vgl. 2. Kap. Abschn. 2.3.1.2).

1.4 Entwicklung und Realisierung des Positionierungskonzeptes

Im Rahmen der Entwicklung und Realisierung eines Positionierungskonzepts geht es zunächst um die Überführung der internen Wettbewerbsvorteile in eine mit ihnen

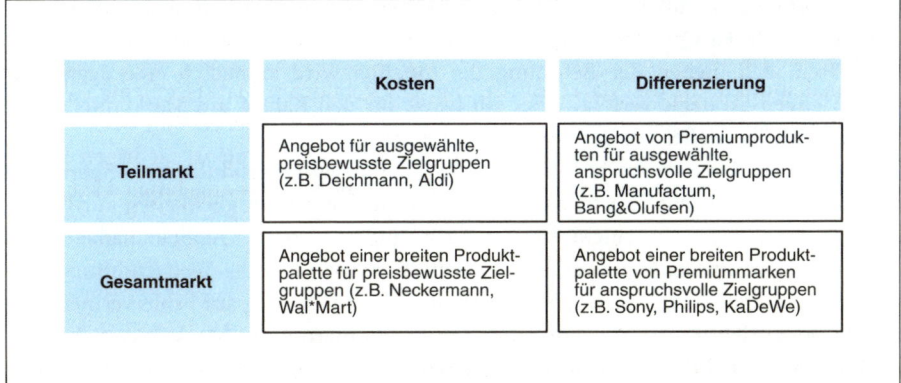

Abbildung 36: Grundsätzliche Wettbewerbsstrategien (Quelle: Porter 2000, S. 38)

einhergehende Positionierung im Markt (Positionierung als Preisführer oder als Qualitätsführer). Diese Positionierung ist die Leitlinie für den Einsatz des Marketing-Mix.

Diesbezüglich schlägt Porter (vgl. Porter 2000, S. 37ff.) vier **generische Marktbearbeitungsstrategien** vor (»generic strategies«), wobei er auf den internen **Wettbewerbsvorteil** (Kosten vs. Differenzierung) und den **Grad der Marktabdeckung** (Teil- vs. Gesamtmarkt) abstellt (vgl. Abb. 36).

Der Hypothese Porters folgend sind nur jene Anbieter erfolgreich, die entweder eine konsequente Preis-Mengen-Strategie auf Basis ihrer Kostenvorteile verfolgen oder sich mit Premiumprodukten von der Konkurrenz abheben. Es wird somit unterstellt, dass eine Wettbewerbsstrategie, die nicht an diesen Extrempunkten ansetzt, zu einer mangelhaften Profilierung und damit zu einer geringen Profitabilität führt (»stuck in the middle«). Bei der Verfolgung der jeweiligen Vorteilsdimension ist nach Porter allerdings darauf zu achten, dass der Kostenführer Mindeststandards in der Qualität nicht unterschreitet und der Qualitätsführer sich in der Kostenposition nicht zu weit von den Konkurrenten entfernt.

Statt der generischen Strategietypen wird auch die Möglichkeit **hybrider Wettbewerbsstrategien**, d. h. der sukzessiven bzw. simultanen Verfolgung beider Wettbewerbsvorteile (Kosten und Differenzierung), diskutiert (vgl. Fleck 1995, S. 61ff.; Gilbert/Strebel 1987, S. 28ff., Jenner 2000, Corsten 1998, S. 110ff.).

Bei der **sukzessiven Verfolgung** beider Wettbewerbsvorteile (so genanntes Outpacing) wird ein Strategiewechsel im Zeitablauf angestrebt.

So versucht der Qualitätsführer, unter Beibehaltung der erreichten Produktqualität die Kosten zu senken. Ansatzpunkte zur Kostenreduktion des Qualitätsführers liegen in der Neugestaltung der Wertkette (z. B. Outsourcing, Simultaneous Engineering, Lagerabbau, Einsatz von IuK-Technologie in der Beschaffung, der Produktion und im Absatz) und in der Nutzung von Synergien bspw. durch Gleichteilestrategien. Wie und ob die erreichten Kostenvorteile in der Marktbearbeitungsstrategie umgesetzt werden, hängt von der Wettbewerbssituation ab. Bei weniger intensivem Wettbewerb werden die Kostenvorteile nicht unbedingt über den Preis weitergegeben, so dass die hybride Strategie zu überdurchschnittlichen Gewinnen führt. Bei intensivem Wettbewerb wird sich der Qualitätsführer demgegenüber in beiden Vorteilsdimensionen positionieren, d. h. neben der Betonung der Qualität wird zusätzlich eine aggressive Preis-Mengen-Strategie verfolgt. Dies gilt bspw. für den Kampf um Marktanteile von Markenartikelherstellern in der Lebensmittelbranche.

Der Kostenführer versucht hingegen, die Qualität seiner Produkte zu steigern, ohne seine bisher erreichte Kostenposition zu verschlechtern. Möglichkeiten zur Qualitätssteigerung liegen in einem umfassenden und rigorosen Qualitätsmanagement (Quality Function Deployment), bei dem alle Prozesse über alle Wertschöpfungsstufen (d. h. einschließlich Zulieferern und Absatzmittlern) hinweg auf Fehlervermeidung und Kundenorientierung gerichtet sind. Zur Positionierung im Markt bietet sich das Trading-Up an, bei dem die bisherige Produktpalette durch Premiumprodukte erweitert wird (»Lexus: The Luxury Division of Toyota«) bzw. der Aufkauf von Premiummarken an (z. B. Jaguar und Volvo durch Ford), wobei Imagevorteile und Kostenvorteile der Gleichteilestrategie kombiniert werden.

Bei der simultanen Verfolgung beider Wettbewerbsvorteile (hybride Strategie i.e.S.) stehen gleichzeitig sowohl die bessere Produktqualität als auch die niedrigeren Kosten im Mittelpunkt der Bemühungen. Die marktliche Umsetzung kann wiederum auf der Betonung einer oder auf der Profilierung bei beiden Dimensionen beruhen.

Weitergehende Anhaltspunkte für die Generallinie des Marketing-Mix lassen sich aus der Ermittlung von Nutzenerwartungen oder aus Positionierungsmodellen gewinnen (vgl. hierzu 2. Kap. Abschnitt 3.1.1.4). An dieser generellen Vorgabe muss sich die segmentspezifische Gestaltung der Produkt-, Kommunikations-, Preis- und Distributionspolitik orientieren.

2   Produktpolitik

Die Produktpolitik umfasst alle Aktivitäten zur Gestaltung der am Markt angebotenen Leistungen des Unternehmens (Meffert 2000, S. 327; Haedrich/Tomczak 1996, S. 14; Hansen/Hennig-Thurau/Schrader 2001, S. 5ff.).

2.1   Grundlagen der Produktpolitik

2.1.1   Produktpolitische Entscheidungen

Zu den wichtigsten Grundsatzentscheidungen der Produktpolitik zählen die Entwicklung und Einführung neuer Produkte, die durch einen systematischen Methodeneinsatz zu unterstützen sind (vgl. Abb. 37). Mit der Einführung eines neuen Produktes beginnt der Produktlebenszyklus (PLZ), in dessen Verlauf Entscheidungen über die Produktvariation und die Produktelimination folgen. Hinsichtlich der Gesamtheit aller Produkte eines Unternehmens sind Entscheidungen über das Angebotsprogramm

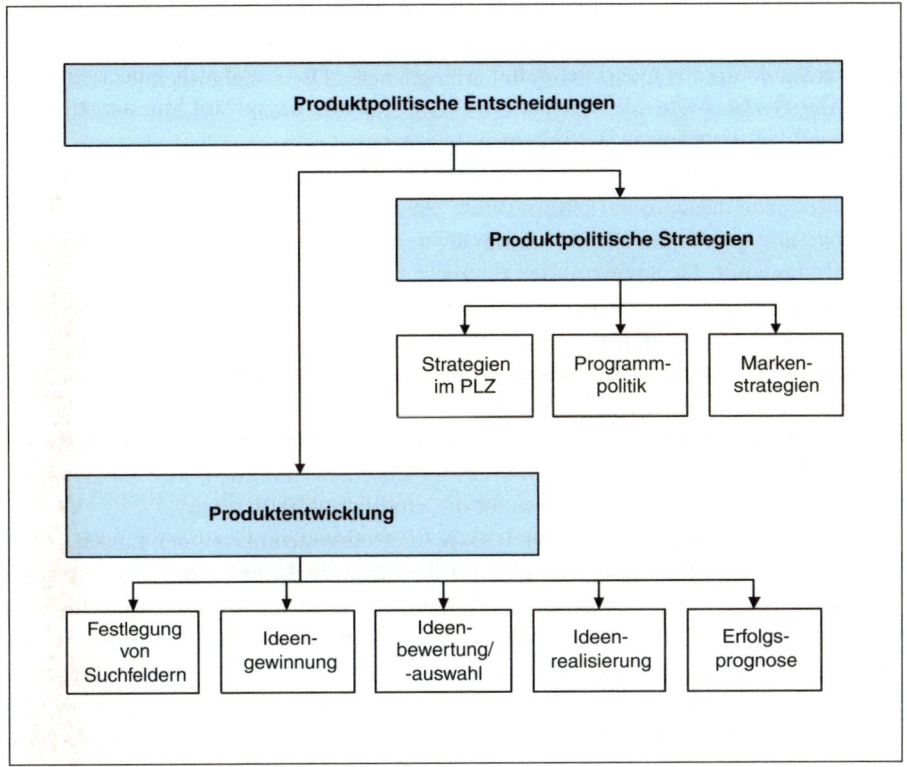

Abbildung 37: Produktpolitische Entscheidungen

sowie hinsichtlich der Markenstrategien zu treffen (vgl. hierzu exemplarisch Meffert 2000, S. 332f.).

2.1.2 Einflussfaktoren der Produktpolitik

Produktpolitische Entscheidungen müssen, wie in der SWOT-Analyse dargestellt, eine Vielzahl interner und externer Rahmenbedingungen berücksichtigen.

Wirtschaftliche Faktoren, wie die gesamtwirtschaftliche Entwicklung, die Konsumneigung, Zinssätze oder das verfügbare Pro-Kopf-Einkommen, erhalten mit steigender Konjunkturabhängigkeit der Branche einen höheren Stellenwert (z. B. Konsumverzicht, Trend zu preisbewusstem Einkauf von Handelmarken).

Aus der politisch-rechtlichen Umwelt wirken eine Fülle von Normen, Gesetzen und Verordnungen auf die produktpolitischen Gestaltungsmöglichkeiten ein. Bspw. spielen das Markengesetz, das Patentgesetz, die Kennzeichnungspflichten bei Nahrungsmitteln, das Produkthaftungsgesetz sowie Umweltschutzverordnungen eine wichtige Rolle (für einen ausführlichen Überblick vgl. Schröder 1995, Sp. 2215ff.; Koppelmann 2001, S. 237ff.).

Technologische Einflussfaktoren tragen nicht nur zur wettbewerblichen Profilierung des Produktangebotes bei, sondern können über neue Prozesstechnologien auch Kosten- und Qualitätsvorteile ermöglichen. Diese herausgehobene Bedeutung der Technologie als Wettbewerbsfaktor hat zu einer Vielzahl an Analyse-, Prognose- und Planungsinstrumenten geführt (zu einem Überblick vgl. Wolfrum 1994, S. 134ff.). Für produktpolitische Entscheidungen ist es daher von zentraler Bedeutung, den Lebenszyklus relevanter Technologiebereiche zu überwachen, um gegebenenfalls frühzeitig in neue Technologien investieren zu können.

Gesellschaftliche Einflussfaktoren, wie z. B. Werte, Lebensstile, Veränderungen der Demographie, Migration in die EU, beeinflussen Art und Umfang der Nachfrage in erheblichem Ausmaß und führen zu weitergehenden Segmentierungen und Produktdifferenzierungen.

Einflüsse der Mikroumwelt entstammen aus den Absatz- und Beschaffungsmärkten. Im Folgenden werden nur Faktoren des Absatzmarktes, d. h. kunden-, konkurrenz- und handelsbezogene Einflüsse auf die Produktpolitik skizziert.

Kundenbezogene Einflussfaktoren (z. B. Nutzenerwartungen oder Einstellungen von Zielgruppen) geben Anhaltspunkte für die konkrete Ausgestaltung des Leistungsangebotes. Dies schlägt sich in der Forderung nach einer marktorientierten Produktentwicklung nieder, bei der die Erwartungen der Kunden den Ausgangspunkt zur Gestaltung des Leistungsprogramms bilden.

Der produktpolitische Gestaltungsspielraum (Breite des Produktprogramms, Ausmaß der Marktabdeckung, Differenzierung oder Kostenführerschaft) hängt nicht zuletzt vom SGF-Portfolio der Wettbewerber, der Positionierung der Konkurrenzangebote und der verfolgten Wettbewerbsstrategie ab.

In Verbindung mit verstärkten Konzentrationstendenzen im Handel, der qualitativen Aufwertung von Handelsmarken und der Tendenz zum »Günstig-Kauf« seitens der Endverbraucher geraten auch renommierte Markenartikelhersteller unter zunehmenden Druck zur Programmbereinigung. Bei Neuprodukten müssen sich Hersteller daher vermehrt an den Zielen der eingeschalteten Absatzmittler orientieren, die bspw. daran interessiert sind, sich mit ihrem Warenangebot und ihren Preisen von ihrer Konkurrenz abzuheben.

Zu den internen Einflussfaktoren der Produktpolitik zählen insbesondere die produktpolitischen Ziele sowie die Ressourcenposition des Unternehmens gegenüber der Konkurrenz. Für produktpolitische Entscheidungen spielen zunächst die allgemeinen Gewinnziele eine große Rolle (Gewinne, ROI, Kapitalwert, Deckungsbeiträge). In den Frühphasen des Projektes ist es aufgrund der spärlichen Informationslage jedoch üblich, Hilfskriterien für Gewinnziele (z. B. Break-Even-Menge, Amortisationsdauer, Marktanteile) sowie Budgetrestriktionen vorzugeben. Neben diesen ökonomischen Zielen sind psychographische Ziele als Orientierungspunkte produktpolitischer Maßnahmen zu beachten.

Des Weiteren ist es sinnvoll, Sachziele für den Produktentwicklungsprozess festzulegen. Diese betreffen technologie-, kosten- und zeitbezogene Vorgaben im Rahmen der Meilensteinkontrolle, wie z. B. die Realisierung eines bestimmten technologischen

Niveaus, die Einhaltung bestimmter Maximalbudgets oder die Vorgabe des spätesten Markteinführungszeitpunktes.

Der Aufbau und der längerfristige Erhalt von Wettbewerbsvorteilen durch produktpolitische Maßnahmen ist u. a. von der Ressourcenposition des Unternehmens abhängig. Grundlegende produktbezogene Ressourcen bzw. Kompetenzen sind zum einen Lizenzen und Patente, zum anderen komplexe, kulturell verankerte Fähigkeiten des Unternehmens wie z. B. die Innovationsfähigkeit oder internes Unternehmertum. Weiterhin bilden finanzielle Ressourcen einen zentralen Einflussfaktor für die Produktpolitik, vor allem im Hinblick auf die Realisierbarkeit technologischer Grundlagenforschung sowie auf die hohen Marketing-Aufwendungen für breite Angebotsprogramme.

Im Mittelpunkt der folgenden Ausführungen steht die Produktentwicklung bzw. die Produktinnovation. Die Produktvariation und -elimination werden im Rahmen der Strategieoptionen im Produktlebenszyklus (vgl. 3. Kap. Abschn. 2.3.1) behandelt.

2.2 Produktentwicklung

Die Produktentwicklung dient der Hervorbringung von Neuprodukten bzw. Innovationen. Nach einer Klärung des Innovationsbegriffs und der Untersuchung der Rahmenbedingungen erfolgreicher Neuproduktentwicklung werden anschließend die grundlegenden Aufgaben des Produktentwicklungsprozesses dargestellt.

2.2.1 Innovationsbegriff und -arten

Der Innovationsbegriff unterliegt vielfältigen Definitionsversuchen, wobei die »Neuheit« als das konstitutive Element von Innovationen verstanden wird (vgl. insbesondere Hauschildt 1997, S. 7ff.). Neuheit bedeutet im Folgenden jedoch nur eine qualitative Andersartigkeit gegenüber dem vorherigen Zustand, d. h. es wird nicht – wie bei manchen Definitionsansätzen – die Innovation mit der Vorstellung von etwas »Besserem« normativ aufgeladen. Darüber hinaus ist der Innovationsbegriff danach zu spezifizieren, aus wessen Sicht (Subjektdimension) etwas als »neu« zu bezeichnen ist. Die Forschung ist sich darüber einig, dass eine Innovation nur subjektiv bestimmt werden kann. Dazu kann entweder die **Perspektive des Unternehmens** (»neu für das Unternehmen«) oder die **Perspektive des Marktes** (»neu für den Kunden«) herangezogen werden.

Zur Systematisierung von Innovationsarten wird hinsichtlich des Innovationsobjektes und des Innovationsgrades unterschieden:

In Bezug auf das **Innovationsobjekt** lassen sich Produkt- und Prozessinnovationen (beide zusammen werden auch als »technologische Innovationen« bezeichnet) sowie soziale bzw. administrative Innovationen (z. B. neue Organisationsstrukturen, Kooperationsmodelle, Entlohnungssysteme etc.) unterscheiden (vgl. Pleschak/Sabisch 1996, S. 22f.; Thom 1980, S. 32ff.) Darüber hinaus wird in letzter Zeit häufiger von so genannten Geschäftssysteminnovationen gesprochen. Hierbei werden die einzelnen Innovationsarten nicht mehr isoliert betrachtet, sondern eine umfassendere Perspektive eingenommen. Ziel von Geschäftssysteminnovationen ist es, durch eine einzigartige Strukturierung der wertschöpfenden Aktivitäten sowie durch eine aktive Gestaltung der relevanten Marktstrukturen und der im Geschäft geltenden »Spielregeln« Wettbewerbsvorteile aufzubauen. Die Etablierung neuer Geschäftssysteme (z. B. Online-Handel versus stationärer Handel) umfasst häufig sowohl technologische Innovationen als auch soziale Innovationen (bzgl. des Online-Handels neue Datenübertragungsmöglichkeiten sowie Kooperationsmodelle der Hersteller mit Pick-Up-Stationen). Im Folgenden liegt der Schwerpunkt auf Produktinnovationen.

In Bezug auf den Innovationsgrad finden sich in der Literatur dichotome Unterscheidungen zwischen inkrementellen und radikalen Innovationen, aber auch komplexere Ansätze, die eine differenziertere Abstufung zwischen Innovationen mit hohem und niedrigem Innovationsgrad vornehmen (vgl. Schlaak 1999, S. 33ff.; Scigliano 2003, S. 14ff.). Im Folgenden reicht es aus, zwischen inkrementellen und radikalen Innovationen zu unterscheiden, wobei allerdings zu beachten ist, dass beide Innovationsarten letztlich nur die Extremausprägungen auf einem Kontinuum repräsentieren.

2.2.2   Erfolgsfaktoren der Produktentwicklung

Im Rahmen der Produktentwicklung sind drei zentrale Aufgaben zu erfüllen, die auch als Erfolgsfaktoren des Innovationsmanagements gelten (vgl. Köhler 1993, 234ff.; Hauschildt 1993, S. 302ff.; Cooper/Kleinschmidt 1995, S. 320ff.): Die Schaffung innovationsförderlicher Rahmenbedingungen, die Festlegung von Suchfeldern als Orientierungsrahmen für die Innovationsstrategie sowie die Steuerung und Durchführung des Produktentwicklungsprozesses.

2.2.2.1   Rahmenbedingungen erfolgreicher Produktentwicklung

Rahmenbedingungen erfolgreicher Produktentwicklung beziehen sich auf eine innovationsförderliche Organisation und Führung. Die empirische Erfolgsfaktorenforschung hat gezeigt, dass hierzu insbesondere

- geeignete Organisationsstrukturen,
- eine innovationsfreundliche Unternehmenskultur
- sowie eine funktionierende innerbetriebliche Kommunikation

notwendig sind. (Zu einem Überblick über die Erfolgsfaktorenforschung vgl. Hauschildt 1993, S. 295ff. Zu einzelnen Erfolgsfaktoren und ihrer Wirkung vgl. exemplarisch Brown/Eisenhardt 1995, S. 343ff.).

Organisationsstruktur

Die Organisationsstruktur ist so zu gestalten, dass sie die Durchführung des Innovationsprozesses fördert. D. h. derartige Strukturen müssen sowohl für die Aufgaben der Konzipierungs- als auch der Realisierungsphase geeignet sein. Die Problematik besteht darin, dass zu Beginn des Innovationsprozesses (sowie allgemein zur Steigerung der

Innovationsfähigkeit) kreative Freiräume und lockere Strukturen als geeignet angesehen werden, wohingegen in der Realisierungsphase eher eine schnelle und effiziente Abwicklung von »Routineaufgaben« (konkrete Entwicklungsarbeiten, Controlling, Durchführung von Tests etc.) durch Standardisierung dieser Aktivitäten und eine straffe Führung Erfolg versprechend sind. Man spricht hierbei vom »**organizational dilemma**« (vgl. Corsten 1989, S. 28ff.).

Grundsätzlich lassen sich zwei Möglichkeiten der Durchführung innovationsbezogener Prozesse unterscheiden (vgl. Gaitanides/Wicher 1986). Zum einen kann eine so genannte Integrationsstrategie gewählt werden, d. h. der Innovationsprozess läuft im Rahmen der bestehenden Organisationsstrukturen ab. Dann wäre bspw. die FuE-Abteilung für die konkrete Produktentwicklung, die Marketing-Abteilung für die Ideensammlung und -bewertung und die Unternehmensleitung für die Entscheidung über die Markteinführung zuständig. Die Segregationsstrategie hingegen zielt auf die Ausgliederung aller innovationsbezogenen Aufgaben in neue, separate Organisationsstrukturen ab. Hierzu werden zumeist gruppenorientierte Strukturen, wie funktionsübergreifende Teams, Task Forces, Venture-Einheiten etc., genutzt.

Gerade bei umfangreichen Innovationsprojekten wird neben der Organisationsstruktur die Bedeutung einzelner Rollen für den Innovationserfolg hervorgehoben, um Innovationsbarrieren abzubauen. Das Promotorenkonzept von WITTE sieht hierfür ein Gespann aus Fach- und Machtpromotor zur Überwindung von Innovationswiderständen vor (vgl. hierzu Witte 1973). Der Fachpromotor ist die Person, die den Innovationsprozess aktiv fördert und durch sein spezifisches Fachwissen Fähigkeitsbarrieren zwischen den Beteiligten abbaut. Der Machtpromotor hingegen kann aufgrund seiner hierarchischen Stellung Willensbarrieren abbauen. Ergänzend soll bei umfangreichen Innovationsprojekten ein Prozesspromotor die Fach- und Machtpromotoren zusammenführen und Konflikte zwischen den Abteilungen mindern (vgl. Hauschildt/Chakrabarti 1999, S. 77f.).

Unternehmenskultur

Da die geforderte Kreativität im Innovationsprozess nur unter einem partizipativen Führungsstil und abseits der alltäglichen Routine voll zum Tragen kommt, bedarf es einer entsprechenden Unternehmenskultur (vgl. auch Cummings/Oldham 1998; Nemeth 1997, S. 69f.). Diese sollte auch informelle Kommunikation zwischen den Beteiligten zulassen, unternehmerisches und divergentes Denken fördern sowie insbesondere zum Wissensaustausch zwischen Abteilungen und einzelnen Mitarbeitern beitragen. Folgende Merkmale gelten z. B. als Charakteristika innovationsförderlicher Kulturen (vgl. Kieser 1985, S. 356ff.):

- Toleranz gegenüber Fehlschlägen,
- hoher Stellenwert der Innovation im gelebten Wertesystem,
- mitarbeiterorientierte Personalpolitik,
- Teamgeist,
- Unterstützung von Product Champions,

- vereinfachter Zugang zu Projektmitteln,
- ergebnisorientierte Kontrollsysteme.

Insbesondere stark ausgeprägte tradierte Kulturen können dysfunktional werden, da der Zwang, werte- und normenkonform zu handeln, innovationsfeindlich wirkt. Derartige kulturbedingte Widerstände gegen Innovationen lassen sich jedoch nicht kurzfristig im Sinne eines »Kulturmanagements« abbauen (vgl. hierzu Bleicher 1984, S. 498f.; Riedl 1995, S. 319ff.)

Innerbetriebliche Kommunikation

Die erfolgreiche Koordination der Aktivitäten zwischen Unternehmenshierarchien und Abteilungen sowie zwischen den Phasen des Innovationsprozesses hängt im Wesentlichen von der Ausgestaltung der innerbetrieblichen Kommunikation ab. Daher gelten folgende Voraussetzungen für eine erfolgreiche Prozessabwicklung:

- persönliche Kommunikation (Schnittstellenmanagement),
- permanenter Informationsaustausch (nicht nur bei Abschluss einer Innovationsphase),
- wechselseitige Informationen zwischen den Phasen,
- Einbeziehung der später Beteiligten in die Überlegungen der Vorphase (z. B. durch Bildung funktionsübergreifender Teams) und
- Einbindung von Kunden in die Produktentwicklung (Lead-User-Ansatz).

Die Erfolgsfaktorenforschung hat noch weitere Voraussetzungen für den Innovationserfolg identifiziert, die an dieser Stelle nur exemplarisch genannt werden: Ein wettbewerbsdifferenzierender Produktvorteil, Synergieeffekte im Marketing, in der Technologie und der Fertigung, eine konsequente Marktorientierung, die klare Definition der Innovationsziele sowie die Kontrolle der Ergebnisse nach den jeweiligen Teilphasen des Innovationsprozesses. Diese Erfolgsfaktoren beziehen sich auf die einzelnen Teilaufgaben des Innovationsprozesses und werden daher in den folgenden Abschnitten angesprochen.

2.2.2.2   Prozess der Produktentwicklung

Die Chancen und Risiken von Innovationen legen es nahe, die Analyse-, Planungs-, Realisations- und Kontrollaktivitäten, die mit der Entwicklung und Einführung neuer Produkte verbunden sind, einem institutionalisierten Innovationsmanagement zu übertragen.

Bei eher inkrementellen Innovationen kann folgendes idealtypisches Phasenschema der Innovationsaktivitäten herangezogen werden (vgl. auch Köhler 1993, S. 235; Kotler/Bliemel 2001, S. 520ff.):

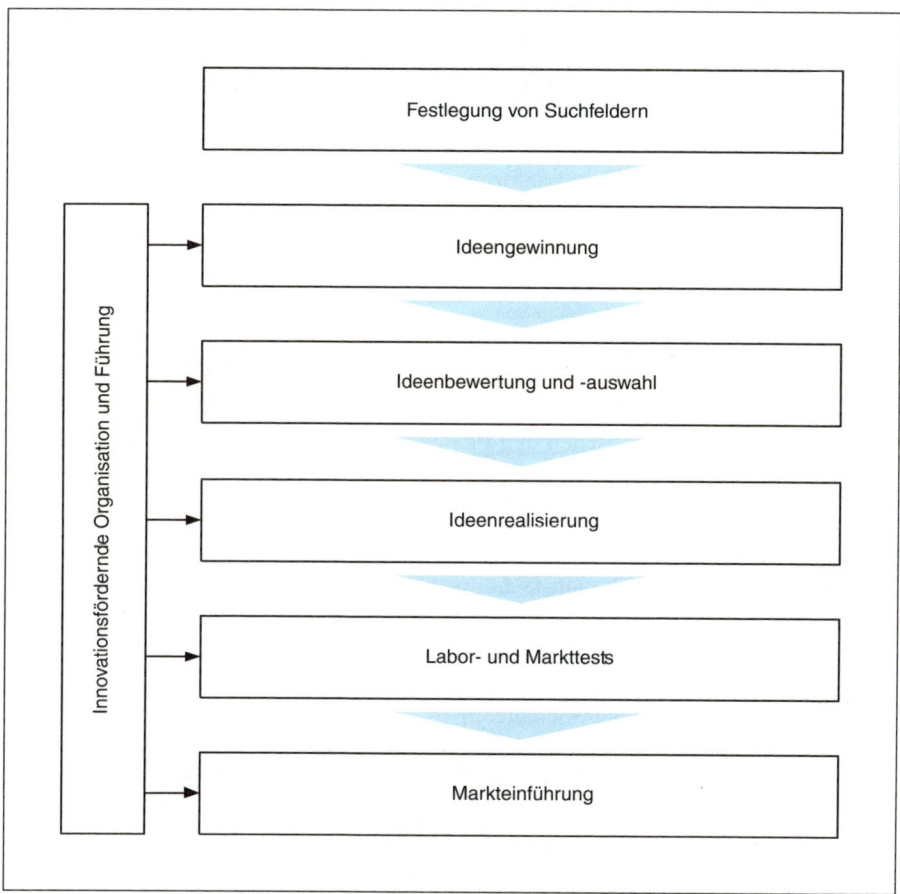

Abbildung 38: Phasenschema der Neuproduktentwicklung (Quelle: in Anlehnung an Köhler 1993, S. 235)

2.2.3 Produktentwicklung für inkrementelle Innovationen

Die folgenden Ausführungen orientieren sich an dem vorher aufgezeigten Phasenablauf des Innovationsprozesses.

2.2.3.1 Festlegung der Suchfelder

Bei der Festlegung der Suchfelder wird zwischen einer **marktorientierten** (»market pull«) und einer **technologieorientierten** (»technology push«) Vorgehensweise unterschieden (vgl. Brockhoff 1999, S. 132, Cooper 1984, S. 18ff.; Specht 2002, S. 482; Köhler 1993, S. 238f.). Diese Unterscheidung korrespondiert mit der Differenzierung zwischen einer Outside-In- und einer Inside-Out-Vorgehensweise. Die folgende Tabelle gibt einen vereinfachten Überblick über die jeweiligen Vor- und Nachteile der beiden Strategieoptionen (vgl. hierzu auch Specht 2002, S. 482ff.).

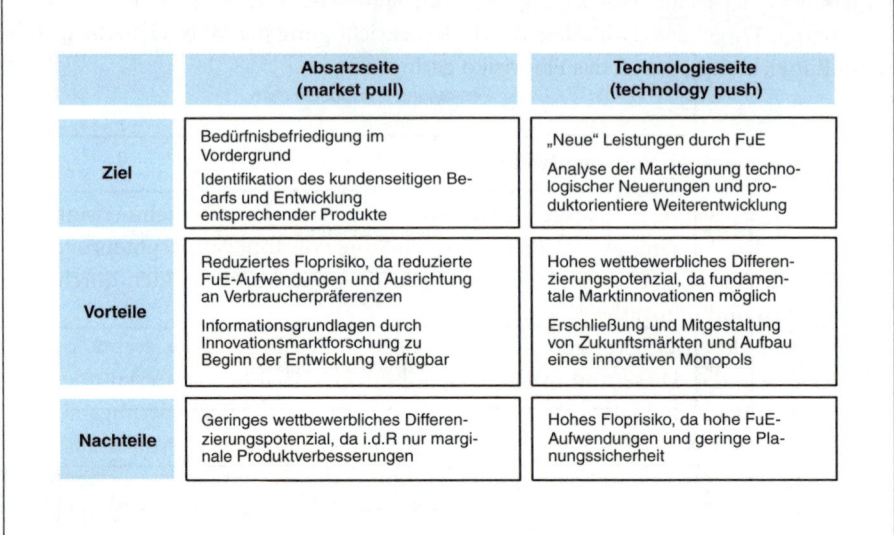

	Absatzseite **(market pull)**	**Technologieseite** **(technology push)**
Ziel	Bedürfnisbefriedigung im Vordergrund Identifikation des kundenseitigen Bedarfs und Entwicklung entsprechender Produkte	„Neue" Leistungen durch FuE Analyse der Markteignung technologischer Neuerungen und produktorientiere Weiterentwicklung
Vorteile	Reduziertes Floprisiko, da reduzierte FuE-Aufwendungen und Ausrichtung an Verbraucherpräferenzen Informationsgrundlagen durch Innovationsmarktforschung zu Beginn der Entwicklung verfügbar	Hohes wettbewerbliches Differenzierungspotenzial, da fundamentale Marktinnovationen möglich Erschließung und Mitgestaltung von Zukunftsmärkten und Aufbau eines innovativen Monopols
Nachteile	Geringes wettbewerbliches Differenzierungspotenzial, da i.d.R nur marginale Produktverbesserungen	Hohes Floprisiko, da hohe FuE-Aufwendungen und geringe Planungssicherheit

Abbildung 39: Optionen der strategischen Stoßrichtung

Marktorientierte Vorgehensweise

Bei marktorientierten Innovationen steht die Befriedigung bestehender Verbraucherbedürfnisse im Mittelpunkt. Eine zentrale Aufgabe der Produktentwicklung besteht folglich darin, das neue Produkt so im Markt zu positionieren, dass es die Nutzenerwartungen der anvisierten Zielgruppe erfüllt und zugleich ein Wettbewerbsvorteil gegenüber den Konkurrenzprodukten aufweist. Einen Orientierungsrahmen für die Produktentwicklung liefern insbesondere Produktpositionierungsmodelle und die Ermittlung der Nutzenerwartungen (Benefits) von Verbrauchern.

Da Positionierungsmodelle und Benefit-Analysen in der Regel zu Produkten mit niedrigem Innovationsgrad führen (vgl. Lynn/Morone/Paulson 1996, S. 13f. Haedrich/Tomczak 1996, S. 145), sollten sie durch explorative Ansätze der Innovationsmarktforschung, insbesondere durch die Identifikation latent vorhandener Kundenbedürfnisse ergänzt werden. Typische Beispiele sind:

Trendscouts: Diese werden vor allem im Konsumgüterbereich eingesetzt, um z. B. im Hinblick auf Mode, Musik und generell Lifestyleprodukte neu entstehende Entwicklungen abzuschätzen (z. B. suchen Modedesigner in den Metropolen nach neuen Trends).

Lead-User: Kooperation mit innovativen Kunden im Entwicklungsprozess, von denen man annimmt, dass sie bestimmte Bedürfnisse früher erkennen als die große Masse der Kunden (vgl. von Hippel 1984).

Anwenderbeobachtungen: Beobachtung des Konsumentenverhaltens im Umgang mit bestimmten Produkten bzw. in gewissen Verwendungssituationen, um somit frühzeitig mögliche neue Bedürfnisse zu entdecken.

Gegenüber einer technologieorientierten Vorgehensweise liegt der Vorteil eines marktorientierten Vorgehens darin, dass durch Berücksichtigung der Verbraucherbedürfnisse im Entwicklungsprozess das Floprisiko geringer ist.

Technologieorientierte Vorgehensweise

Diese Vorgehensweise ist dadurch gekennzeichnet, dass die unternehmensinternen Ressourcen den Ausgangspunkt für die Erschließung von Innovationspotenzialen bilden. Im Mittelpunkt steht dabei die Erschließung von Zukunftsmärkten durch neue Technologien und innovative Leistungen.

Die zentrale Orientierungsgröße stellen neue Technologien bzw. technologische Entwicklungen dar. Diese sind in Hinblick auf ihr Potenzial für die Gestaltung innovativer Leistungen zu analysieren (z. B. Anwendungsbreite, Differenzierungsmöglichkeiten gegenüber Wettbewerbern). Für die gefunden innovativen Problemlösungen sind dann konkrete Produktanwendungen und Kunden mit latent vorhandenen Bedürfnissen zu suchen bzw. entsprechende »Märkte« zu kreieren (»supply-side-marketing«). Eine solche Vorgehensweise birgt aber die Gefahr, dass zwar innovative Lösungen auf den Markt gebracht werden, den potenziellen Kunden aber letztlich Problemlösungen geliefert werden, für die kein Bedarf aus Kundensicht besteht. Daher ist es bei technologischen Innovationen sinnvoll, im Verlauf des weiteren Entwicklungsprozesses die potenziellen Kunden in die Produktentwicklung mit einzubeziehen, um das Floprisiko zu verringern.

Im Sinne des ressourcenorientieren Ansatzes können nicht nur Technologien, sondern die gesamte Ressourcen- bzw. Kompetenzbasis Grundlage für die Entwicklung innovativer Leistungsangebote sein. Ausgehend von den bestehenden Ressourcen des Unternehmens ist zu überprüfen, ob diese für die Entwicklung innovativer Leistungen ausreichen oder ob neue Kompetenzen erworben werden müssen (vgl. hierzu auch Galunic/Rodan 1998, S. 1194f.; Meyer/Utterback 1993, S. 31ff.). So hat z. B. die Firma Canon ihre Kompetenzen aus der Fototechnologie zunächst auf Fotokopierer übertragen und anschließend mit Laserdruckern ein weiteres Anwendungsfeld erschlossen (vgl. Prahalad/Hamel 1990, S. 89f.).

Balanced Strategy als Integration von Markt- und Technologieorientierung

In Anbetracht der Schwierigkeiten und Fehlerquellen (vgl. Specht 2002, S. 484ff.) einer einseitigen technologie- oder marktorientierten Vorgehensweise erscheint die Integration beider Perspektiven gefordert, um das Floprisiko zu senken und gleichzeitig mit innovativen Leistungen Wettbewerbsvorteile aufzubauen. Insbesondere COOPER hat in empirischen Untersuchen nachgewiesen, dass Innovationsprojekte, die gleichermaßen technologie- und marktorientiert durchgeführt wurden (»Balanced Strategy«), signifikant erfolgreicher als andere Strategietypen waren.

Diese so genannte »Balanced Strategy« weist nach den Untersuchungen von COOPER folgende Merkmale auf (vgl. Cooper 1984, S. 32ff.):

- Es sind innovative Produkte, die auf einer hohen technologischen Kompetenz basieren und die sowohl Weiterentwicklungen bestehender Technologien als auch neue technologische Lösungen beinhalten.
- Diese Produkte weisen eine enge Verwandtschaft zum bisherigen Leistungsprogramm auf und zielen auf die Befriedigung bestehender Kundenbedürfnisse ab.
- Mit den innovativen Produkten ist eine vorteilsgenerierende Abhebung von Konkurrenzprodukten möglich, d. h. es werden einzigartige Funktionalitäten geboten, die mit entsprechenden Kundenbedürfnissen korrespondieren.
- Die ausgewählten Märkte für diese Neuprodukte weisen ein hohes Wachstum und eine geringere Wettbewerbsintensität auf.
- Der Entwicklungsprozess ist marktorientiert, da frühzeitig Kundenbedürfnisse ermittelt und in die konkrete Produktentwicklung mit einbezogen werden.

2.2.3.2 Ideengewinnung

Nachdem ein Innovationsbedarf erkannt und durch die strategische Stoßrichtung ein grobes Suchfeld (neue Technologien oder Marktbedürfnisse) festgelegt wurde, sind nun konkrete Neuproduktkonzepte zu erarbeiten. Zwar können Produktideen durchaus mehr oder weniger zufällig gefunden werden, für ein institutionalisiertes Innovationsmanagement ist jedoch auch in dieser so genannten »kreativen Phase« ein systematisches Vorgehen sinnvoll.

Zur systematischen Ideegewinnung kann prinzipiell zwischen einer Ideensammlung und einer Ideenerzeugung unterschieden werden (vgl. im Folgenden Schlicksupp 1977; Haedrich/Tomczak 1996, S. 187; Meffert 2000, S. 390).

Für eine systematische Ideensammlung sind sowohl unternehmensinterne als auch unternehmensexterne Quellen in Betracht zu ziehen. Die »Sammlung« beruht im Kern auf den Methoden der Marktforschung bzw. der internen Ressourcenanalyse.

Wichtige Quellen zur Sammlung von Ideen sind vor allem Kundenbefragungen, Konkurrenzanalysen, Benchmarking-Studien, die FuE-Abteilung und ein betriebliches Vorschlagswesen. Mit dem Internet bietet sich auch für die systematische Suche nach Produktideen ein weites Betätigungsfeld. Im Rahmen der internetbasierten Recherchen sollte nicht nur in Datenbanken nach technologischen Neuerungen, Konkurrenzinformationen etc. gesucht werden. Darüber hinaus empfiehlt es sich, themen- oder produktspezifische Newsgroups zu beobachten. Solche Newsgroups stellen permanente Online-Diskussionsforen dar, bei denen die Teilnehmer durch schriftliche Diskussionsbeiträge z. B. ihre Meinung zu Produkten, zu technologischen Entwicklungen und vieles mehr mitteilen und Erfahrungen austauschen (vgl. hierzu auch Drotos 2000). Für die Primärforschung eignen sich insbesondere so genannte Online-Focusgroups, die das (elektronische) Pendant zu konventionellen Gruppendiskussionen sind (vgl. Böhler 2004, S. 88; Hahn/Epple 2001).

Die gezielte Ideenerzeugung kann durch viele unterschiedliche Methoden unterstützt werden (vgl. grundlegend Schlicksupp 1977). Dabei werden intuitiv-kreative

(z. B. Brainstorming und Synektik) und systematisch-analytische Methoden (z. B. Morphologischer Kasten) unterschieden.

Beim **Brainstorming** (Osborn 1963) wird eine Gruppe von 4-7 Teilnehmern mit einem vorgegebenen Problem konfrontiert (z. B. komfortablere Bedienung von DVD-Playern) und aufgefordert, hierzu spontan Lösungsideen zu nennen. Die Teilnehmer sollen dabei die Ideen anderer aufgreifen, wodurch ein Wechselspiel entsteht, das die Ideenanzahl erhöht. Die Gruppe sollte fachlich heterogen (FuE, Marketing, Vertrieb) und hierarchisch homogen (keine Vorgesetzten) besetzt sein. Während der Ideenerzeugung sollte weder Lob noch Kritik geäußert werden, weil hierdurch die Spontaneität der Mitglieder gehemmt wird. Die Leitung übernimmt ein geschulter Moderator, der auf die Einhaltung der Regeln achtet und die Ideen für die weitere Beurteilung strukturiert und zusammenfasst. Mit diesem Verfahren wird zwar in kurzer Zeit eine große Ideenanzahl generiert, doch eignet sich dieses Verfahren nur für inkrementelle Produktinnovationen.

Die **Synektik** geht in einer ersten Stufe von den spontan vorgetragenen Ideen des Brainstorming aus (z. B. leichteres Programmieren des DVD-Players durch bessere Gebrauchsanweisung und selbsterklärende Symbole auf der Tastatur). Im nächsten Schritt wird aufgrund dieser Ergebnisse die Aufgabenstellung präzisiert (z. B. Programmierung ohne technische Kenntnisse und ohne Gebrauchsanweisung). Um möglichst neuartige Lösungen zu finden, wird dieses Ausgangsproblem nun verfremdet, z. B. indem man nach analogen Lösungen zu diesem Problem in der Natur, Gesellschaft, Kultur etc. sucht (z. B. Informationsübertragung in der Natur durch Geruch, Schallwellen, Licht, Schwingungen etc.). Nach der Bildung solcher Analogien wird versucht, diese Lösungen der Natur auf das ursprüngliche Problem zu übertragen. Bspw. können die Programmierbefehle in Form von Balkencodes im Begleitheft mitgegeben werden, die mit einem Scanner einzulesen sind. Genauso können die Programmierbefehle durch Spracheingaben erfolgen etc. (zum ausführlichen Ablauf vgl. Geschka/Reibnitz 1981, S. 31ff.). Gegenüber dem Brainstorming lassen sich mehr und kreativere Ideen finden, wenn die Teilnehmer bereit sind, bei der Bildung von Analogien unkonventionelles Denken zu akzeptieren.

Beim **Morphologischen Kasten** (Zwicky 1966) wird das Produkt in seine grundlegenden Funktionen zerlegt. Bei PKW werden die Funktionen wie bspw. die Karosserieform (Limousine, Cabrio, Kombi, Coupé), die Antriebsart (Vorderrad, Hinterrad, Allrad) und der Motor (Diesel, Benziner, Wasserstoff, Hybrid) aufgelistet und bekannte bzw. mögliche Lösungen für diese angegeben. Durch Kombination von Lösungsalternativen über die Funktionen hinweg ergeben sich neue Produktideen, wie z. B. Cabrio mit Allrad und Dieselmotor. Durch Verbindung aller möglichen Alternativen erhält man eine große Zahl von Produktideen (hier: 48). Problematisch ist die Entwicklung eines Morphologischen Kastens, die letztlich nur von Experten vorgenommen werden kann, sowie die aufwendige Bewertung und Auswahl der Ideen.

Der Wert derartiger Methoden liegt zum einen darin, dass die Möglichkeit, zu neuen Problemlösungen zu gelangen, größer ist als bei der Ideensammlung, da diese Methoden ein Infragestellen bisheriger Denkmuster und Kontexte ermöglichen bzw. sogar explizit voraussetzen. Zum anderen liegt der Nutzen z. B. von Kreativitätstechniken in der Verbesserung der Arbeitsatmosphäre und der innerbetrieblichen Kommunikation, insbesondere wenn fachübergreifende Ideenfindungsprojekte durchgeführt werden.

2.2.3.3   Ideenbewertung und -auswahl

Die gefundenen Produktideen sind anschließend hinsichtlich ihrer Attraktivität für das Unternehmen zu bewerten, um zu entscheiden, welche Idee(n) weiterverfolgt werden und welche nicht. Eine solche Bewertung muss vor dem Hintergrund der unternehmensspezifischen Stärken und Schwächen sowie der unternehmensexternen Chancen und Risiken erfolgen.

Ziel ist es, das Misserfolgsrisiko für Neuprodukte zu reduzieren, indem nicht Erfolg versprechende Ideen möglichst frühzeitig ausgesondert werden. Allerdings ist es in den frühen Phasen der Produktentwicklung aufgrund von marktlichen und technologischen Unsicherheiten schwierig, alle relevanten Einflussgrößen auf den Neuprodukterfolg zu ermitteln bzw. zu prognostizieren. Die wesentliche Herausforderung in dieser Phase der Produktentwicklung besteht darin, die Balance zwischen einer zu strengen und einer zu nachgiebigen Ideenbewertung bzw. -auswahl zu finden.

Um den Prozess der Bewertung und Auswahl effizient durchzuführen, ist ein mehrstufiges Vorgehen sinnvoll (vgl. auch Homburg/Krohmer 2003, S. 476; Meffert 2000, S. 398): Zuerst wird eine grobe Vorauswahl (Screening) über die Ablehnung oder Weiterführung getroffen und nur die verbleibenden Produktideen werden dann einer detaillierten Feinbewertung (z.B. Konzepttests mit Verbrauchern und Wirtschaftlichkeitsanalysen) unterzogen. Dadurch lassen sich der erforderliche Informationsbedarf und die Kosten für die Bewertung reduzieren.

Vorauswahl (Screening)

In der Phase der Vorauswahl sind die Produktideen anhand von Beurteilungskriterien zu bewerten. Die Schwierigkeit besteht darin, geeignete Beurteilungskriterien zu finden, da die Produktideen zu diesem Zeitpunkt oft nur vage umschrieben sind. Die Beurteilungskriterien sind unternehmensspezifisch festzulegen und sollten in einem Zusammenhang mit den Zielen stehen, die durch das Neuprodukt zu erreichen sind (z.B. First-to-Market mit einem hohen Innovationsgrad oder Me-too-Produkt mit einem besseren Preis-Leistungs-Verhältnis als die Konkurrenz).

Entsprechend des SWOT-Analyserasters lassen sich zur Bewertung einer Produktidee unternehmensexterne und unternehmensinterne Beurteilungskriterien verwenden. Um konkrete Beurteilungskriterien zu finden, kann u.a. auf die Ergebnisse der empirischen Erfolgsfaktorenforschung (PIMS) zurückgegriffen werden (vgl. Abell/Hammond 1979, S. 271ff.; Gerpott 1999, S. 179ff.): Zur Bewertung von Produktideen sind demnach Variablen der Marktattraktivität wie das lang- und kurzfristige Marktwachstum, das Marktvolumen, die Anwendungsbreite sowie der Konzentrationsgrad der Abnehmer und Anbieter heranzuziehen. Als interne Kriterien eignen sich bspw. Kosten- und Preisvorteile (abgeschätzt durch den erreichbaren Marktanteil im Vergleich zu den größten Konkurrenten), die realisierbare Produktqualität im

Vergleich zur Konkurrenz, die Patentierfähigkeit, das FuE-Know-how, Synergien mit dem bestehenden Produkten, Zielgruppen und Technologien sowie die erforderlichen Budgets zur Realisierung und Einführung des Produktes (ein Überblick über weitere Kriterien, die den Innovationserfolg beeinflussen, findet sich exemplarisch bei Hauschildt 1993).

Als Methoden für die Vorauswahl kommen insbesondere **Checklisten** und **Punktbewertungsverfahren (Scoring-Modelle)** zum Einsatz (vgl. auch Hansen/Hennig-Thurau/Schrader 2001, S. 138f.; Kotler/Bliemel 2001, S. 579ff.).

Ein einfaches Verfahren sind Checklisten, anhand derer der Erfüllungsgrad von Produktideen bei den herangezogenen Kriterien überprüft wird. Häufig werden auch Punktbewertungsverfahren verwendet (vgl. Abb. 40).

(1) Zuerst sind empirisch fundierte Beurteilungskriterien festzulegen, die aus den Zielen für das Neuprodukt abgeleitet sein sollten.

(2) Diese Beurteilungskriterien werden gewichtet, wobei die Summe der Gewichtungen im Beispiel den Wert 1 ergeben muss.

(3) Die Produktideen werden mit einem Punktwert, z. B. anhand einer Skala von 1 bis 10, bei den einzelnen Beurteilungskriterien bewertet.

(4) Aus der Summe der einzelnen gewichteten Teilbewertungen ergibt sich der Gesamtpunktwert (additives Modell).

(5) Der errechnete Gesamtpunktwert der Produktidee muss nun entweder einen vorher festgelegten Mindestpunktwert (z. B. 7,5) übersteigen, damit sie weiterverfolgt wird, oder es wird die Produktidee gewählt, die den höchsten Gesamtpunktwert aufweist. In obigem Beispiel würde die Produktidee mit einem Gesamtpunktwert von 7,8 den geforderten Mindestpunktwert übersteigen und damit weiterverfolgt.

Beurteilungskriterien (1)	Gewichtung (2)	Bewertung (3)	Punktwert (4)
Umsatzpotenzial	0,10	9	0,9
Konkurrenzdruck	0,10	7	0,7
Investitionsvolumen	0,20	8	1,6
Technologisches Know-how	0,10	9	0,9
Marktbezogenes Know-how	0,05	4	0,2
Synergien zu anderen Produkten	0,10	7	0,7
Akzeptanz des Handels	0,25	8	2,0
Produktvorteil	0,10	8	0,8
Gesamtpunktwert (5)			7,8

Abbildung 40: Punktbewertungsverfahren zur Beurteilung von Produktideen

Bei der Ideenbewertung können auch so genannte »Killerkriterien« Verwendung finden, die bei Nicht-Erfüllung zur Ablehnung der Produktidee führen. Derartige Kriterien beziehen sich typischerweise auf rechtliche Aspekte (Lizenzen, Patente, Verbote etc.) und die »Machbarkeit« in ökonomischer und technischer Hinsicht (z. B. notwendige finanzielle und personelle Ressourcen sowie technische Möglichkeiten).

Trotz der einfachen Handhabung sind Punktbewertungsverfahren nicht unproblematisch, da sie letztlich nur eine subjektive Einschätzung der Produktidee liefern. Die Auswahl der Beurteilungskriterien, deren Gewichtung, die Vergabe der Punktwerte sowie die Festlegung des Mindestpunktwertes liegen im Ermessen der Beurteilenden. Darüber hinaus stellt sich das Problem, dass sich bei der Errechnung des Gesamtpunktwertes gute und schlechte Bewertungen kompensieren. Da zudem Verbraucherurteile meist nicht berücksichtigt werden, ist es weiterhin anzuraten, die Produktideen, die nach der Screeningphase weiterverfolgt werden sollen, einer Beurteilung durch die potenziellen Kunden zu unterziehen.

Konzepttests

In Konzepttests werden Produktideen von potenziellen Kunden bewertet. Hierzu werden den Auskunftspersonen verbal, schriftlich, bildlich oder als Filmspot dargestellte Produktideen (oder einzelne Bestandteile des Konzeptes wie Funktionen, Markenname, Design etc.) präsentiert. Aus der Reaktion der Verbraucher auf die präsentierten Konzepte wird auf die Reaktionen gegenüber den realen Produkten geschlossen. Ziel ist es, Erfolg versprechende Produkteigenschaften und -konzepte zu identifizieren (vgl. auch Green/Tull 1982, S. 447ff.; Homburg/Krohmer 2003, S. 478).

Konzepttests können auf unterschiedliche Art und Weise gestaltet sein. Es kann danach unterschieden werden, wie konkret die Produktidee ausgearbeitet ist, d. h. ob nur einzelne Aspekte einer Produktidee (z. B. die Bedienung) oder weitgehend die gesamte Produktkonzeption zu bewerten sind. Des Weiteren unterscheiden sich Konzepttests darin, welches Forschungsdesign zur Erhebung der Verbraucherurteile Anwendung findet. Eine einfache Form von Konzepttest sind Gruppendiskussionen mit Verbrauchern (explorative Forschung), die unter Anleitung eines Moderators über die jeweiligen Produktkonzepte diskutieren. Eine weitergehende Form von Konzepttests, die im Rahmen der deskriptiven Marktforschung Anwendung findet, ist eine standardisierte Abfrage, bei der Produktkonzepte von den Auskunftspersonen nach ihren Präferenzen in eine Rangordnung zu bringen sind. Hieraus lassen sich der Gesamtnutzen der Konzepte und die Teilnutzenwerte der Produkteigenschaften berechnen (so genannte Conjoint Analyse).

Das folgende Beispiel soll den Beitrag eines derartigen Konzepttests zur Produktentwicklung eines PKW verdeutlichen (vgl. Böhler 2004, S. 240ff.).

(1) Zuerst sind die kaufrelevanten Eigenschaften und die zu überprüfenden Ausprägungen zu definieren.
(2) Die Produktmerkmale und ihre jeweiligen Ausprägungen sind bei der klassischen Conjoint-Analyse durch Kombination aller Merkmalsausprägungen zu Produkt-

Merkmalsausprägungen			
Preis	25.000	30.000	35.000
Höchst-geschw.	200 km/h	220 km/h	240 km/h
Verbrauch	12 l	14 l	16 l

Abbildung 41: Merkmale und Ausprägungen

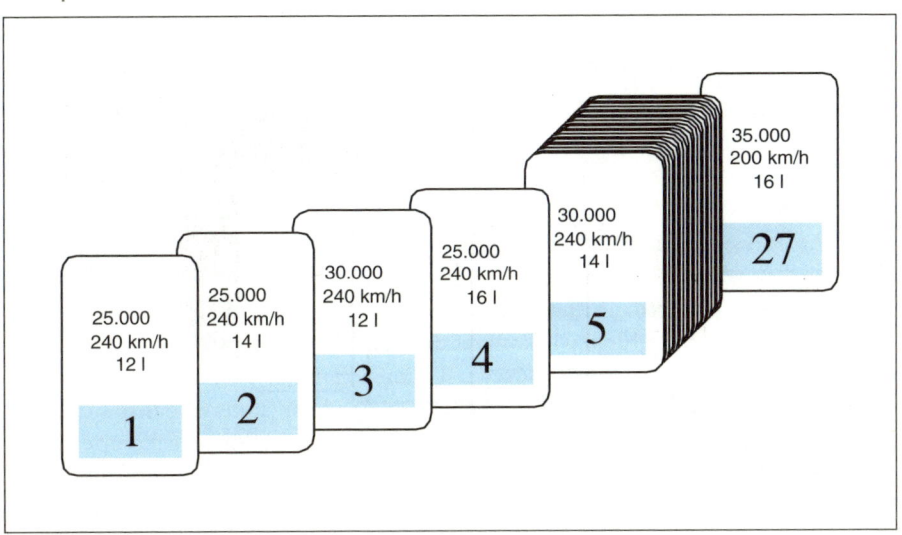

Abbildung 42: Rangordnung der Konzepte gemäß Einstufung durch den Befragten

konzepten zusammenzustellen. Die Verbraucher bekommen diese Konzepte bspw. auf Karten oder auch auf einem Notebook präsentiert.

(3) Die Auskunftspersonen bringen die Konzepte entsprechend ihrer Präferenzen in eine Rangordnung.

(4) Aus der Präferenzrangordnung einer Auskunftsperson lassen sich intervallskalierte Teilnutzenwerte für die Eigenschaftsausprägungen und der intervallskalierte Gesamtnutzenwert der Konzepte mit Hilfe statistischer Verfahren berechnen (z. B. durch multiple Regression, bei der die Präferenzrangordnung als abhängige Variable und die Eigenschaftsausprägungen als nominalskalierte unabhängige Variable

	Teilnutzenwerte der Merkmalsausprägungen					
Preis	25.000	-1,8	30.000	-2,0	35.000	-2,5
Höchst-geschw.	200 km/h	2,0	220 km/h	4,0	240 km/h	5,0
Verbrauch	12 l	-0,6	14 l	-0,8	16 l	-1,0

Abbildung 43: Teilnutzenwerte der Merkmalsausprägungen

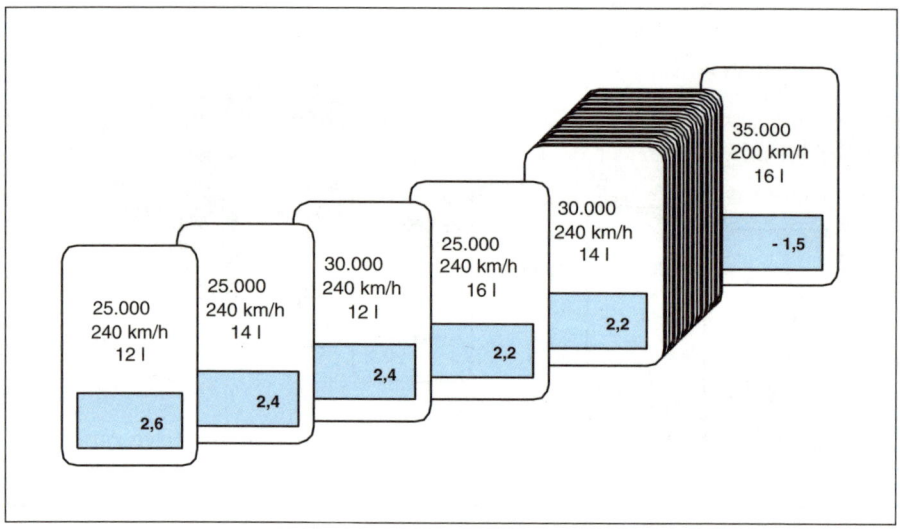

Abbildung 44: Gesamtnutzen ausgewählter Konzepte

verwendet werden oder durch Conjoint Analyse, bei der die Teilnutzenwerte der Konzepte iterativ solange verändert werden, bis die daraus resultierenden metrischen Gesamtnutzenwerte der Konzepte der geäußerten Präferenzrangordnung der Auskunftsperson entspricht).

In diesem Beispiel hat das Konzept »25.000 €; 240 km/h; 12 l« mit 2,6 den höchsten Gesamtnutzen, gefolgt von Konzept »25.000 €; 240 km/h; 14 l« mit 2,4 und dem Konzept »25.000 €; 240 km/h; 16 l« mit 2,2. Den niedrigsten Gesamtnutzen stiftet das Konzept »35.000 €; 200 km/h; 16 l«. Aus einem solchen Konzepttest lassen sich Folgerungen für die weitere Produktentwicklung ableiten. Die Analyse zeigt, welches Konzept den höchsten Gesamtnutzen aufweist und demzufolge das Erfolg versprechendste Produktkonzept darstellt. Aus den Teilnutzenwerten der Eigenschaften lässt sich darüber hinaus ableiten, wie wichtig die Eigenschaften dem Abnehmer sind. Da in obigem Beispiel die Geschwindigkeit die höchsten Nutzenunterschiede (2,0 bis 5,0) verursacht, ist sie wichtiger als der Preis (-1,8 bis -2,5) und der Benzinverbrauch (-0,6 bis -1,0).

Wirtschaftlichkeitsanalysen

Um Wirtschaftlichkeitsanalysen für Neuprodukte durchzuführen, müssen Erlöse und Kosten prognostiziert werden. Dies setzt voraus, dass das Produktkonzept ausreichend spezifiziert wurde und zumeist auch erste Prototypen entwickelt wurden. Für Wirtschaftlichkeitsanalysen existiert eine Vielzahl von Analyseverfahren. Hierzu gehören u. a. Analysen des Kapitaleinsatzes, Kosten- bzw. Gewinn-Vergleiche sowie statische und dynamische Rentabilitäts- bzw. Investitionsrechnungen (vgl. zu einem Überblick Wöhe/Döring, 2002, S. 610ff.).

Break-Even-Analyse

Die Break-Even-Analyse ist ein statischer Ansatz zur Ermittlung der Menge, bei der die Gewinnschwelle erreicht wird. Im Break-Even-Point sind Gesamterlöse und Gesamtkosten gleich hoch:

$$x_B = \frac{K_F}{(p - k_v)}$$

K_F = Fixkosten
k_v = variable Stückkosten
x_B = Break-Even-Absatzmenge

Entscheidend ist der Vergleich der Break-Even Menge mit der erwarteten Absatzmenge des Neuprodukts. Ist die erwartete Absatzmenge größer als die Break-Even-Menge (x_B), erzielt das Unternehmen Gewinn und die Produktidee wird weiterverfolgt (vgl. Abb. 45).

Amortisationsdauer

Die Amortisationsdauer beschreibt den erforderlichen Zeitraum zur Erreichung der Gewinnschwelle. Die Amortisationsdauer berechnet sich wie folgt:

$$\frac{K_F}{\sum_{t=1}^{n} (p - k_v) \cdot x_t} = 1$$

K_F = Fixkosten
k_v = variable Stückkosten

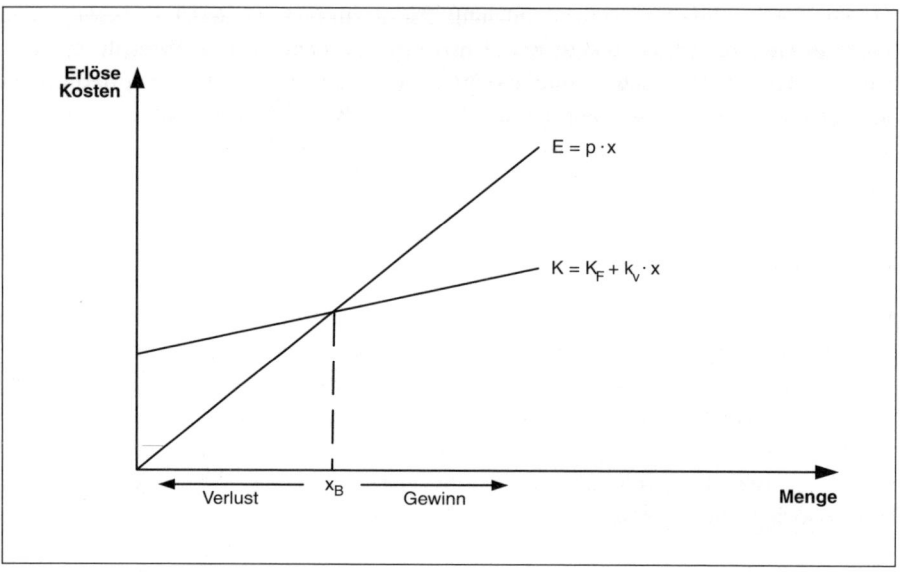

Abbildung 45: Break-Even-Diagramm

x_t = Absatzmenge in der Periode
n   = Amortisationsdauer in Jahren
t   = Jahre

Ist die geschätzte Produktlebensdauer länger als die Amortisationsdauer, wird das Innovationsprojekt fortgeführt.

Bei beiden Rechnungen bereitet die Abschätzung der Fixkosten, der variablen Stückkosten, der realisierbaren Preise und der Absatzmengen erhebliche Schwierigkeiten. Darüber hinaus wird nur überprüft, ob das Neuprodukt voraussichtlich die Gewinnschwelle erreichen wird. Beide Verfahren treffen keine Aussage über die Rentabilität des Projektes, da die Gewinnhöhe nach dem Break-Even-Punkt unberücksichtigt bleibt. Die Neuproduktentwicklung ist jedoch als Investitionsentscheidung aufzufassen, und es ist zu ermitteln, ob das eingesetzte Kapital eine entsprechende Rendite erwirtschaftet.

Rentabilitätsrechnungen

Bei statischen Rentabilitätsrechnungen werden die Gewinne bzw. Gewinnzuwächse durch das Neuprodukt auf das eingesetzte Kapital bezogen. So errechnet sich bspw. die Gesamtkapitalrentabilität aus dem Gewinn plus Fremdkapitalzins bezogen auf das durchschnittlich gebundene Gesamtkapital (Eigenkapital plus Fremdkapital). Diese Rentabilitätskennziffer ist mit einer geforderten Rendite zu vergleichen, die mindestens erreicht werden muss, damit das Projekt fortgeführt wird (eine solche Mindestrendite lässt sich bspw. aus alternativen Kapitalanlagen bestimmen). Dynamische Verfahren berücksichtigen im Unterschied hierzu die im Zeitablauf anfallenden Auszahlungen und Einzahlungen. Hierzu zählt insbesondere die Kapitalwertmethode, die im Folgenden kurz skizziert wird (zu weiteren Verfahren vgl. Wöhe/Döring, 2002, S. 616ff).

Kapitalwertmethode

Üblicherweise wird der Kapitalwert auf Basis von Einzahlungen und Auszahlungen berechnet:

$$C = \sum_{t=o}^{n} \frac{E_t - A_t}{\left(1 + \frac{i}{100}\right)^t}$$

E_t = jährlicher Zahlungsmittelzufluss aus dem Projekt
A_t = jährlicher Zahlungsmittelabfluss aus dem Projekt
n = geschätzte Lebensdauer des neuen Produktes
i = Kalkulationszinsfuß
C = Kapitalwert
t = Jahre

Lassen sich diese Zahlungsströme nicht abschätzen, kann hilfsweise auf Erlös- und Kostenschätzungen zurückgegriffen werden (vgl. hierzu Köhler 1993, S. 340):

$$C = \sum_{t=o}^{n} \frac{\left(p_t - k_{v_t}\right) \cdot x_t - K_{F_t}}{\left(1 + \frac{i}{100}\right)^t}$$

K_{F_t} = jährlich anfallende Fixkosten
p_t = Preis in der Periode
k_{v_t} = variable Stückkosten in der Periode
x_t = Absatzmenge in der Periode
n = geschätzte Lebensdauer des Projekts
i = Kalkulationszinsfuß
C = Kapitalwert
t = Jahre

Ist der Kapitalwert größer oder gleich null, wird das Innovationsprojekt fortgeführt, da mit ihm die Mindestverzinsung i erreicht bzw. überschritten wird.

2.2.3.4 Ideenrealisierung

Nachdem die Entscheidung für eine oder mehrere Neuproduktideen gefallen ist, folgt die technische Realisierung. Diese beinhaltet alle Entwicklungs- und Konstruktionsaufgaben bis zur Marktreife des Produktes. In diesem Zusammenhang wird in der Literatur vom so genannten »Magischen Dreieck« der Produktentwicklung gesprochen. Damit ist das Spannungsfeld gemeint, das bei der Realisierung von Produktideen daraus resultiert, dass sich in der Regel **kosten-, zeit-** und **qualitätsbezogene Anforde-**

rungen nicht gleichzeitig optimal umsetzen lassen (vgl. Schröder 1994, S. 293). Insofern sind Abwägungsentscheidungen zwischen der Erfüllung aller qualitativen Anforderungen an das Produkt, einem frühzeitigen Markteintritt und einer Produktentwicklung mit niedrigen Kosten erforderlich. Aus diesem Grund gilt die simultane Berücksichtigung von Kosten, Zeit und Qualitätsanforderungen im Entwicklungsprozess auch im Allgemeinen als ein Erfolgsfaktor des Innovationsmanagements.

Dementsprechend ergeben sich zwei zentrale Aufgaben für das Innovationsmanagement. Zum einen ist das Neuproduktkonzept soweit zu konkretisieren, dass es in technische Entwicklungsaufgaben (z.B. Plattform- und Komponentenentwicklung, Produktionsprozessvorbereitung etc.) umgesetzt werden kann. Die Schwierigkeit besteht vor allem darin, die kundenseitig definierten Produktanforderungen in technische Entwicklungsmerkmale umzusetzen. Für diese Aufgabe wird in der Praxis das House of Quality vorgeschlagen (vgl. Brockhoff 1999, S. 178ff.; Hauser/Clausing 1988, S. 63ff.). Zum anderen sind zur Einhaltung von Kosten- und Zeitrestriktionen die vielfältigen Entwicklungs- und Konstruktionsaufgaben zu koordinieren und die entsprechende Zielgrößen bzw. Meilensteine in einem **Pflichtenheft** festzulegen.

Ziel des **House of Quality** ist die Berücksichtigung von Markt- und Wettbewerbsaspekten, die durch die Urteile der Verbraucher über die Realmarken im Positionierungsmodell operationalisiert wurden. Den Urteilen der Kunden (z.B. Pkw Marke A ist »schneller« und »wirtschaftlicher« als Marke B) werden die objektiven technischen Produkteigenschaften der konkurrierenden Marken gegenübergestellt (Marke A: Höchstgeschwindigkeit 200 km/h, Benzinverbrauch 7,5 l; Marke B: Höchstgeschwindigkeit 180 km/h, Benzinverbrauch 9,0 l). Unter der Voraussetzung, dass die Kunden beide Merkmale als wichtig erachten und dass ein Zusammenhang zwischen den objektiven Maßgrößen und der Wahrnehmung der Verbraucher besteht, lassen sich für die Produktentwicklung entsprechende Konstruktionsvorgaben ableiten (z.B. Motorentwicklung zur Senkung des Benzinverbrauchs und zur Erhöhung der Endgeschwindigkeit, leichtere Karosserie, Senkung des cw-Wertes bei Marke B). Die Vorteile des House of Quality liegen darin, dass es einen Diskussionsrahmen zur Überwindung der Schnittstellenprobleme zwischen FuE, Produktion und Marketing bietet.

In der Vergangenheit waren die FuE-Prozesse zumeist so organisiert, dass erst dann, wenn eine bestimmte Entwicklungsstufe abgeschlossen war, die nächste Stufe angegangen wurde. Dadurch erhöhte sich der Zeitbedarf. Inzwischen geht man dazu über, diese Phasen soweit wie möglich zu **parallelisieren**. Man wartet also nicht ab, bis eine Phase völlig abgeschlossen ist, sondern man beginnt bereits mit den Arbeiten der nachfolgenden Phase, die man bereits erledigen kann. Dieses so genannte »Simultaneous Engineering« führt dazu, dass sich die FuE-Zeiten wesentlich verkürzen lassen. Bspw. kann mit ersten Entwicklungs- und Konstruktionsarbeiten sowie mit der Produktionsplanung für das Produkt bereits begonnen werden, bevor die Konzeptentwicklung im Detail abgeschlossen ist. Allerdings sei darauf hingewiesen, dass eine zu starke Konzentration auf den Erfolgsfaktor »Zeit« im Entwicklungsprozess u.U. aber auch negative Auswirkungen hat, z.B. durch überproportional ansteigende FuE-Kosten in Crash-Programmen, Qualitätseinbußen im Endprodukt und zunehmende Rückrufaktionen.

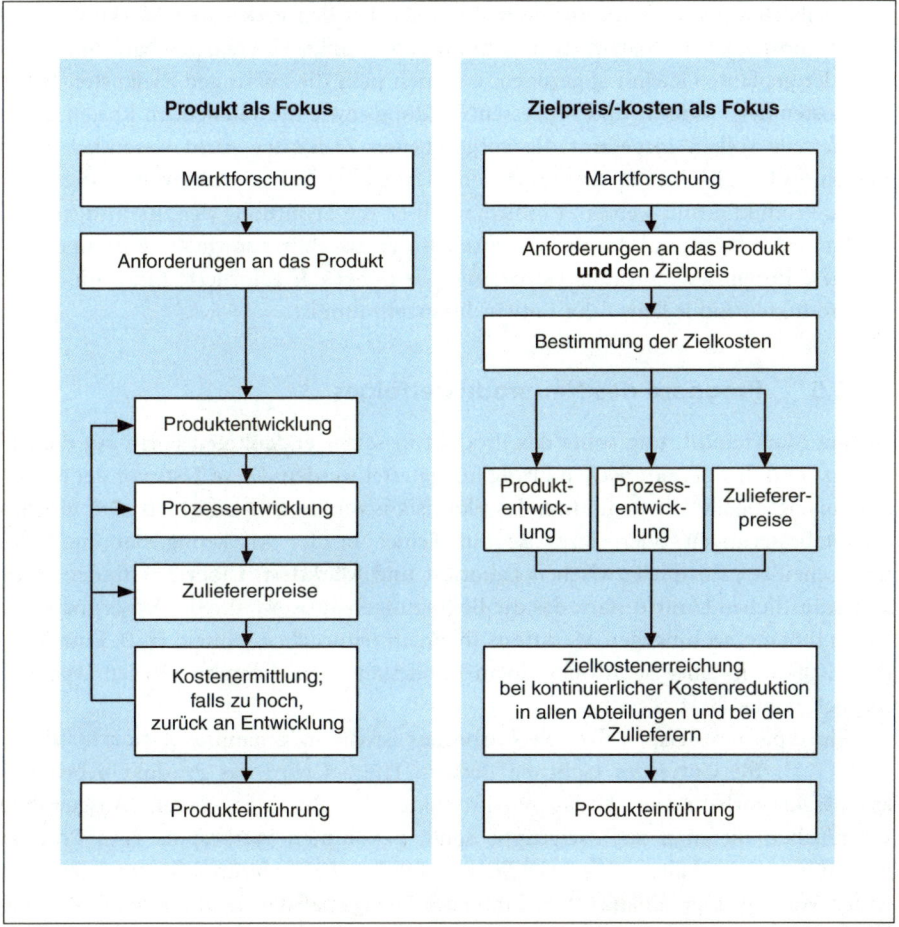

Abbildung 46: Target Costing (Quelle: in Anlehnung an Simon 1992, S. 63)

Zur gleichzeitigen Berücksichtigung der Verbraucheranforderungen an das Produkt und der damit entstehenden Kosten lässt sich das Target Costing einsetzen. **Target Costing (Zielkostenmanagement)** ist ein marktorientierter Ansatz der Kostenplanung und -steuerung, der schon in den frühen Phasen der Produktentwicklung zum Einsatz kommt und speziell darauf abzielt, die Kostenstrukturen eines neu zu entwickelnden Produktes an die Produkt- und Preisvorstellungen der Kunden anzupassen (vgl. hierzu Seidenschwarz 1993). Hierdurch soll die Problematik herkömmlicher Verfahren der Preisfindung gelindert werden, die u. a. darin besteht, dass sie erst dann einsetzen, wenn wesentliche Phasen der Produkt- und Prozessentwicklung bereits abgeschlossen sind. Damit sind die größten Teile der späteren Gesamtkosten festgelegt und in der Errichtungs- und Produktionsphase ist nur noch ein sehr geringer Teil der Kosten beeinflussbar.

Die Zielkostenrechnung nimmt deshalb umgekehrt den erzielbaren Marktpreis und die prognostizierten Absatzmengen zum Ausgangspunkt. Von den geschätzten Erlösen wird der geplante Gewinn abgezogen, wodurch man die zulässigen Zielkosten erhält. Die Kosten der Produkt- und Prozessentwicklung sowie die anfallenden Kosten durch Zulieferteile sollten insgesamt die vorgegebenen Zielkosten nicht wesentlich übersteigen, wobei gleichzeitig sicherzustellen ist, dass die Anforderungen der Abnehmer an das Produkt erfüllt werden. Problematisch ist die Ermittlung der zukünftigen Produktanforderungen und der Preisbereitschaft der Abnehmer sowie die Kostenprognose. Diese Prognosen sind umso schwieriger, je höher der geforderte Innovationsgrad des Produktes und je länger der Entwicklungszeitraum ist.

2.2.3.5   Prognose des Neuprodukterfolges

Vor der Markteinführung sollte das Produkt in seiner endgültigen Form auf die Akzeptanz und den ökonomischen Erfolg hin getestet werden. Diese Tests vor der Markteinführung dienen zur Reduktion des Floprisikos und liefern Informationen für Produktverbesserungen oder Hinweise auf Fehler in der Marketing-Planung. Man unterscheidet prinzipiell zwischen Labortest und Markttest. Labortests finden in einem künstlichen Umfeld statt, das die Bedingungen aufweist, die der Experimentator haben möchte, wohingegen Markttests in einem natürlichen Umfeld (z. B. Einzelhandelsgeschäfte in einer Stadt oder einem Bundesland) durchgeführt werden (vgl. ausführlich Böhler 2004, S. 55ff.).

Ein typisches Beispiel für einen Labortest ist die so genannte **Testmarktsimulation (TeSi)** für Güter des täglichen Bedarfs. Hierbei wird das Produkt neben den am Markt vorhandenen Konkurrenzprodukten im Regal angeboten. Ausgewählte Verbraucher, die man zur Zielgruppe zählt, bekommen Werbespots zum Produkt vorgeführt und erhalten einen Geldbetrag mit der Aufforderung, in der interessierenden Warengruppe einzukaufen. Ein erster Erfolgsmaßstab ist die Anzahl der Erstkäufer. Einige Zeit später wird per Telefoninterview (oder bei einer erneuten Einladung) festgestellt, wie das Produkt aus Sicht der Verbraucher bewertet wird und wie viele der Käufer das Produkt zum vorgesehenen Preis wieder kaufen würden. Aus den beiden Erhebungen lässt sich der zukünftige Marktanteil (Erstkäufer- mal Wiederkäuferanteil) des Produktes abschätzen. TeSi dient in erster Linie als Flopwarnsystem, d. h. bei einem niedrigen prognostizierten Marktanteil wird das Produkt verworfen.

Probleme des Labortests liegen darin, dass sie nur für Produkte des täglichen Bedarfs genutzt werden können und dass die Reaktionen des Handels und der Konkurrenz nicht überprüfbar sind.

Bei **Markttests** werden einzelne oder alle Marketing-Instrumente in einem begrenzten Marktgebiet (mehrere Einzelhandelsgeschäfte, Stadt(-gebiet) oder Bundesland) überprüft. Eine in der Marktforschungspraxis vorherrschende Variante ist der lokale Testmarkt der GfK in Hassloch (GfK-BehaviorScan). Dort können mehrere Marketing-Maßnahmen (neue oder veränderte Produkte, Verpackung, Markierung, Preis, Verkaufsförderung, Fernseh- und Printwerbung) getestet werden. Aufgrund des realistischen Umfeldes sind zuverlässigere Prognosen des Neuprodukterfolgs als bei Laborexperimenten zu erwarten.

2.2.4   Produktentwicklung für radikale Innovationen

Der Neuheitsgrad von Produkten variiert zwischen inkrementellen Veränderungen, bei denen das grundlegende Produktkonzept beibehalten wird und nur geringfügige Verbesserungen vorgenommen werden, und so genannten radikalen Innovationen, die **grundlegende technologische Neuerungen** und **neue Märkte** anvisieren. Da bei inkrementellen Innovationen die Anforderungen des Marktes (z. B. Kundenbedürfnisse, Preisbereitschaften etc.) und die technischen Lösungen zu Beginn der Produktentwicklung bekannt sind, weisen sie ein geringeres Floprisiko auf. Zunehmend ist zum Aufbau dauerhafter Wettbewerbsvorteile jedoch die Fähigkeit gefordert, durch innovative Leistungsangebote neue Märkte zu erschließen (vgl. hierzu Kim/Mauborgne 1997, S. 105ff.; Hamel 2000, S. 106ff.).

Der für inkrementelle Innovationen dargestellte Entwicklungsprozess lässt sich allerdings nicht ohne weiteres auf radikale Innovationen übertragen. Diese weisen einige Besonderheiten auf, so dass der Entwicklungsprozess hier einem anderen Ablauf folgt und andere Aufgabenschwerpunkte umfasst (vgl. hierzu Scigliano 2003, S. 20ff.). So sind typische Merkmale radikaler Innovationen:

- hohe technologische und marktliche Unsicherheiten zu Beginn des Entwicklungsprozesses: was leistet die Technologie, wer sind potenzielle Kunden, was sind Erfolg versprechende Anwendungen?
- hohe Komplexität der Aufgabenstellung: Integration unterschiedlicher Technologien, Entwicklung komplementärer Produkte, Setzen technologischer Standards,
- interne und externe Widerstände bei der Entwicklung und Durchsetzung der Innovation.

Aufgrund der vielfältigen Unsicherheitsfaktoren fehlen operationale Orientierungsgrößen und damit Zielvorgaben zu Beginn des Entwicklungsprozesses. Dieser kann daher nicht wie bei inkrementellen Innovationen in klar abgegrenzten Teilaufgaben abgearbeitet werden, sondern erfordert einen flexiblen Prozessablauf, bei dem die Ziele erst im Verlauf sukzessiv konkretisiert werden können (vgl. auch Lynn/Morone/Paulson 1996).

Erforderlich ist eine breite Definition der Suchfelder bei radikalen Innovationen. Zum einen lassen sich Innovationspotenziale ja gerade dann finden, wenn außerhalb bestehender Problemlösungen gesucht wird, d. h. der durch den Unternehmenszweck vorgegebene Rahmen (hinsichtlich der Produkte und Märkte) verlassen wird. Zum anderen ist das Unternehmen dahingehend zu untersuchen, inwieweit durch Nutzung bzw. Erweiterung der Ressourcen- und Kompetenzbasis innovative Leistungen realisiert werden können (vgl. Scigliano 2003, S. 114ff.).

Nach der Festlegung der Suchfelder liegt die Problematik bei radikalen Innovationen darin, dass etwaige Produktideen nicht wie bei inkrementellen Innovationen bewertet und ausgewählt werden können, da es hier häufig an den erforderlichen Informationsgrundlagen mangelt. Wenn in den Frühphasen die technologischen Lösungen, die Funktionalitäten des Produktkonzeptes, die Anwendungsbreite und die künftige Wettbewerbssituation noch nicht bekannt sind, können weder Wirtschaftlichkeitsanalysen noch Konzepttests durchgeführt werden. Hier besteht zunächst nur die Möglichkeit über Expertenurteile – die wie die Erfahrungen zeigen aber mit Vorsicht zu genießen sind – zu einer ersten Einschätzung zu gelangen. Diese Unsicherheiten nehmen erst mit der Realisierung der Produktidee ab, womit dann aber bei einem Abbruch des Innovationsprojektes hohe »sunk costs« einhergehen.

Erst in späteren Phasen des Entwicklungsprozesses kann mit Lead-Usern über erste Produktkonzepte sowie ihre technologische und ökonomische Machbarkeit diskutiert werden. Häufig lassen sich sogar erst mit der Markteinführung von ersten Produktversionen weitergehende Aussagen über die marktseitigen Anforderungen treffen, da sich diese z. B. durch die Nutzung der Produkte erst ergeben (vgl. Lynn/Morone/Paulson 1996, S. 10). Es ist daher von Bedeutung, bereits während der Entwicklung der technischen Produktkonzeption sukzessive ein »Konzept« zur Erschließung des künftigen Marktes zu entwerfen. Derartige wettbewerbsstrategische Aspekte betreffen vor allem:

- Die Wahl eines geeigneten **Startmarktes**: Es sollten Kundengruppen gewählt werden, für die die neuen Produkteigenschaften vorteilhaft sind und von denen das Unternehmen über den Markt lernen kann.
- Die Bestimmung der **Positionierungsgrundlage:** Hinsichtlich der Nutzenerwartungen potenzieller Kunden sind nicht nur die produktbezogenen Leistungen (z. B. technologische Vorteilhaftigkeit), sondern auch etwaige Netzwerkeffekte (z. B. durch verfügbare Komplementärprodukte) zu berücksichtigen.
- Die Festlegung des **Markteintrittszeitpunktes**: Bei der Entscheidung zwischen einer Pionier- oder Folgerstrategie ist zu bedenken, dass sich dem Pionier größere Chancen bieten, die marktseitigen Anforderungen zu beeinflussen und er eine vorteilhafte Ausgangsposition im Wettbewerb um die technologischen Standards einnehmen kann. Zugleich hat er aber u. U. die hohen Kosten der Markterschließung alleine zu tragen.
- Die Wahl der **Standardisierungsstrategie**: Dabei gilt es festzulegen, ob gegenüber den alten Produkten oder auch gegenüber potenziellen neuen Produktkonzeptionen Kompatibilität hergestellt oder ob ein eigener (nicht-kompatibler) Standard durchgesetzt werden soll.

Als eine Erfolg versprechende Markteintrittsstrategie erweist sich der Ausgleich zwischen der (reaktiven) Anpassung an die sich entwickelnden Kundenanforderungen und der (aktiven) Gestaltung der Marktsstrukturen und Spielregeln.

2.3 Produkt- und programmpolitische Strategien

2.3.1 Strategien im Produktlebenszyklus

Zu Beginn eines Produktlebenszyklus (PLZ) ist die Markteintrittsstrategie zu bestimmen. Im weiteren Verlauf des Produktlebenszyklus sind Entscheidungen über die Variation und gegebenenfalls die Elimination des Produktes zu treffen.

2.3.1.1 Konzept des Produktlebenszyklus

Hinsichtlich der Verbreitung von Ideen, Technologien und Produkten zeigen sich im Zeitablauf typische Entwicklungsmuster bei der Anzahl der Adopter, bei der Absatzmenge, bei Umsatz und Gewinn. Diese Verläufe sind zum Teil empirisch belegt oder sie werden idealtypisch als s-förmiges Modell angenommen.

Bei der Analyse des Produktlebenszyklus sind verschiedene Betrachtungsebenen zu unterscheiden. Die wichtigsten Analyseebenen sind der Technologiezyklus (Rechenschieber, Taschenrechner, PC), der Lebenszyklus einzelner Produktarten (Roadster, Geländewagen, Van, SUV), der Lebenszyklus einzelner Marken (Opel Kadett, Opel Astra etc.) und der Lebenszyklus einzelner Modelle einer Marke (Golf I bis V).

Für die Einteilung und Abgrenzung der Phasen eines Produktlebenszyklus wird zumeist die Veränderung ökonomischer Größen wie Umsatz, Gewinn oder Absatzmenge herangezogen (vgl. Abb. 47).

Darüber hinaus unterscheiden sich die Zielgruppen und die Konkurrenzsituation in den einzelnen Phasen des Produktlebenszyklus, so dass unterschiedliche Marketing-Strategien und eine Variation des Marketing-Mix erforderlich werden. Zumeist

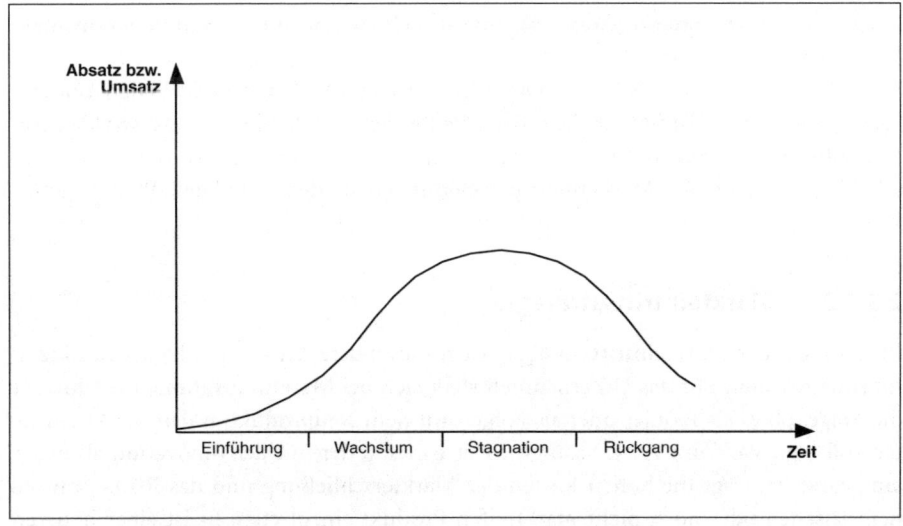

Abbildung 47: Idealtypischer Verlauf eines Produktlebenszyklus

unterscheidet man im Produktlebenszyklus die Phasen Einführung, Wachstum, Stagnation und Rückgang. Folgende Merkmale sind charakteristisch für diese Phasen (vgl. Kotler/Bliemel 2001, S. 573f.):

In der **Einführungsphase** kaufen zunächst die Innovatoren und Meinungsführer das neue Produkt, das sich daher in der Regel nur langsam durchsetzt, wobei die Marktwiderstände bei radikalen Innovationen naturgemäß höher sind als bei inkrementellen. Die Kosten der Markteinführung, z. B. zur Bekanntmachung durch Werbung und Verkaufsförderung, sind hoch. Da die Entwicklungs- und Einführungskosten noch nicht durch entsprechende Erlöse gedeckt werden, entstehen in der Einführungsphase Verluste, der Umsatz wächst jedoch.

Die **Wachstumsphase** beginnt mit Erreichen der Gewinnschwelle. Konkurrenzprodukte, die evtl. technisch ausgereifter sind, treten in den Markt ein, so dass erste Produktverbesserungen bzw. Produktdifferenzierungen notwendig werden können. Deutlichen Umsatzzuwächsen durch weiteres Ausschöpfen der bisherigen Zielgruppe und Ansprache neuer Zielgruppen stehen nach wie vor hohe Markterschließungskosten (z. B. Kapazitätsausweitung, zusätzliche Vertriebswege etc.) gegenüber.

Die **Reifephase** ist durch den höchsten Gewinn und bis zum Umsatzmaximum steigende absolute Umsätze, aber langsam fallende Umsatzzuwächse gekennzeichnet. Durch Prozessinnovationen können die Kosten verringert und über Preissenkungen weitere Zielgruppen angesprochen werden. Weitere Produktdifferenzierungen oder auch erste »Ausdünnungen« beruhen in erster Linie auf Rentabilitätsüberlegungen. Da sich die Produkte technisch und qualitativ weitgehend angeglichen haben, erhält eine kommunikative Abhebung in dieser Phase eine wesentliche Bedeutung.

In der **Rückgangsphase** gehen die absoluten Umsätze und Gewinne zurück. Austauschbare Produkte bei ausgeschöpftem Marktpotenzial führen zu aggressivem Preiswettbewerb, so dass Anbieter mit nicht wettbewerbsfähigen Kostenstrukturen aus dem Markt austreten. Verbleibende Anbieter versuchen weiterhin Kosten zu senken, indem sie die Distributionswege selektiv auslichten und die Kommunikationsmaßnahmen einschränken.

Trotz des in der Praxis häufig vom idealtypischen Verlauf abweichenden Umsatz- bzw. Absatzverlaufs ist festzuhalten, dass die Betrachtung konkreter Lebenszyklen von Technologien, Produktarten bzw. Marken durchaus einen Diskussions- und Entscheidungsrahmen für Marketing-Entscheidungen in den jeweiligen Phasen geben kann.

2.3.1.2   Markteintrittsstrategie

Im Rahmen der Markteintrittsstrategie ist insbesondere der Zeitpunkt der Markteinführung relevant. Für das Unternehmen stellt sich bei Marktinnovationen vereinfacht die Frage, ob es als Pionier oder als Folger mit dem Neuprodukt in den Markt eintreten soll (vgl. Wolfrum 1994, S. 301ff.). Der **Pionier**, der mit der Innovation als erster am Markt ist, trägt die hohen Kosten der Markterschließung und das Risiko, mit einem falschen oder noch nicht marktreifen Produkt einzutreten. Er ist einer höheren Unsicherheit bezüglich der ökonomischen und technologischen Entwicklung ausgesetzt, da noch keine Erfahrungswerte hinsichtlich der Akzeptanz und der Anforderungen an die neue Technologie vorhanden sind. Zugleich hat der Pionier aber die Möglichkeit, große Teile des Marktpotenzials abzuschöpfen. Darüber hinaus kann er längerfristig wirksame Wettbewerbsvorteile aufbauen, bspw. durch die frühzeitige Ausnutzung von Erfahrungskurveneffekten, die Etablierung technologischer Standards, den Aufbau von Know-how über die Marktsituation und den Aufbau eines Images als Technologieführer. Der später in den Markt eintretende Folger hingegen trägt die Opportunitätskosten eines zu späten Markteintrittes, bspw. wenn der Pionier schon einen technologischen Standard aufgebaut oder Markteintrittsbarrieren errichtet hat. Die Vorteile einer Folgerposition liegen allerdings in der Nutzung der Vorleistungen des Pioniers bezüglich der Markterschließung, in der geringeren Unsicherheit bezüglich der Technologie- und Marktentwicklung sowie in der Möglichkeit, aus den Fehlern des Pioniers zu lernen.

Die Entscheidung, ob eine Pionier- oder Folgerposition eingenommen werden soll, kann nur situativ beantwortet werden, da zwischen den jeweiligen Vor- und Nachteilen ein Trade-off besteht. Daher ist diese Entscheidung im Kontext der charakteristischen Merkmale des Neuproduktes (z. B. Innovationshöhe) und der Unternehmenssituation (z. B. Branche, Wettbewerbssituation, Kapitalbasis etc.) zu treffen.

2.3.1.3   Produktvariation

Während bei der Markteinführung von Neuprodukten in der Regel nur eine Grundversion angeboten wird, kann es im weiteren Verlauf des Produktlebenszyklus notwendig werden, das bestehende Produkt zu variieren.

Bei der Produktvariation können die Produktverbesserung (auch Relaunch oder Repositionierung) und die Produktdifferenzierung unterschieden werden.

Man spricht von Produktverbesserung, wenn das Grundkonzept des Produktes beibehalten (z. B. im Automobilbereich der »Golf«), aber ein aktualisiertes Nachfolgemodell eingeführt wird (z. B. die verschiedenen Golf-Generationen von Golf I bis V). Gerade bei technologischen Innovationen werden kleinere technische Unausgereiftheiten bzw. Verbesserungsmöglichkeiten oft erst nach der Markteinführung festgestellt, so dass hier schon nach kurzer Zeit erste Relaunches durchgeführt werden. Aber auch erfolgreiche Produkte bedürfen im Produktlebenszyklus einer Überarbeitung, da sich relevante Wettbewerbsfaktoren im Zeitablauf ändern können. Bspw. müssen neue rechtlichen Restriktionen (z. B. Abgasvorschriften bei Automobilen), technische Entwicklungen (z. B. Integration von Digitalkameras in Mobiltelefone) oder Änderungen im Verbraucherverhalten (z. B. aktuelle Designanforderungen im Automobilbereich) aufgegriffen werden.

Im Unterschied zur Produktverbesserung hat das Unternehmen bei der Produktdifferenzierung mehrere Varianten des Produktes gleichzeitig im Leistungsprogramm (z. B. im Automobilbereich eine Basisversion, einen TDI, ein Cabrio, einen Kombi etc.). Neben einer Differenzierung der technisch-funktionalen und der formal-ästhetischen Produkteigenschaften (Design und Verpackung) steht zunehmend eine Differenzierung durch zusätzliche, mit dem Kernprodukt verbundene, Dienstleistungen im

Mittelpunkt der Betrachtung (so genannte »value added services« vgl. Meffert 2000, S. 444ff.).

Der Grundgedanke der Produktdifferenzierung basiert auf einer segmentspezifischen Marktbearbeitung, bei der auf die Anforderungen verschiedener Zielgruppen abgestellt wird, die man mit entsprechenden Produktvarianten bedient. Darüber hinaus kann durch ein vielfältiges Angebot dem Wunsch der Verbraucher nach Abwechslung (»variety seeking behavior« vgl. Helmig 1997) entsprochen und insbesondere im Lebensmittelbereich der Marktzutritt (»Regalplätze«) für die Konkurrenz erschwert werden. Vielfach ist die Produktdifferenzierung als Anpassung an länderspezifische Normen und Gesetze auch eine Notwendigkeit im internationalen Wettbewerb. Die mit der Produktdifferenzierung einhergehenden Kosten für die Variantenentwicklung und -herstellung (häufig wird hier von so genannten Komplexitätskosten gesprochen) sind oft weniger relevant als die in vielen Branchen anfallenden Kosten der Kommunikationspolitik. Denn aufgrund moderner Entwicklungs- und Produktionstechnologien (z. B. modulare Produktentwicklung, Computer Integrated Manufacturing) sind auch kleine Serien bis hin zur Individualanfertigung (z. B. Mass-Customization bei Dell-Computern) rentabel. Hingegen sind bei starkem Wettbewerb der Marken und Produktvarianten sehr hohe Kommunikationsbudgets für deren Positionierung im Markt nötig. Insbesondere bei technologischen Produkten mit kurzen Produktlebenszyklen (z. B. in der Computerindustrie) ist zu erkennen, dass im Rahmen der Produktvariation sowohl Produktverbesserung als auch Produktdifferenzierung zugleich stattfinden. Zwar kommen die Nachfolgeprodukte (z. B. bei PC-Generationen) relativ schnell auf den Markt (Produktverbesserung), die Vorgängerprodukte werden jedoch nicht automatisch vom Markt genommen, sondern weiter angeboten, um damit spezifische Zielgruppen zu erreichen (Produktdifferenzierung).

2.3.1.4   Produktelimination

Produkte haben nur einen begrenzten Lebenszyklus, der allerdings beträchtlich zwischen den Produktkategorien variieren kann. Nicht nur Umweltveränderungen wie das Aufkommen neuer Technologien oder Veränderungen der Verbraucheranforderungen, sind Auslöser für Eliminationsentscheidungen. Mitunter versuchen Anbieter sogar gezielt, den Lebenszyklus eines Produktes zu verkürzen, um durch Einführung des Nachfolgeproduktes den Umsatz zu steigern (z. B. Unterhaltungselektronik, Marketing-Lehrbücher).

Auch bei Eliminationsentscheidungen sind unternehmensexterne und unternehmensinterne Faktoren zu beachten. Insbesondere sind hierbei Marktfaktoren (Kundenanforderungen, Konkurrenzsituation etc.), Ertragsfaktoren (z. B. Preise) bzw. Kostenfaktoren (variable Kosten, Fixkosten etc.), Produktionsfaktoren (Technologie, Zustand der Produktionsanlagen etc.) sowie mögliche Auswirkungen der Produktelimination auf das Produktprogramm (Synergien, Imageeffekte etc.) zu berücksichtigen. Als Methoden zur Entscheidungsunterstützung stehen – wie bei der Bewertung von Innovationen – Analysemethoden wie Kosten- und Erlösanalysen Portfolioanalysen, Positionierungsmodelle etc. zur Verfügung.

Die entscheidungsrelevanten Aspekte sind dann zu einem umfassenden Katalog qualitativer und quantitativer Bewertungskriterien zusammenzuführen. Formal lässt sich diese Bewertung wiederum durch ein Punktbewertungsverfahren (Scoringmodell) handhaben (vgl. auch Brockhoff 1999, S. 323). Dabei wird ein mindestens zu erreichender Punktwert festgelegt, der als Entscheidungskriterium zur Beibehaltung des Produktes gelten kann.

2.3.2   Markenstrategien

Die Markierung stellt eine der wichtigsten Voraussetzungen für die Identifizierung und Differenzierung des eigenen Angebotes dar. Nach dem Markengesetz setzt die Markierung einer Leistung ein schutzfähiges, unterscheidungskräftiges und selbständiges Zeichen voraus. Solche sind »[...] Personennamen, Abbildungen, Buchstaben, Zahlen, Hörzeichen, dreidimensionale Gestaltungen einschließlich der Form einer Ware oder ihrer Verpackung sowie sonstige Aufmachungen einschließlich Farben und Farbzusammenstellungen [...], die geeignet sind, Waren oder Dienstleistungen eines Unternehmens von denjenigen anderer Unternehmen zu unterscheiden.« (§ 1 I MarkenG 2003). Darüber hinaus erfordert ein rechtlicher Markenschutz die Eintragung ins Markenregister oder alternativ die Verkehrsgeltung derartiger Zeichen, d. h. die Benutzung im geschäftlichen Verkehr bzw. einen hohen Bekanntheitsgrad (notorische Bekanntheit) (vgl. § 4, Nr. 1-3, MarkenG 2003).

Gegenüber unmarkierten Produkten bieten Markenartikel für Hersteller eine Reihe von Vorteilen: Pull-Marketing durch Werbung, Einflussnahme auf die Preissetzung im Handel durch unverbindliche Preisempfehlungen, Möglichkeiten des Exklusiv- und Selektivvertriebs, Vereinbarung vertraglicher Bindungen mit dem Handel, Schaffung von Markentreue etc. Die Markierung erleichtert dem Abnehmer die Wiedererkennung und den Wiederkauf. Des Weiteren verkürzt sie die Einkaufsprozesse und führt zu einem verminderten Risiko durch Zusicherung einer gleichbleibenden Qualität.

Bei der Wahl der Markenstrategie ist die Anzahl der Marken und deren Positionierung festzulegen. Darüber hinaus sind im Hinblick auf die Gestaltung des Markenportfolios Trading-up und Trading-down als (dynamische) Markenstrategien mit einzubeziehen. Bei den folgenden Ausführungen steht die Betrachtung von Herstellermarken im Mittelpunkt.

2.3.2.1   Anzahl der Marken

Hinsichtlich der Anzahl der Marken werden in der Literatur zumeist Einzelmarken, Familienmarken und Dachmarken sowie zum Teil Mehrmarken unterschieden (vgl. Meffert 2002, S. 136ff.; Becker 1999, S. 273ff.).

Diese Markenstrategien lassen sich zunächst einmal zwei grundlegenden Extremausprägungen zuordnen, nämlich, ob für jedes Produkt des Unternehmens eine eigene Marke existiert (Einzelmarkenstrategie vgl. Abb. 48) oder ob für alle Produkte eines Unternehmens eine einzige Marke genutzt wird (Dachmarkenstrategie vgl. Abb. 49).

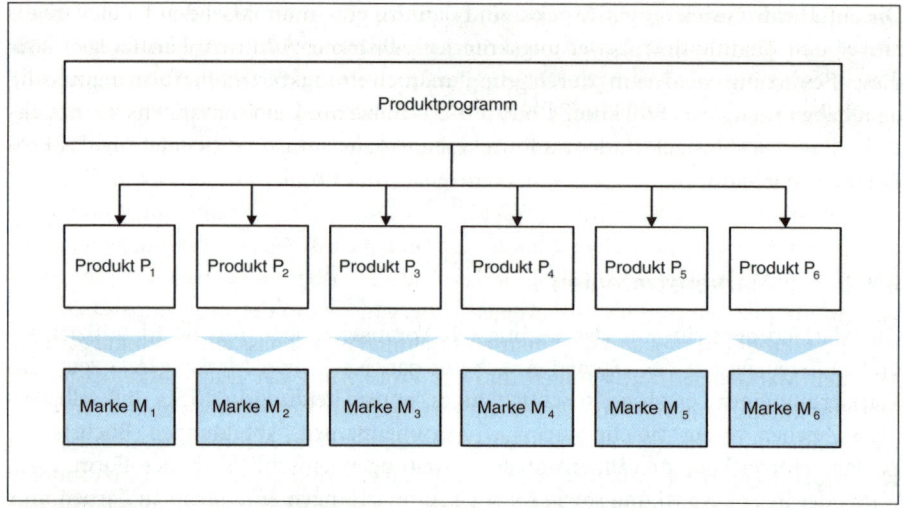

Abbildung 48: Einzelmarkenstrategie

Bietet ein Unternehmen jedes seiner Produkte unter einem eigenständigen Markenna-men an, so spricht man von einer **Einzelmarkenstrategie**. Ein Beispiel hierfür ist das Unternehmen Unilever mit den Geschäftsfeldern Arden (Marken: Escape, Eternity und Obsession), Langnese Iglo (Marken: Solero, Magnum, Käpt'n Iglo und Bistro), LeverFaberge (Marken: Coral, Sunil, Kuschelweich und Domestos) und Union (Mar-ken: Lätta, Bresso, Rama und Milkana). Die Vorteile liegen darin, dass eine unver-wechselbare Markenidentität aufgebaut werden kann und somit eine klare, eindeutige Positionierung (eine Marke = ein Produktversprechen) möglich ist. Darüber hinaus

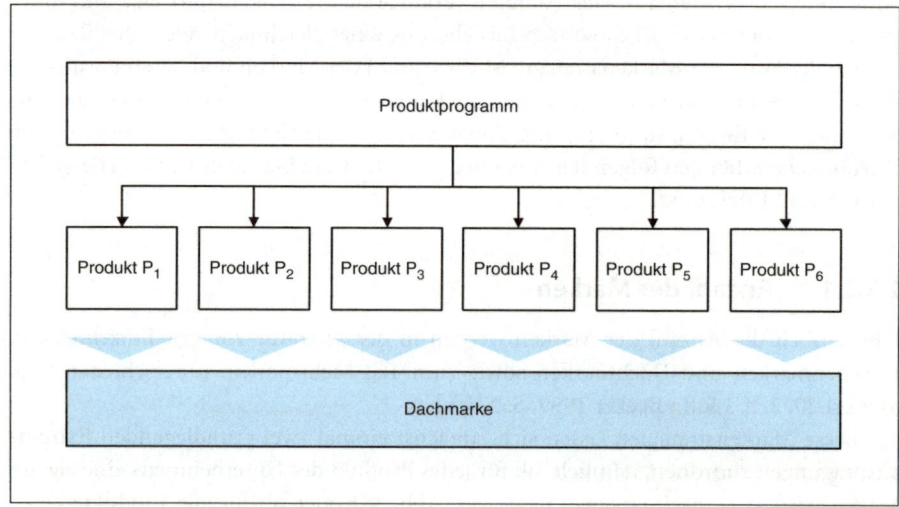

Abbildung 49: Dachmarkenstrategie

besteht kaum Gefahr negativer Imageausstrahlungen einer Marke auf eine andere (z. B. beim Trading-down). Bei mehreren Einzelmarken (Mehrmarkenstrategie) können außerdem unterschiedliche Zielgruppen durch Produkt- und Preisdifferenzierung angesprochen werden. Allerdings müssen die Einzelmarken in allen Phasen des Lebenszyklus die gesamten Marketing-Ausgaben tragen, was insbesondere bei zunehmendem Wettbewerb und großer Markenvielfalt zum Problem werden kann.

Im Unterschied dazu werden bei der Dachmarkenstrategie sämtliche Produkte eines Unternehmens unter einer Marke zusammengefasst (z. B. Telekom, Nokia, Siemens). Sinnvoll ist eine solche Dachmarkenstrategie insbesondere bei einem sehr breiten Produktprogramm und nur geringen Unterschieden in der Zielgruppen bzw. den einzelnen Programmteilen. Vorteilhaft an Dachmarken ist, dass alle Produkte gemeinsam den Marketingaufwand tragen und zur Profilierung der Dachmarke beisteuern. Darüber hinaus kann bei Produktneueinführungen das Floprisiko gesenkt werden, da eine etablierte Dachmarke eine schnellere Akzeptanz beim Handel und auch bei den Konsumenten fördert. Allerdings ist eine klare Profilierung der Einzelprodukte schwierig und bei Produktflops können negative Ausstrahlungseffekte die Dachmarke schädigen.

Die Grundoptionen der Einzel- bzw. Dachmarkenstrategie werden erweitert, wenn das Unternehmen in mehreren Produktbereichen tätig ist. Dann kann für die unterschiedlichen Produktbereiche jeweils eine Markenfamilie geführt werden (vgl. Abb. 50).

Bei der Markenfamilienstrategie werden mehrere verwandte Produkte unter einer Marke geführt ohne auf den Unternehmensnamen direkt Bezug zu nehmen (z. B. die Markenfamilien Nivea, Tesa, Labello und Hansaplast von Beiersdorf). Im Grunde ist diese Strategie der Versuch, die jeweiligen Vorteile von Einzelmarken mit denen der Dachmarke zu kombinieren. So können zum einen mögliche positive Imagetrans-

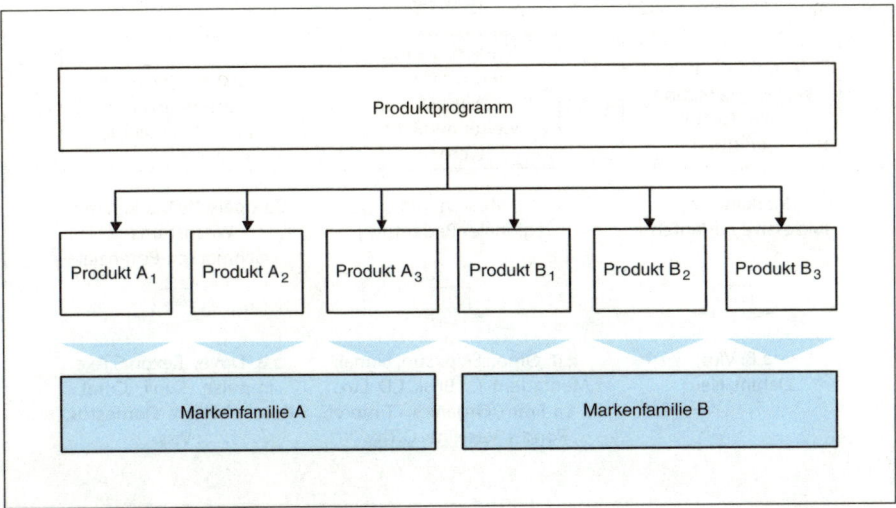

Abbildung 50: Markenfamilienstrategie

fers innerhalb der Markenfamilie, z. B. die Verringerung des Floprisikos bei Neu-einführungen, eine schnellere Akzeptanz beim Handel bzw. bei den Konsumenten genutzt werden. Des Weiteren bestehen für jeden Produktbereich spezifische Profilie-rungsmöglichkeiten durch eine eigene Markierung. Allerdings ist bei der Erweiterung innerhalb einer Markenfamilie auf die Tragfähigkeit der jeweiligen Marke zu achten, damit es nicht zur »Marken-Überdehnung« kommt.

Neben diesen drei Grundoptionen der Markenstrategie werden in der Praxis häu-fig alle drei Markenebenen (Dachmarke, Familienmarke und Einzelmarke) gleichzeitig beworben (»Persil Megaperls, ein Produkt der Henkelforschung«).

Bei einer größeren Anzahl von Markenfamilien bzw. Einzelmarken innerhalb eines Unternehmens, kommt es leicht zu einer Verzettelung, so dass eine fortlaufende Über-wachung und Steuerung des Markenportfolios erforderlich wird. So unterscheidet bspw. Unilever in seinem Markenportfolio so genannte »Poor Dogs«, »Local Brands« und »Power Brands« mit entsprechenden Normstrategien (vgl. Abb. 51).

Ziel dieser Normstrategien ist es, das Markenportfolio zu bereinigen, um damit die Ressourcen auf wenige Marken zu konzentrieren, das Category Management im Handel zu vereinfachen und letztlich die Umsätze und Gewinne der verbliebenen Mar-ken zu steigern.

Die in der Literatur weiterhin genannte Mehrmarkenstrategie bezieht sich nur da-rauf, dass in einem bestimmten Produktbereich nicht nur eine Marke angeboten wird,

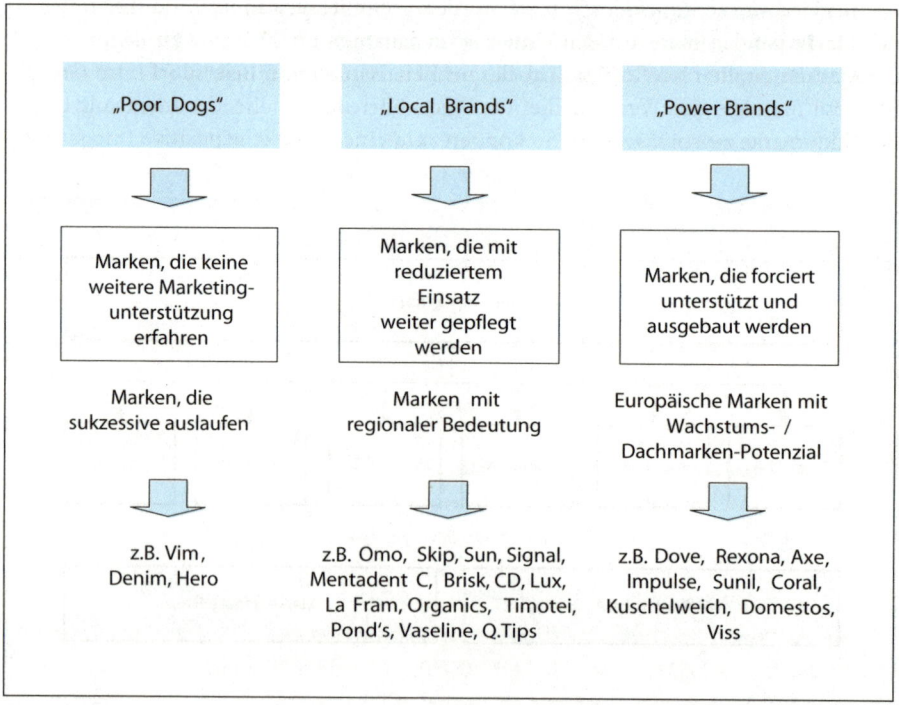

Abbildung 51: Unilever Markenportfolio (Quelle: Patzelt/Möntmann 2003, S. 14)

sondern zumindest zwei eigenständige Marken parallel geführt werden (vgl. Meffert 2002, S. 139). Sie ist damit nur eine Erweiterung der Einzelmarkenstrategie aber keine eigenständige Gestaltungsoption.

Zunehmend werden Imagetransfers wie auch Marketing-Synergien durch Dachmarken bzw. Markenfamilien nicht mehr nur innerhalb eines Unternehmens, sondern durch Kooperation mit anderen Unternehmen zu erschließen versucht (Markenallianzen). Ziele von Markenallianzen sind der Imagetransfer, die Erschließung neuer Zielgruppen, die Ausschöpfung von Kostensenkungspotenzialen sowie die Steigerung des Markenwertes (Esch/Redler 2004, S. 171). Zumeist werden Kooperationen dann als Markenallianz bezeichnet, wenn dabei ein Produkt mit mindestens zwei Markennamen versehen wird (z. B. Lufthansa AirPlus Eurocard) oder zwei Marken gemeinsam kommunikativ auftreten.

2.3.2.2 Trading-up und Trading-down

Marken können in unterschiedlichen Preis-Qualitätslagen positioniert sein. In der Literatur werden bezüglich der Qualitätslage tendenziell Luxusmarken (Adam/Fürst Metternich), Premiummarken (Henkell Trocken) und Zweit- bzw. Drittmarken (Carsten SC/Söhnlein) unterschieden. Ziel einer derartigen Markenstrategie ist, durch Leistungs- und Preisdifferenzierung eine breitere Marktabdeckung zu erreichen und die Konsumentenrente abzuschöpfen. Am weitesten gediehen ist diese Strategie, wenn Konsumgüterhersteller zugleich Handelsmarken anbieten, um sich über diesen Weg den Regalplatz für ihre Premiummarken zu sichern.

Trading-down und Trading-up bezeichnen in dieser Hinsicht zwei alternative Stoßrichtungen für die Veränderung der Positionierung bestehender Marken bzw. der Produktlinienerweiterung.

Unter Trading-down versteht man die Erweiterung des Leistungsspektrums einer Marke nach unten, indem die Ausstattungsmerkmale einer Marke bei deutlich niedrigerem Preis verringert werden (z. B. geringere Motorstärke und weniger Sicherheitsfeatures bei PKW, z. B. Dacia Logan). Auf diese Weise wird das Image der Premiummarke ausgenutzt, um breitere Abnehmerschichten zu erschließen. Typische Erfolgsbeispiele sind die Zweit- und Drittmarken von Modedesignern wie Kenzo, Armani etc. Als Negativbeispiel sei nur »der kleine Porsche« mit VW-Motor erwähnt.

Beim Trading-up wird das Leistungsspektrum in Richtung höherer Preise, Qualität und anspruchsvollerer Zielgruppen erweitert. Als typisches Beispiel lassen sich Handelsunternehmen wie KaDeWe und Breuninger erwähnen, die mit einer erlebnisorientierten Warenpräsentation (Shop-in-the-shop-Konzepte) und höherwertigen Sortimenten (Delikatessenläden) anspruchsvollere Zielgruppen ansprechen.

So entdeckt der Handel in zunehmendem Maße auch die Bedeutung eigener Marken für die Profilierung gegenüber den Wettbewerbern und gegenüber den Herstellermarken. Handelsmarken lassen sich bspw. in Gattungsmarken, Eigenmarken und Premiummarken differenzieren (vgl. Meffert 2002, S. 136). Während Gattungsmarken nur gewisse Mindestanforderungen an die Qualität erfüllen und das Niedrigpreissegment besetzen (z. B. TIP, Die Weißen, Ja), versucht der Handel mit Eigenmarken ein ähnliches Qualitätsniveau wie Herstellermarken anzustreben und trotzdem einen Preisvorteil zu bieten (z. B. Salto und Füllhorn bei Rewe; Canda bei C&A; Tandil bei Aldi). Mit Premiummarken beabsichtigt der Handel, gegenüber Herstellermarken den gleichen Zusatznutzen bei niedrigem Preis zu bieten und nicht mehr nur eine Me-too-Position einzunehmen.

Des Weiteren sind japanische PKW-Hersteller zu nennen, die mit preiswerten Produktvarianten zunächst die unteren Massensegmente eroberten, um dann mit konsequenten Produktverbesserungen bis hin zu Luxussegmenten vorzudringen (Lexus-»the luxury division of Toyota«).

In Märkten, in denen aufgrund hoher Fixkosten (FuE, Produktionsstätten, Distributionskosten, Werbebudgets) eine breitere Marktabdeckung erforderlich ist, verfolgen Anbieter sowohl die Trading-up- als auch die Trading-down-Strategie (vgl. z. B. die Ausweitung der Produktpalette von Mercedes um den Maybach und die A-Klasse).

2.3.3 Programmpolitische Strategien

2.3.3.1 Programmpolitik auf Gesamtunternehmensebene

Auf Gesamtunternehmensebene sind programmpolitische Entscheidungen zu treffen, die sich auf die Gesamtheit der strategischen Geschäftsfelder eines Unternehmens beziehen. Dabei geht es zum einen um die Frage, inwieweit die bisherigen Geschäftstätigkeiten in mehr oder weniger großem Umfang auszuweiten sind (Diversifikation). Zum anderen sind die vorhandenen und zukünftigen Geschäftsfelder im Rahmen des Portfoliomanagements unter Finanzierungs-, Rendite- und Risikogesichtspunkten zu analysieren und zu steuern.

Diversifikation

Bei der Diversifikation werden üblicherweise die horizontale und die vertikale Diversifikation unterschieden (vgl. exemplarisch den Überblick bei Zanger 1995).

Die horizontale Diversifikation beschreibt eine Ausweitung der Geschäftstätigkeit durch Aufnahme weiterer Produkte bzw. Produktlinien, die sich auf derselben Wirtschaftsstufe wie die bisherigen befinden (z. B. auf der Ebene der Grundstoffindustrie, der Zulieferunternehmen, der Konsumgüterhersteller oder des Handels). In Abhängigkeit davon, inwieweit ein Zusammenhang mit den bisherigen Tätigkeitsfeldern des Unternehmens besteht, unterscheidet man zwischen medialer und lateraler Diversifikation. Beschränkt sich die Diversifikation auf neue Geschäftsfelder innerhalb der bisherigen Branche, so spricht man von medialer Diversifikation (z. B. Ausweitung des Programms bei PKW-Herstellern durch neue PKW-Produktlinien). Die laterale Diversifikation findet hingegen statt, wenn ein Unternehmen über die bisherigen Branchengrenzen hinweg neue Produktlinien einführt (z. B. PKW-Hersteller diversifiziert in den Flugzeugbau und in die Raumfahrt). Während bei medialer Diversifikation die Nutzung von Synergien im Vordergrund steht, ist die laterale Diversifikation vom Gedanken der Risikostreuung durch voneinander unabhängige Geschäftsfelder geleitet. Die zumeist fehlende Möglichkeit zur Nutzung von Synergien zwischen den Geschäftsfeldern führt jedoch dazu, dass die laterale Diversifikation langfristig meist weniger erfolgreich als die mediale ist (vgl. Rumelt 1974).

Eine Diversifikation über die bisherige Wirtschaftsstufe hinaus bezeichnet man als **vertikale Diversifikation**, wobei die Vorwärtsintegration in Richtung der Endabnehmer und die Rückwärtsintegration in Richtung der Zulieferer unterschieden werden. Durch vertikale Diversifikation lassen sich zum einen Kostensenkungspotenziale durch Abbau redundanter Prozesse (z. B. Einkauf, Qualitätskontrolle) erreichen. Zum anderen veranlassen etwaige Wettbewerbsnachteile zur Integration von Zulieferern oder des Handels, weil sich hierdurch wichtige Kompetenzen erschließen lassen (z. B. Patente, Fertigungs-Know-how, Zugang zu Absatzmärkten). Der Nachteil einer weitgehenden vertikalen Diversifikation besteht darin, dass bei rückläufiger Konjunktur die Fixkosten der vor- bzw. nachgelagerten Stufen im eigenen Unternehmen anfallen.

Portfolioanalysen

Bei der Portfolioanalyse werden die Strategischen Geschäftsfelder in Hinblick auf ihre Chancen/Risiken und Stärken/Schwächen analysiert, um darauf aufbauend strategi-

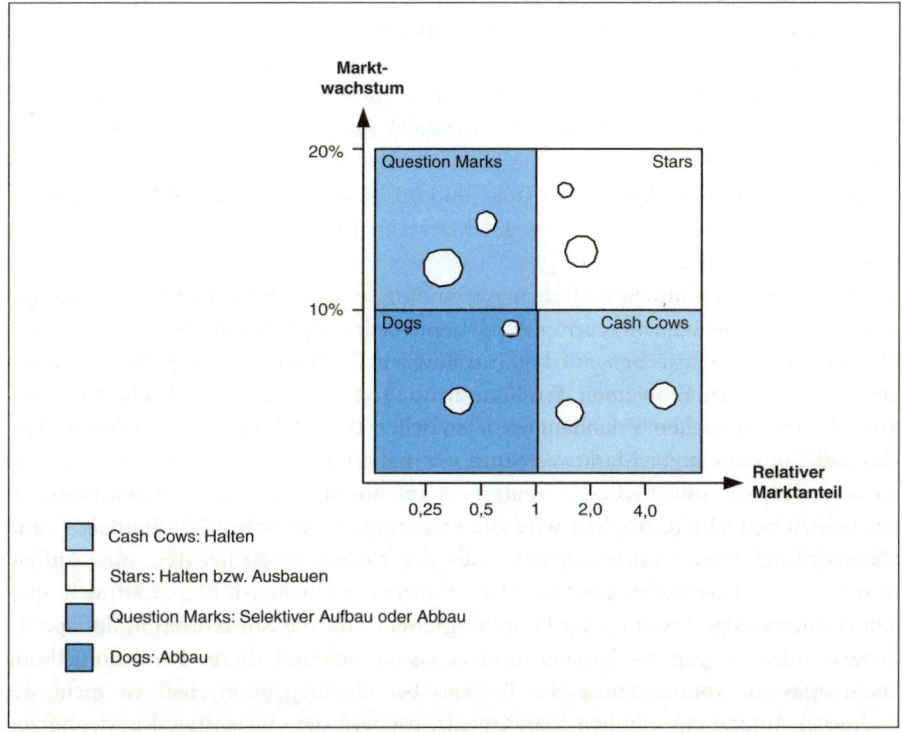

Abbildung 52: Marktwachstums-Marktanteils-Matrix (Quelle: in Anlehnung an Hedley 1977, S. 12)

sche Investitions- bzw. Deinvestitions-Entscheidungen zu treffen. Im Folgenden werden exemplarisch zwei in der Praxis häufig genutzte Portfolioanalyseraster erläutert (vgl. Böhler 1989, Sp. 1548ff.)

Mit der Anwendung der **Marktwachstums-Marktanteils-Matrix** der Boston Consulting Group (BCG-Matrix) wird das Ziel verfolgt, ein ausgewogenes Verhältnis zwischen Finanzmittelentstehung und -verwendung zu erreichen. Die Strategischen Geschäftsfelder (SGF) werden auf den Dimensionen »inflationsbereinigtes Marktwachstum der nächsten fünf Jahre« und »relativer Marktanteil«, d. h. des eigenen Marktanteils im Vergleich zu jenem des größten Konkurrenten auf einer logarithmierten Skala, eingestuft (Ist-Portfolio). Die Größe der Kreisfläche spiegelt das investierte Kapital bzw. den Umsatz des SGF wider.

Das **inflationsbereinigte Marktwachstum** zeigt an, in welcher Phase des Produktlebenszyklus sich das SGF befindet. Ein hohes Marktwachstum in den Anfangsphasen des PLZ verursacht einen hohen Finanzmittelbedarf für den Aufbau entsprechender Kapazitäten (**Cash Flow-Verwendung**).

Der **relative Marktanteil** ist entsprechend dem Erfahrungskurvenkonzept ein Indikator für die Kostenposition im Vergleich zum größten Konkurrenten (vgl. 2. Kap. Abschn. 3.2.2). Demzufolge gehen mit einem hohen relativen Marktanteil (ab 1,0 bzw. 1,5) und bei bestehenden Marktpreisen hohe Stückgewinne und damit hohe Finanzmittelzuflüsse einher (**Cash Flow-Erzeugung**).

Demnach erzeugen Cash Cows einen hohen positiven und Question Marks einen hohen negativen Cash Flow. Stars und Dogs weisen geringe positive oder negative Cash Flows auf. Daher empfiehlt die Boston Consulting Group so genannte **Normstrategien**, die die beabsichtigten Entwicklungsrichtungen der SGF verdeutlichen (Soll-Portfolio): Die Cash Flow-Überschüsse der Cash Cows sowie die der eventuell liquidierten Questions Marks und Dogs sind für die Erhaltung des relativen Marktanteils von Stars sowie zum Ausbau der Marktanteilsposition ausgewählter Question Marks zu verwenden.

Trotz der vermeintlich einfachen Anwendung und der scheinbar klaren Aussagekraft der Strategieoptionen für die SGF weist das Marktwachstums-Marktanteils-Portfolio einige Schwächen auf (vgl. ausführlich Kreilkamp 1987, S. 474ff.). Neben den methodischen Problemen der Grenzziehung zwischen den vier Feldern der Matrix, der erforderlichen Unabhängigkeit zwischen den SGF sowie der Schwierigkeit, das inflationsbereinigte Marktwachstum der nächsten Jahre zu prognostizieren, ist insbesondere die inhaltliche Konzentration auf die Strategie der Kostenführerschaft kritisch zu betrachten. Implizit wird die Erreichung eines hohen Marktanteils – und daraus resultierender Kostenvorteile – als der einzige mögliche Weg zum Aufbau von Wettbewerbsvorteilen gesehen. Die Strategie der Qualitätsführerschaft, d. h. qualitativ hochwertige Produkte zu Premiumpreisen, und die Konzentration auf spezifische Kundengruppen als Nischenanbieter lassen sich mit dieser Portfoliomethode nicht erfassen. Voraussetzung des Erfolges bei Qualitätsführerschaft ist nicht der (schnelle) Aufbau eines hohen Marktanteils, sondern der einzigartige Kundennutzen durch das Leistungsangebot bzw. durch die Konzentration auf die sehr spezifischen Anforderungen der Zielgruppe. So kann ein SGF in einem Markt mit niedrigem

Wachstum und niedrigem Marktanteil durchaus sehr lukrativ sein (zum Beispiel Vinyl-Schallplatten).

Aus der Einsicht heraus, dass der Erfolg (ROI oder Cash Flow) eines SGF verschiedenen Einflussgrößen unterliegt, wurde auf Grundlage der empirischen Erfolgsfaktorenforschung der PIMS-Studie (vgl. Abell/Hammond 1979, S. 271ff.) ein erweitertes Portfoliomodell erstellt. Die **Marktattraktivitäts-Wettbewerbsvorteils-Matrix** (auch Business Screen, McKinsey Matrix) verwendet als Dimensionen zur Bewertung der SGF die Indizes der Marktattraktivität und der relativen Wettbewerbsposition.

Die **Marktattraktivität** eines Geschäftsfeldes ergibt sich demnach unter anderem aus dem lang- und kurzfristigen Marktwachstum, dem Marktvolumen, dem Exportanteil der Branche sowie der Anzahl der Abnehmer. Zur Berechnung der Marktattraktivität eines SGF werden zunächst durch die Entscheidungsträger Punktwerte bei diesen Variablen vergeben. Anschließend werden Bedeutungsgewichte für diese Variablen festgelegt, um dann einen Gesamtpunktwert für die Marktattraktivität zu errechnen (vgl. auch das Vorgehen bei Scoring-Modellen im 3. Kap. Abschn. 2.2.3.3).

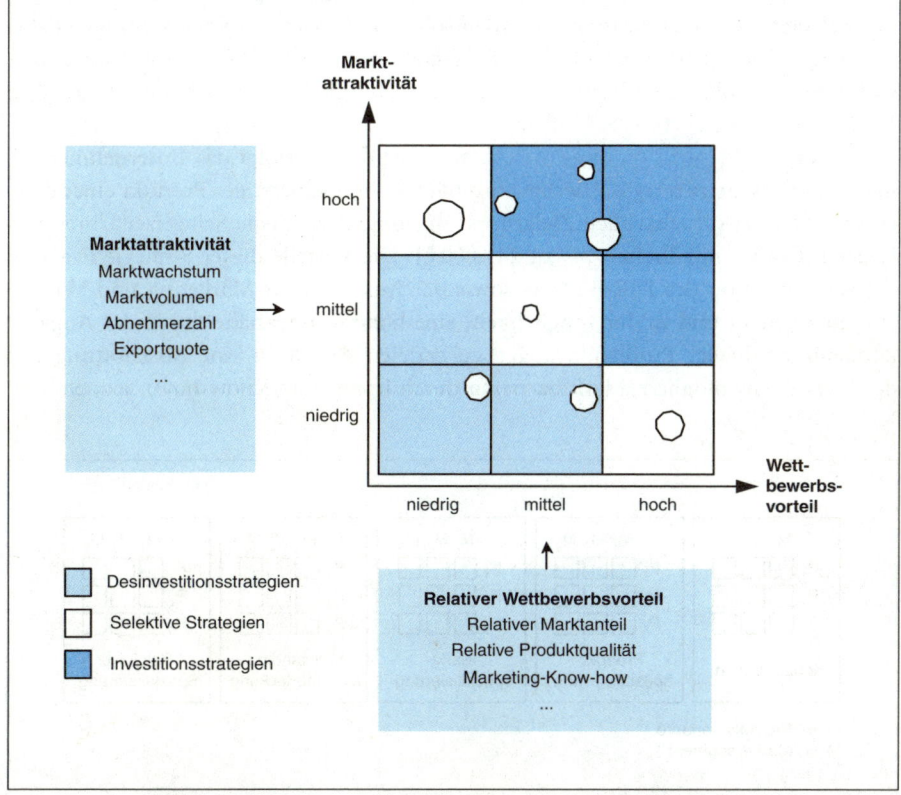

Abbildung 53: Marktattraktivitäts-Wettbewerbsvorteils-Matrix (Quelle: Robinson/Hichens/Wade 1978)

Analog ergibt sich **die relative Wettbewerbsposition** z. B. aus dem Marktanteil, dem relativen Marktanteil im Vergleich zu den drei größten Konkurrenten, der relativen Produktqualität und dem Marketing-Know-how.

Anhand der Bewertung und der daraus resultierenden Position des SGF in der Matrix lassen sich wiederum **Normstrategien** (Desinvestionsstrategie, selektive Strategie und Investitionsstrategie) ableiten.

Die Schwierigkeiten bei dieser Portfolioanalyse liegen in der Auswahl der geeigneten Bewertungskriterien, der Subjektivität der Bewertung, der Gewinnung der benötigten Informationen sowie in der Grenzziehung zwischen den Feldern der Matrix (vgl. Kreilkamp 1987). Des Weiteren ist diesem Portfolio, wie allen Marktportfolios, eine mangelnde Berücksichtigung technologischer Aspekte bei der Bewertung der SGF gemein. Um diesen Mangel auszugleichen, wurden entsprechende FuE- bzw. Technologieportfolios entwickelt, auf die an dieser Stelle aber nur verwiesen werden soll (vgl. ausführlich Wolfrum 1994, S. 223ff.).

2.3.3.2   Programmpolitik auf Geschäftsfeldebene

Auf der Ebene der Strategischen Geschäftsfelder ist festzulegen, welche Zielgruppen mit welchen Produkten bearbeitet werden sollen und welche Problemslösungen dabei anvisiert werden. Betrachtet man im Folgenden nur die Produkte und Zielgruppen, so lassen sich folgende Alternativen der Marktabdeckung unterscheiden (vgl. Abell 1980; Kotler/Bliemel 2001, S. 453ff.):

Bei der **Konzentration auf ein einzelnes Segment** verfolgt das Unternehmen zumeist eine Nischenstrategie. Hierbei wird häufig ein hochwertiges Produkt einer dementsprechend anspruchsvollen Zielgruppe angeboten (z. B. edle Schweizer Uhren von Jaeger-LeCoutre mit Preisen bis zu 241.000 €). Die Vorteile dieser Strategie liegen in der Konzentration des FuE-Budgets sowie der Ausgaben für Marketing und Vertrieb auf ein Segment und in der Möglichkeit, eine hohe Kundennähe durch das Angebot kundenindividueller Problemslösungen zu erzielen. Somit ist eine Abschottung von der Konkurrenz möglich (Marktbarrieren durch Image und Know-how). Jedoch birgt

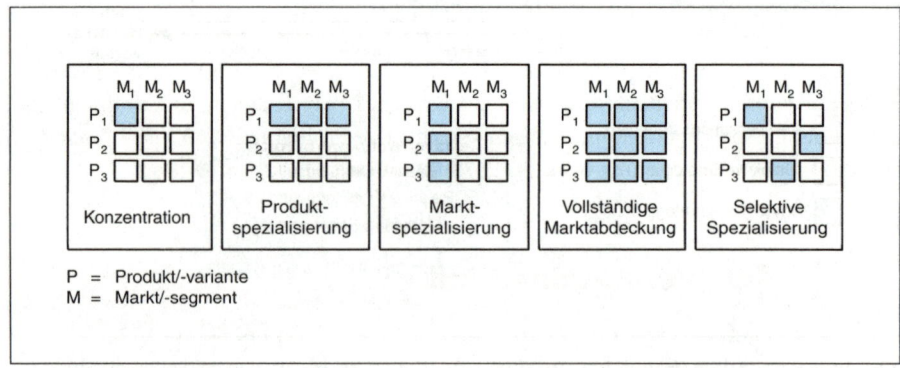

Abbildung 54: Muster der Marktabdeckung (Quelle: Kotler/Bliemel 2001, S. 454)

die extreme Spezialisierung ein hohes Risiko aufgrund technologischer Neuerungen und Änderung der Verbraucheranforderungen.

Eine Möglichkeit der Risikostreuung bietet eine Strategie der **Produktspezialisierung** bei gleichzeitiger Bearbeitung mehrerer Segmente. Ein Unternehmen dehnt sein Leistungsangebot aus und bietet es weiteren Zielgruppen an. So erweiterte ein mittelständischer Hersteller von Klick-Bindungen für Fahrradpedale seine Marktabdeckung, indem er diese Klick-Bindungen auch für Snowboards modifizierte und vermarktete. Andere Spezialanbieter erweitern ihre Marktabdeckung, indem sie das gleiche Segment in mehreren Ländermärkten oder am Weltmarkt bedienen. Erfolgreich sind diese Anbieter durch die Konzentration von FuE und Produktion auf ihre Produkte, wobei jedoch ein hohes Marketing-Know-how und hohe Vertriebsanstrengungen erforderlich werden. Hier kommen Anbietern neue Kommunikationstechnologien, verbesserte Logistikkonzepte sowie sich bietende strategische Vertriebsallianzen entgegen. Das Risiko der Produktspezialisierung besteht in der möglichen Substitution der Produkte aufgrund eines technologischen Wandels.

Bei der **Marktspezialisierung** drehen sich alle Bemühungen des Anbieters um seine Kernzielgruppe, der er »alles aus einer Hand« bietet. Exemplarisch seien hier die Lebensmittelpalette der Marke »Du darfst« oder die Produktlinien von Calvin Klein genannt. Erfolgsgrundlagen sind hier der Imagetransfer einer Dachmarke, der eine risikoarme Einführung neuer Produkte ermöglicht, sowie Möglichkeiten der Sortimentserweiterung durch Lizenznahme bzw. durch Franchising. Das Problem dieser Strategie besteht vorrangig in der geringen Risikostreuung.

Bei einer **vollständigen Marktabdeckung** bedient das Unternehmen sämtliche Produkt-Markt-Segmente. Zu unterscheiden ist hierbei zwischen der differenzierten und der undifferenzierten Marktbearbeitung. Bei der differenzierten Marktbearbeitung wird für jedes der bearbeiteten Segmente ein individuelles Marketing-Programm konzipiert. Ein mögliches Problem besteht hier in der Gefahr der Verzettelung. Bei der undifferenzierten Marktbearbeitung findet dagegen keine Segmentierung statt, d. h. es wird ein Standardprodukt für alle Abnehmer angeboten, so dass das Problem einer mangelnden Kundenorientierung besteht. Die Strategie der vollständigen Marktabdeckung bei differenzierter Marktbearbeitung ist wegen der erforderlichen Budgets vor allem finanzstarken Unternehmen vorbehalten.

Bei der **selektiven Spezialisierung** bearbeitet ein Unternehmen unterschiedliche Produkt-Markt-Segmente, um dadurch das Risiko zu streuen. Diese Strategiealternative ist nur dann empfehlenswert, wenn ein Unternehmen in jedem ausgewählten Segment über entsprechende Kompetenzen verfügt. Die Probleme liegen insbesondere in einer möglichen Verzettelung bei FuE, Produktion und Marktbearbeitung.

3   Kommunikationspolitik

Als Kommunikation bezeichnet man den Austausch von Informationen zwischen zwei oder mehreren Beteiligten. Die Kommunikationspolitik als Marketing-Instrument umfasst die zielgerichtete Planung, Realisation und Kontrolle der an marktrelevante Adressaten gerichteten Informationen (vgl. auch Bänsch 1995, Sp. 1187).

3.1 Grundlagen der Kommunikationspolitik

3.1.1 Kommunikationspolitische Entscheidungen

Kommunikationspolitische Entscheidungen können sich auf das Unternehmen (z. B. Corporate Image), das gesamte Leistungsprogramm (z. B. Dachmarke), auf einzelne Geschäftsfelder (z. B. VW) oder auf einzelne Produkte bzw. Marken (z. B. VW Golf Cabrio) beziehen. Die folgende Abbildung zeigt die Entscheidungen im Rahmen der Kommunikationspolitik, wobei überwiegend auf die Ebene der SGF oder einzelner Produkte abgestellt wird.

Im Rahmen der Kommunikationsgestaltung wird zunächst auf die Botschaftsgestaltung und die Kommunikatorauswahl eingegangen. Für die Mediaselektion sind Entscheidungen auf mehreren Ebenen zu fällen: Nach der Auswahl der Kommunikationsinstrumente (Werbung, Verkaufsförderung, Direktkommunikation etc.) sind die

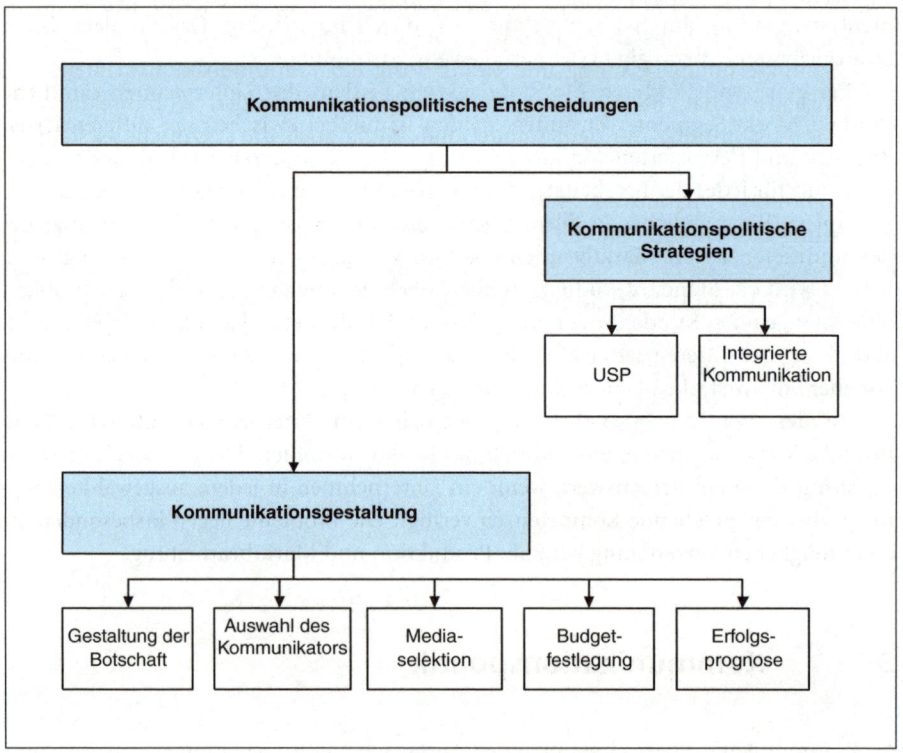

Abbildung 55: Kommunikationspolitische Entscheidungen

jeweiligen Mediengruppen (bei Werbung z. B. Zeitschriften, Fernsehprogramme usw.) und hier wiederum die konkreten Werbeträger (bei Zeitschriften z. B. die Wahl zwischen Spiegel, Stern, Fokus) zu bestimmen. Hierbei sind insbesondere die Erreichung der Zielgruppen nach dem Konzept der Marktsegmentierung sowie die Kosten der Werbeträger zu beachten. Des Weiteren werden die Methoden zur Ermittlung des Kommunikationsbudgets und zur Erfolgsprognose dargestellt. Entscheidungen im Rahmen kommunikationspolitischer Strategien betreffen die Gestaltung der Unique Selling Proposition (USP) sowie die Koordination der kommunikationspolitischen Maßnahmen durch eine Integrierte Kommunikation.

3.1.2   Einflussfaktoren der Kommunikationspolitik

Unternehmensexterne Einflussfaktoren der Makroumwelt sind z. B. die gesamtwirtschaftliche Entwicklung (z. B. der Einfluss der Konjunktur auf die Werbeausgaben einer Branche), politisch-rechtliche Einflussfaktoren (z. B. Werbeverbot für Zigaretten, Haftung für Produktversprechen, Irreführung), technologische Einflussfaktoren (neue Medien) und gesellschaftliche Einflussfaktoren (z. B. Veränderung von Lebensstilen, Wertewandel).

Einflussfaktoren der Mikroumwelt resultieren aus den anvisierten Zielgruppen, dem Handel und der Konkurrenz. So gibt die Abgrenzung der Zielgruppen nach soziodemographischen, psychographischen und verhaltensbezogenen Kriterien wichtige Anhaltspunkte für die Planung und Realisierung der Kommunikationsmaßnahmen. Der effiziente Einsatz der Kommunikationsmaßnahmen erfordert bei indirektem Absatz eine Abstimmung mit dem Handel und häufig auch die spezifische Gestaltung der Maßnahmen in Einklang mit den kooperierenden Handelsorganisationen (Efficient Promotion im Rahmen des vertikalen Marketing). In umkämpften Märkten findet sich häufig die Orientierung der kommunikationspolitischen Maßnahmen an denen der Konkurrenz, sei es um den gleichen Werbedruck auf die Zielgruppen auszuüben oder um sich von der Konkurrenz durch eine eigene Unique Selling Proposition (USP) abzuheben.

Zu den internen Einflussfaktoren der Kommunikationspolitik zählen die Unternehmens- und Marketingziele (z. B. die verfolgte Positionierungsstrategie), die internen Ressourcen (z. B. verfügbares Werbebudget) und die Stellung des Produkts bzw. der Marke im Gesamtprogramm des Unternehmens.

Wie bei allen Marketing-Maßnahmen lassen sich auch die Ziele der Kommunikationspolitik in ökonomische und psychographische Ziele unterteilen. Ökonomische Ziele kommen nur in bestimmten Fällen als Orientierung für Werbemaßnahmen in Frage (z. B. Ermittlung der Marktanteilswirkung verschiedener Streupläne in lokalen Testmärkten). Zumeist verwendet man daher psychographische Ziele wie Aktiviertheit, Emotionen, Motivation und Einstellungen (Positionierung) sowie kognitive Ziele wie Wahrnehmungswirkung, Aufmerksamkeitswirkung, Lerneffekte und Gedächtniswirkung. Als übergeordnetes Ziel der Kommunikationspolitik hat sich in der Praxis das Streben nach einem USP durchgesetzt.

3.2   Kommunikationsgestaltung

3.2.1   Kommunikationsinstrumente

Zur Erreichung der für die Kommunikationsobjekte (Gesamtunternehmen, SGF, Produkte, Marken) anvisierten Ziele stehen die im Folgenden aufgeführten Kommunikationsinstrumente zur Verfügung.

Zu den wichtigsten Instrumenten zählt die Absatzwerbung. Hierunter wird das Angebot von Waren und Dienstleistungen in Massenmedien (Fernsehen, Rundfunk, Printmedien etc.) verstanden.

Zur Verkaufsförderung (Sales Promotion) zählen kommunikative Maßnahmen, die vor allem der kurzfristigen Absatzsteigerung dienen (z. B. Sonderaktionen, Preisausschreiben, Schulung der Außendienstmitarbeiter). Verkaufsförderungsmaßnahmen können mithin an eigene Verkaufsorgane, an den Handel oder an Endabnehmer gerichtet sein.

Mit Direktkommunikation (Direct Marketing) bezeichnet man die direkte Ansprache von Zielpersonen durch den Anbieter (z. B. in einem Verkaufsgespräch, mittels Telefon-Marketing, durch E-Mail, Fax, einen Werbebrief, Prospekt oder Katalog). Weitere Fassungen beziehen auch Werbung in Massenmedien ein, wenn zugleich eine Rückantwortmöglichkeit geboten wird (z. B. durch einen angefügten Coupon, durch Direct Response TV oder bei Werbung im Internet).

Messen und Ausstellungen sind zeitlich und örtlich festgelegte Veranstaltungen, die ein umfassendes Angebot von einem oder mehreren Wirtschaftszweigen bieten und in regelmäßigem Turnus stattfinden. Die Ziele derartiger Veranstaltungen sind u. a. die Präsentation neuer Produkte, die Erlangung eines direkten Kundenkontakts, der Wettbewerbsvergleich, der Abschluss von Verträgen sowie die Erlangung von Marktinformationen (z. B. über die vermutliche Absatzmenge eines neuen Sortiments).

Im Rahmen des Sponsoring erfolgt die Bereitstellung von Geld, Sachzuwendungen oder Dienstleistungen durch einen Sponsor (z. B. Unternehmen), um durch Gegenleistungen des Gesponserten (z. B. Sportler) kommunikative Ziele zu erreichen. Die Vielzahl möglicher Sponsoringaktivitäten lässt sich u. a. anhand der Sponsoring-Bereiche eingrenzen. Diesbezüglich kann zwischen Sport-, Kultur-, Sozio- und Umweltsponsoring unterschieden werden (vgl. Bruhn 2003, S. 6ff.). Ziele des Sponsoring sind zumeist die Erhöhung des Bekanntheitsgrades sowie die Verbesserung des Produkt- bzw. Firmenimages.

Ziele des Event Marketing sind die Präsentation des Unternehmens bzw. seiner Produkte, die Generierung eines emotionalen Zusatznutzens sowie die gezielte Ansprache bestimmter Marktsegmente im Rahmen besonderer Ereignisse (z. B. Golf-Turniere von Autohäusern, Modeschauen in Einzelhandelsgeschäften, Rockveranstaltungen von VW mit Pink Floyd und den Rolling Stones, City Games von Adidas.)

Beim Product Placement erfolgt die gezielte Integration von Produkten in den Handlungsablauf von Kino- oder Fernsehprogrammen (z. B. BMW in einem James Bond-Film). In erster Linie werden mit dem Product Placement Image- und Bekanntheitsziele verfolgt. Durch das positive Image des ausgewählten Umfeldes und der auftretenden Künstler soll ein Imagetransfer auf das beworbene Produkt erfolgen und ein höherer Bekanntheitsgrad erreicht werden. Positiv sind die relativ geringen Kosten und die Möglichkeit, gesetzliche Kommunikationsbarrieren (z. B. Verbot der Zigarettenwerbung) umgehen zu können.

Unter Öffentlichkeitsarbeit (Public Relations) ist die systematische Pflege der Beziehungen zwischen dem Unternehmen und den verschiedenen Anspruchsgruppen (Abnehmer, Handel, Kapitalgeber, Parteien etc.) zu verstehen. Sie zielt darauf ab, für das Unternehmen insgesamt ein förderliches Umfeld zu schaffen, indem bspw. die Öffentlichkeit über die wirtschaftlichen und gesellschaftlichen Aktivitäten des Unternehmens informiert wird. Damit soll Vertrauen und Verständnis aufgebaut und letztlich ein positives Unternehmensimage gefördert werden. Auch wenn, wie hier, die Öffentlichkeitsarbeit neben den Instrumenten der Marketing-Kommunikation aufgeführt wird, ist dies nicht so zu verstehen, dass es sich um eine Aufgabe der Marketing-Abteilung handelt. Vielmehr ist die Ansprache der verschiedenen Stakeholder eine Aufgabe der Unternehmensleitung und im Kontext der Gesamtunternehmensstrategie zu gestalten. Hierzu empfiehlt es sich, eine der Unternehmensleitung zugeordnete Stabsstelle einzurichten (oft als Pressereferat bezeichnet).

Die folgenden Ausführungen beziehen sich in erster Linie auf die Gestaltung der Absatzwerbung.

3.2.2   Gestaltung der Botschaft

Im Rahmen der Werbebotschaftsgestaltung ist über den Tenor der Botschaft (rational versus emotional) sowie über inhaltliche Gestaltungsoptionen (z. B. Bild, Sprache) und formale Gestaltungsmöglichkeiten (z. B. Farbe, Schrifttyp, Größe des Bildes) zu entscheiden.

3.2.2.1   Rationale vs. emotionale Botschaftsgestaltung

Grundsätzlich kann die Werbebotschaft überwiegend rational (informativ, sachlich) oder emotional (Appell an die Gefühle) gestaltet werden. Dazwischen sind die verschiedensten Mischformen möglich.

Bei einer Botschaftsgestaltung mit rationalen Appellen wird vornehmlich an den kognitiven Prozessen der Zielgruppe angesetzt, z. B. indem sachlich mit dem Preis, dem Garantieversprechen, den Finanzierungsmöglichkeiten etc. argumentiert wird. So wirbt die Marke Dr. Best mit dem Slogan »Die klügere Zahnbürste gibt nach«, für Schuhe von Deichmann wird mit »Kaum zu glauben: Markenschuhe so günstig« geworben.

Eine wichtige Voraussetzung für den Erfolg (Informationsaufnahme, -speicherung, Berücksichtigung beim Kaufentscheid) einer solchen Gestaltungsoption ist, dass beim Empfänger der Werbemaßnahme ein gewisses Interesse an Informationsversorgung besteht. Ein hoher Informationsbedarf ist z. B. in Märkten mit Nachholbedarf (hoher Anteil an Erstkäufern) eher vorzufinden als in gesättigten Märkten mit austauschbaren

Produkten. Darüber hinaus ist eine rationale Botschaftsgestaltung bei Marktinnovationen mit deutlichem Wettbewerbsvorteil möglich (Kroeber-Riel/Esch 2004, S. 73).

Häufig wird bei rationaler Botschaft lediglich die Sprache als gestalterisches Mittel eingesetzt (z. B. Handelsgeschäfte informieren über Sonderangebote). Um keine Überlastung der Konsumenten hervorzurufen, sollten dabei nur wenige wichtige Informationen auf einfache und übersichtliche Weise in einer hierarchischen Anordnung präsentiert werden. Schlüsselinformationen (z. B. Markenname, Produktvorzüge) werden dabei am Anfang deutlich hervorgehoben, weitere Argumente für stärker interessierte Adressaten werden nachrangig im weiteren Verlauf der Botschaft untergebracht.

Emotionale Appelle sprechen die Gefühle der Zielgruppe an, indem z. B. positive Reize wie Erotik, Babys, Landschaften, Musik (»Can't beat the feelin'«) oder Furchtappelle eingesetzt werden. Da starke emotionale Appelle bei den Adressaten zu einer automatischen Hinwendung führen (Orientierungsreflex), wirkt diese Form der Werbung sowohl bei hoher als auch bei niedriger Motivation zur Informationssuche. Sie wird daher bei austauschbaren Gütern des täglichen Bedarfs und bei homogenen Gebrauchsgütern verwendet, wenn die Leistungsfähigkeit gegenüber den Konkurrenzprodukten nahezu gleich ist (z. B. Haushaltsgeräte).

Zumeist wird bei emotionaler Botschaftsgestaltung ein Produkt oder Markenname immer wieder zusammen mit stark positiven Reizen dargeboten. Im Zeitablauf wird der positive Gefühlswert des Reizes vom Verbraucher mit dem Produkt assoziiert, wodurch es einen psychologischen Zusatznutzen erhält. Dadurch kann eine emotionale Produktdifferenzierung gefördert werden, um letztlich eine Abhebung von (objektiv homogenen) Konkurrenzprodukten zu erreichen (vgl. Kroeber-Riel/Weinberg 2003, S. 128ff.). Eine Positionierung durch emotionale Werbung erfordert die Entwicklung geeigneter Erlebnisprofile (Erlebniswelt von Langnese oder Beck's). Der Aufbau einzigartiger Erlebnisprofile im Sinne eines USP ist insbesondere dann schwierig, wenn bereits eine Vielzahl von Anbietern bestimmte emotionale Aspekte besetzt hat (z. B. Karibik, Abenteuer, Freizeit mit Freunden, Erotik).

Der Zusammenhang zwischen der Aktivierungsintensität durch emotionale Reize und der Leistung wird häufig als eine **umgekehrt U-förmige Beziehung** angenommen. Diesbezüglich wird die Hypothese geäußert, dass positive emotionale Reize zur Erhöhung der Leistung führen, je höher die Reizintensität ist, während Furchtappelle ab einer gewissen Reizintensität eine Abnahme der Leistung bewirken (vgl. 2. Kap. Abschn. 3.1.1.4).

Statt der rein rationalen bzw. emotionalen Botschaftsgestaltung bieten sich eher Mischformen an. Bspw. wird das Produkt mit gut aussehender Dame als emotionalem Bildstimulus dargeboten, die technische Informationen über Produkteigenschaften werden unter dem Bild aufgeführt, wodurch sowohl hoch als auch niedrig involvierte Adressaten angesprochen werden.

Botschaftsgestaltung und Werbewirkung

Ältere Werbewirkungsmodelle unterstellen einen einzigen **hierarchischen Verlauf** von Kommunikationswirkungen im Sinne einer strikten Stufenfolge. Der Ursprung dieser Konzepte liegt in der so genannten AIDA-Formel, wonach eine Werbemaßnahme zunächst Aufmerksamkeit (Attention) und Interesse (Interest) erzeugen muss als Voraussetzung dafür, dass ein Bedürfnis (Desire) geweckt wird und im Ergebnis zu einer Kaufhandlung (Action) führt (vgl. Strong 1925, S. 7).

Gegen das AIDA-Modell und seine Varianten sprechen, dass die Wirkungsabläufe im Organismus einerseits individuell unterschiedlich sind (z. B. in Abhängigkeit von der Aufmerksamkeit), andererseits auch von der Botschaftsgestaltung (emotional versus rational) beeinflusst werden.

Kroeber-Riel schlägt daher das »Modell der Werbewirkungspfade« vor, das in Abhängigkeit von der Botschaftsgestaltung und der Aufmerksamkeit der Adressaten unterschiedliche hierarchische Verlaufsformen unterstellt (vgl. Kroeber-Riel/Weinberg 2003, S. 612ff.). Um das jeweilige Wirkungsmuster einer kommunikativen Maßnahme abzuleiten, wird vereinfacht eine ausschließlich rationale bzw. emotionale Botschaft unterstellt. Zusätzlich zur Art der Botschaftsgestaltung wird angenommen, dass der jeweilige Wirkungspfad vom Ausmaß der Aufmerksamkeit abhängt.

Zur Verdeutlichung werden im Folgenden exemplarisch nur die Wirkungsmuster für informative Werbung bei hoher Aufmerksamkeit und emotionaler Werbung bei schwacher Aufmerksamkeit erläutert.

Rationale Werbung trifft auf aufmerksame Konsumenten

Ausschließlich rationale Werbung führt demnach bei hoch involvierten Adressaten dazu, dass vorwiegend kognitive Vorgänge ausgelöst werden. Bspw. informiert sich eine besorgte Hausfrau über alle Inhaltsstoffe eines Fruchtjoghurts. Diese kognitiven Vorgänge können von mehr oder weniger ausgeprägten emotionalen Prozessen begleitet werden (z. B. positive Emotionen hervorgerufen durch den niedrigen Preis oder den Zusatz »Bio« bei Lebensmitteln). Beide Vorgänge tragen zur Positionierung der Marke bei und führen unter Umständen über die Kaufabsicht zum tatsächlichen Kauf (vgl. Abb. 56). Allerdings wird bei dieser rein rationalen Botschaft keine emotionale Bindung zur Marke aufgebaut, so dass es bei Eintritt von Me-too-Produkten mit gleichen Eigenschaften unweigerlich zu aggressivem Preiswettbewerb und Markenwechsel kommt.

Emotionale Werbung trifft auf wenig aufmerksame Konsumenten

Wie bereits erwähnt, führt emotionale Werbung bei schwacher Aufmerksamkeit zu einer automatischen Hinwendung zum Reiz. Hierdurch werden überwiegend emotionale Prozesse ausgelöst, wobei es gleichzeitig zu mehr oder weniger starken kognitiven Prozessen kommt (z. B. Hinwendung zur Botschaft, Erkennen der Marke, Speicherung des Jingles etc.). Bei häufiger Wiederholung der Botschaft können diese Vorgänge zu einer positiven Einstellung und wiederum über die Kaufabsicht zum Kauf führen (vgl. Abb. 57).

Insbesondere bei austauschbaren Produkten wird von Kroeber-Riel eine verstärkte Emotionalisierung der Botschaft empfohlen. Da aber diese Produkte keinen objekti-

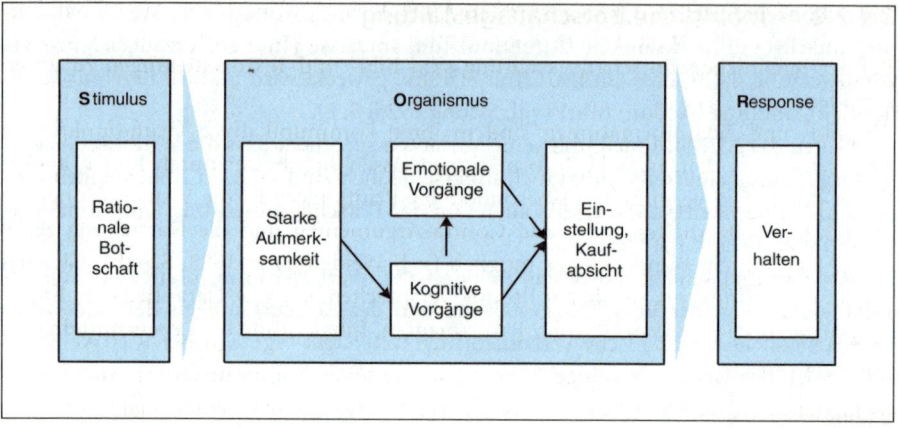

Abbildung 56: Werbewirkungspfad bei rationaler Werbung und aufmerksamen Konsumenten

ven KKV haben, und alle Konkurrenten in diesen Märkten weitgehend dieselbe Emo-
tionalisierungs-Strategie verfolgen, sind die Produkte trotz dieser Strategie aus Sicht
des Verbrauchers oft austauschbar (»Geiz ist geil« versus »Wir können nur billig«).

Die bei Kroeber-Riel aus didaktischen Gründen gewählte Darstellung des Wirkungsverlaufs dieser beiden Extremformen einer rationalen bzw. emotionalen Botschaftsgestaltung geht an der, in der Werbepraxis bewährten, Mischstrategie vorbei.
So zeigen diesbezügliche Erfahrungen, dass Marken überwiegend dann erfolgreich
sind, wenn eine Balance zwischen überzeugenden rationalen Argumenten und emotionaler Ansprache gefunden wird (Michael 2003, S. 16ff.).

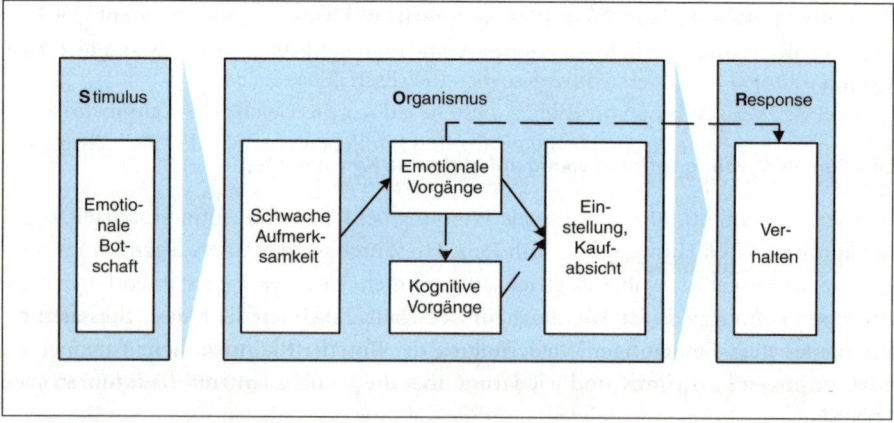

Abbildung 57: Werbewirkungspfad bei emotionaler Werbung und wenig aufmerksamen
Konsumenten

3.2.2.2   Inhaltliche Botschaftsgestaltung

Bei der inhaltlichen Botschaftsgestaltung sind Bild- und Textdarstellungen zu unterscheiden.

Bild- und Textinformationen sind in ihren kommunikativen Grundfunktionen unterschiedlich, d. h. manche Informationen lassen sich besser durch Bilder, andere besser durch Text vermitteln. Insbesondere bei Printbildern ist die Visualisierung von abstrakten Sachverhalten, Pro- und Contra-Argumenten und die Darstellung zeitlicher Abläufe nicht ohne weiteres möglich (vgl. Weidenmann 1988, S. 68f.). Gleiches gilt für die Vermittlung sachlicher Produktversprechen, wie z. B. Garantiedauer, Engergiesparpotenziale, Wirkstoffe von Medikamenten, Inhaltsstoffe bei Lebensmitteln.

Bildinformationen

Bei einfachen Werbebotschaften, die sich an niedrig involvierte Adressaten wenden, sind Bildinformationen den Text- bzw. Sprachinformationen überlegen. Bei emotionaler Werbung ist die Verwendung von Bildern wirkungsvoller, da sie eine größere Aktivierung und eine stärkere Erlebniswirkung erzeugen (vgl. Kroeber-Riel/Esch 2004, S. 149ff.; Schweiger/Schrattenecker 2001, S. 206f.). Bei gleichem Informationsgehalt werden Bild- schneller als Text- bzw. Sprachbotschaften verarbeitet. Oftmals wird Bildern eine höhere Erinnerungswirkung unterstellt. Dabei ist jedoch zu bedenken, dass die typischerweise in der Werbung verwendeten, einfach nachzuvollziehenden Bilder, nur mit einer geringen Verarbeitungstiefe aufgenommen werden, so dass sie nur wenig dauerhafte kognitive Spuren beim Konsumenten hinterlassen (vgl. Poddig 1995, S. 52). Um dies zu vermeiden, werden oftmals Bildinformationen durch identische Text- bzw. Sprachinformationen ergänzt, wodurch die Tiefe der kognitiven Verarbeitung gefördert wird. Bei interessierten Personen besteht jedoch die Gefahr, dass sich die Adressaten durch redundante Informationen langweilen. Daher wird für diese Zielgruppe häufig mit Botschaften gearbeitet, bei denen sich Text und Bild ergänzen und nur in ihrer Gesamtbetrachtung zum Verständnis des Botschaftsinhaltes führen (bspw. Bild: »Paar auf Fels in Brandung«; Text: »Die Württembergische... Der Fels in der Brandung«) (vgl. hierzu auch Kroeber-Riel/Esch 2004, S. 254f.).

Bei der Verwendung von Bildern besteht jedoch die Gefahr des Kannibalismuseffekts, d. h. eine hohe Aufmerksamkeit für den bildlichen emotionalen Reiz lässt unter Umständen die eigentlichen Botschaftsinhalte untergehen.

Text bzw. Sprachinformationen

Durch Sprache lassen sich Kognitionen, Emotionen und Verhalten der Adressaten beeinflussen (vgl. hierzu und im Folgenden Kroeber-Riel/Meyer-Hentschel 1982, S. 157ff.). Ausgangspunkt hierfür ist die Ausnutzung von erlernten Wortassoziationen (z. B. Blume – Rose, Werkzeug – Hammer). Insbesondere durch solche »Schlüsselreize« lassen sich Kognitionen steuern, indem zwischen Werbeaussagen und Produkteigenschaften Assoziationen geweckt werden (z. B. fassfrisches Bier, naturreiner Tabak).

Ebenso kann Sprache erwünschte Emotionen hervorrufen (z. B. Abenteuer und Freiheit bei Zigaretten, Freude am Fahren). Am effektivsten ist es, wenn durch Sprache innere Bilder geweckt werden, die ganze Assoziationsketten auslösen, z. B. »like ice in the sunshine« (Sonne, Strand, Freunde, Urlaub etc.). Empfehlenswert ist diese Vorgehensweise insbesondere wenn durch Fernsehspots bildliche und sprachliche Informationen verknüpft werden, die der Adressat durch häufige Wiederholung erlernt hat, so dass bei der Wiedergabe von Teilen der Botschaft (z. B. Jingle im Radio) die gesamten gelernten inneren Bilder hervorgerufen werden (»sail away«: Segeln, Sonne, Karibik).

Bei Text- bzw. Sprachinformationen ist auf den Zeichenvorrat und die kognitiven Fähigkeiten der Adressaten zu achten, insbesondere sollten Fremdsprachen sowie die Verwendung abstrakter Begriffe bei Adressaten mit niedrigem Bildungsniveau vermieden werden. Bei Adressaten mit hohem Bildungsniveau und negativer Einstellung sind Wortwahl, Argumentationsweise und Informationsgehalt den höheren Informationsansprüchen der Empfänger anzupassen. Gleiches gilt auch für die Art und Anordnung der Argumente sowie den Umfang der Botschaft (vgl. zum Folgenden auch Trommsdorff 2002, S. 280f.).

Hinsichtlich der Art der Argumentation ist zwischen einer einseitigen (nur Pro-Argumente) und einer zweiseitigen Ansprache (Pro- und Contra-Argumente) zu unterscheiden. Die Wirkung der Argumentationsart hängt u. a. vom Bildungsniveau (hoch vs. niedrig) und der Einstellung (positiv vs. negativ) ab.

Bei einem niedrigen Bildungsniveau empfiehlt sich die **einseitige Argumentation**. Ein typisches Beispiel hierfür ist die Spielzeugwerbung für Kinder. Bei hohem Bildungsniveau und negativer Einstellung empfiehlt sich die **zweiseitige Argumentation**, bei der zunächst an den negativen Vorurteilen der Zielgruppe angesetzt wird, um diese dann mit Argumenten, die für die eigene Marke sprechen, nachhaltig zu entkräften (»Zugegeben, Qualität hat ihren Preis, ist aber auf Dauer billiger«).

Die Argumente innerhalb einer Botschaft sollten bei einem involvierten Empfänger in aufsteigender Reihenfolge (die wichtigsten Argumente zum Schluss) angeordnet werden **(climax-order),** da er aufgrund seines Interesses die gesamte Botschaft aufnimmt. Damit soll bezweckt werden, dass er sich beim Kaufanlass an die wichtigsten kaufentscheidenden Kriterien erinnert. Bei niedrigem Involvement empfiehlt sich dagegen, das wichtigste Argument an den Anfang zu stellen (**anticlimax-order**), um dadurch Aufmerksamkeit zu wecken und um zumindest die Schlüsselinformationen zu vermitteln.

3.2.2.3   Formale Botschaftsgestaltung

Die formale Botschaftsgestaltung beschäftigt sich insbesondere mit der Anordnung von Bild und Text, der Anzeigengröße, der Länge von Werbespots und der Wahl von Schrift und Farben.

Bei der Anordnung von Bild und Text in Printmedien empfiehlt sich bei so genannten Framed Pictures (bei denen Bild und Text getrennt sind) ein Schema, bei dem das Bild im Zentrum der Anzeige steht, da es als erstes fixiert wird, und bei dem die Textinformationen unterhalb bzw. seitlich angeordnet sind.

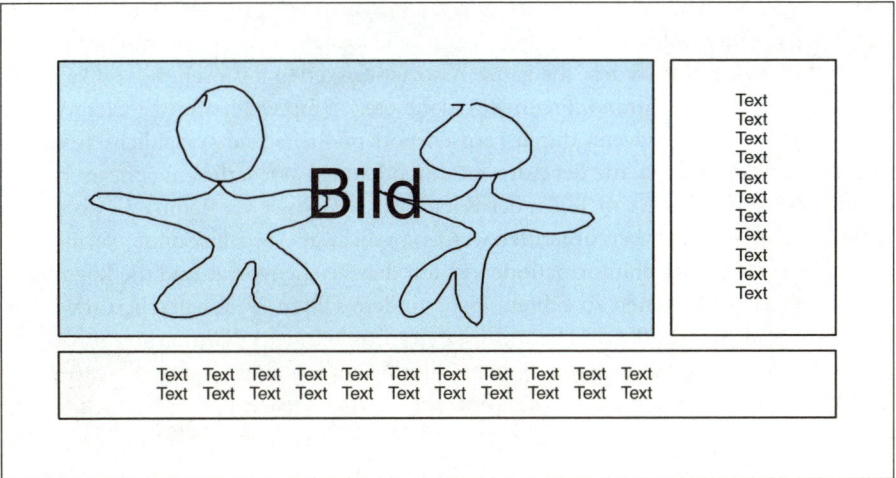

Abbildung 58: Schematisches Beispiel für ein Framed Picture

Empfehlenswerter sind stattdessen jedoch so genannte Unframed Pictures, bei denen die zentrale Textaussage in den Fixationspunkten des Bildes untergebracht ist (vgl. Abb. 59).

Bei der Verwendung von Farben und Schriften ist insbesondere zu beachten, welche Assoziationen dadurch beim Betrachter geweckt werden. So eignen sich insbesondere Farben zur Verstärkung der als besonders wichtig erachteten nutzenstiftenden Produkteigenschaften (blau: rein, kalt; gelb: weich, streichfähig; rot: feurig, wohlschmeckend; weiß: rein; grün bei Lebensmitteln: giftig etc.) sowie zur Abhebung von Konkurrenzprodukten (Ferrari-rot, Nivea-blau-weiß, Telekom-magenta). Mit der Wahl der Typographie können gewünschte Unternehmens- bzw. Produkteigenschaften wie Modernität, Tradition (Lieken-Urkorn), Seriosität, Eleganz (z. B. Mercedes-Typographie) ausgedrückt werden (vgl. auch Schweiger/Schrattenecker 2001, S. 208f.).

Untersuchungen zeigen darüber hinaus, dass die Werbewirkung vom Ausmaß der **Reizintensität** (Anzeigengröße, Lautstärke der Musik, Darbietungsdauer in Millisekunden) abhängt (Kroeber-Riel/Weinberg 2003, S. 73ff.). Hierbei wird angenommen, dass eine Überführung der Reize von den Sinnesorganen in den Arbeitsspeicher (Wahrnehmung) erst ab einer bestimmten Mindest-Reizstärke erfolgt und mit zunehmender Reizintensität eine degressiv ansteigende Werbewirkung (z. B. Erinnerungswirkung) erfolgt. In Printmedien wird dieser Zusammenhang bei der Wahl der Anzeigengröße (z. B. doppelseitig oder ausklappbar) berücksichtigt und in Hörfunk und Fernsehen erhöht man deshalb die Lautstärke oder verlängert die Dauer des Werbespots. Die Behauptung, dass bei kürzester Einblendung von Kaufaufforderungen unterhalb der Wahrnehmungsschwelle der Betrachter ein unbemerkter Kaufimpuls ausgelöst werden kann, konnte nicht bestätigt werden (vgl. Koeppler 1972, S. 165; Brand 1978, S. 211).

Abbildung 59: Unframed Picture

3.2.3   Auswahl des Kommunikators

Der Kommunikator ist die vom Auditorium wahrgenommene Quelle der Werbebotschaft. Dies kann zum einen das Unternehmen selbst sein oder eine andere Person (z. B. Filmschauspieler, Sportler, Celebrities), die über das Produkt spricht (ein so genannter Testimonial).

Die Werbewirkung, die ein Kommunikator zusätzlich über die Wirkung der Botschaft hinaus ausübt (Kommunikatoreffekt), hängt von den Eigenschaften des Kommunikators und von der Einstellung der Adressaten zum Kommunikator ab (vgl. hierzu Köhler 1976, S. 171).

Der Einfluss des Kommunikators ist besonders hoch, wenn ihm **Glaubwürdigkeit** unterstellt wird. Dies ist dann der Fall, wenn er zum einen **Sachkenntnis** besitzt, d. h. wenn ihm aufgrund seiner Erfahrung ein Expertenstatus zugeschrieben wird (z. B. Formel 1 Fahrer wirbt für PKW). Zum anderen muss ihm **Vertrauenswürdigkeit** zugeschrieben werden, d. h. er empfiehlt das Produkt deshalb, weil auch er davon überzeugt ist, und nicht nur weil er dafür bezahlt wird (anders der Auftritt von Beckenbauer als Testimonial für Mitsubishi, Opel, e-plus, O_2, PostBank, Erdinger Weißbier und anderes mehr). Der Kommunikatoreffekt ist zudem höher, wenn die Zielgruppe eine **positive Einstellung** gegenüber dem Kommunikator besitzt. Dieser Effekt wird insbesondere bei der Werbung mit Prominenten (Celebrities) genutzt, was sich auch im steigenden Anteil von Prominentenspots auswirkt.

Falls einem Unternehmen die erforderlichen Eigenschaften aufgrund seines Images zugeschrieben werden, kann es selbst als Kommunikator auftreten (z. B. Darboven, Hipp, Trigema). Anderenfalls, insbesondere bei Eintritt in neue Märkte, ist es angeraten, entsprechende Testimonials einzusetzen. Allerdings ist die in der Praxis zu erkennende Neigung, fast wahllos Publikumslieblinge einzusetzen, obwohl sie keinerlei Bezug zum Produkt haben, zu bemängeln.

Ein weiteres Problem bei der Wahl von Publikumslieblingen als Kommunikatoren ist, dass diese durch Negativschlagzeilen auffallen können und somit unerwünschte Imageeffekte entstehen (z. B. Sportler unter Dopingverdacht). Daher kann es unter Umständen sinnvoll sein, eigene Kommunikatoren aufzubauen (z. B. Ariel-Clementine, Nescafé-Giovanni).

Abschließend sei erwähnt, dass ein positiver Kommunikatoreffekt nach einiger Zeit nachlässt, d. h. der Kommunikatoreinfluss tritt im Zeitverlauf gegenüber der Botschaft in den Hintergrund, so dass letztlich nur noch die Botschaft selbst wirkt (»sleeper effect«).

3.2.4 Mediaselektion

Bevor über die Auswahl von Werbeträgern entschieden wird, sind die in Frage kommenden Kommunikationsinstrumente zu bestimmen. Die Wahl eines Kommunikationsinstrumentes (z. B. Sponsoring, Werbung, Verkaufsförderung) hängt vor allem von den Kommunikationszielen, den anvisierten Zielgruppen und den Kosten ab.

Innerhalb der einzusetzenden Kommunikationsinstrumente ist eine Auswahl zwischen verschiedenen Werbeträgergruppen (z. B. Fernsehen, Rundfunk, Printmedien, Internet), d. h. eine **Intermediaselektion**, und innerhalb einer Werbeträgergruppe zwischen einzelnen Werbeträgern (z. B. ARD, ZDF, ProSieben), die so genannte **Intramediaselektion**, vorzunehmen.

3.2.4.1 Informationen für die Mediaselektion

Bei der Inter- und Intramediaselektion sind zunächst die Werbeziele, die zu erreichenden Zielgruppen, die Gestaltungsmöglichkeiten (z. B. bei Fernsehspots gegenüber Anzeigen in Printmedien) sowie das Image des Mediums zu berücksichtigen. Die letztliche Auswahl unter den in Frage kommenden Werbeträger(-gruppen) erfolgt dann anhand der Reichweitenwerte und der Einschaltkosten.

Erste Informationen für die Werbeträgerauswahl liefern die **quantitativen Reichweiten**, d. h. die Anzahl der erreichten Personen bzw. der Kontakte mit Zuschauern, Hörern oder Lesern der jeweiligen Medien. Dabei sind in Abhängigkeit von der Anzahl der Medien und der Einschalthäufigkeit folgende Reichweitenwerte zu unterscheiden.

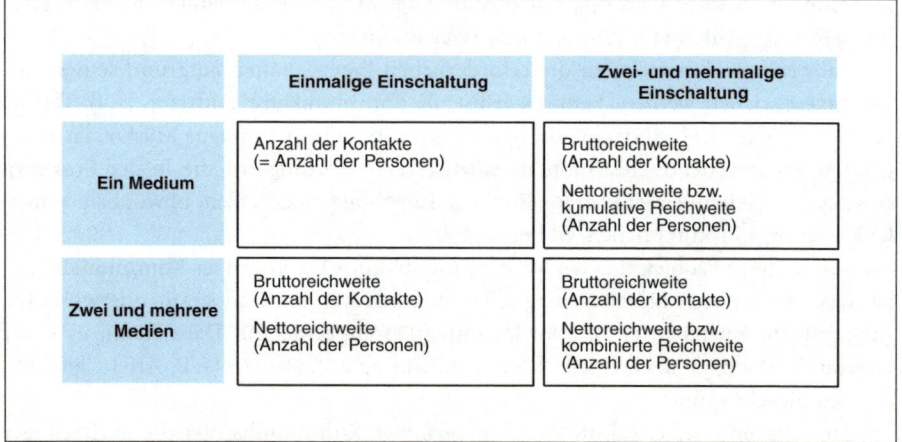

	Einmalige Einschaltung	Zwei- und mehrmalige Einschaltung
Ein Medium	Anzahl der Kontakte (= Anzahl der Personen)	Bruttoreichweite (Anzahl der Kontakte) Nettoreichweite bzw. kumulative Reichweite (Anzahl der Personen)
Zwei und mehrere Medien	Bruttoreichweite (Anzahl der Kontakte) Nettoreichweite (Anzahl der Personen)	Bruttoreichweite (Anzahl der Kontakte) Nettoreichweite bzw. kombinierte Reichweite (Anzahl der Personen)

Abbildung 60: Reichweitenwerte

Bei der Betrachtung der Reichweiten ist zwischen der Anzahl der Kontakte (**Bruttoreichweite**) und der Anzahl der Personen (**Nettoreichweite**) zu unterscheiden. So können bei mehrfacher Einschaltung eines Mediums bzw. bei einfacher oder mehrfacher Einschaltung mehrerer Medien dieselben Personen mehrfach kontaktiert worden sein. In diesem Zusammenhang kennzeichnen **interne Überschneidungen** mehrfache Kontakte mit einer Person, die durch mehrmalige Schaltung in einem Medium entstehen (z. B. regelmäßige Leser der Zeitschrift »Stern«, die eine Anzeige in mehreren Ausgaben sehen). **Externe Überschneidungen** bezeichnen hingegen mehrfache Kontakte mit einer Person, die aufgrund von Schaltungen in mehreren Medien zustande kommen (z. B. Personen, die sowohl die Zeitschrift »Stern« als auch den »Spiegel« lesen und eine Anzeige in beiden Zeitschriften sehen).

Eine wichtige Kennzahl ergibt sich durch den Vergleich von Brutto- und Nettoreichweite, indem man die **durchschnittliche Kontaktzahl** (»Oportunity to See«, OTS-Wert) berechnet. Die durchschnittliche Kontaktzahl ergibt sich aus der Bruttoreichweite dividiert durch die Nettoreichweite. In der Praxis wird statt der durchschnittlichen Kontaktzahl eines Streuplans auch die Kennziffer **»Gross Rating Points«** (**GRP**) verwendet, indem die durchschnittliche Kontaktzahl mit dem Prozentsatz der erreichten Zielgruppenmitglieder multipliziert wird. Werden z. B. mit einem Streuplan eine Bruttoreichweite von 1 Mio. Kontakte und eine Nettoreichweite von 100.000 Personen erreicht, so ergibt sich eine durchschnittliche Kontaktzahl von 10 Kontakten pro Person. Der prozentuale Anteil der durch diesen Streuplan erreichten Zielpersonen (Anzahl der erreichten Zielpersonen durch Gesamtheit der Zielpersonen mal 100) sei 50 %. Dann ergeben sich daraus die folgenden Gross Rating Points: durchschnittliche Kontaktzahl · Prozentsatz der erreichten Zielpersonen = 10 · 50 = 500. Zur Auswahl alternativer Streupläne, die annähernd gleich hohe GRP erreichen, können die Kosten eines Streuplans durch die jeweilig erzielten GRP dividiert werden, um letztlich jenen Streuplan zu wählen, der pro einem Gross Rating Point die niedrigsten Kosten verursacht. Verursacht der obige Streuplan Kosten in Höhe von 300.000 Euro, so betragen die Kosten pro Gross Rating Point 600 € (so genannte Costs per Point).

Ob bei gleichem Budget ein Streuplan mit hoher durchschnittlicher Kontaktzahl (bzw. hohen GRP) einem Streuplan mit niedriger durchschnittlicher Kontaktzahl vorzuziehen ist, hängt von der Aufmerksamkeit der Zielgruppe ab. Ist diese niedrig, ist ein »hoher Werbedruck« (hohe durchschnittliche Kontaktzahl) erforderlich, um die angestrebte Werbewirkung zu erzielen. Bei einer hohen Aufmerksamkeit hingegen sind möglichst viele Personen mit nur wenigen Kontakten anzusprechen, da die Werbewirkung u. U. schon bei einmaliger Kontaktierung erreicht wird.

Bei den bisher behandelten Reichweitenwerten, außer bei der Berechnung der GRP, werden alle Kontakte gezählt, gleichgültig, ob eine Person zur Zielgruppe gehört oder nicht. Falls jedoch bestimmte Zielgruppen angesprochen werden sollen, empfiehlt sich die Betrachtung der qualitativen Reichweite, die nur Kontakte mit Personen der Zielgruppe berücksichtigt.

Neben den Reichweiten spielen die Kosten der Belegung eine wichtige Rolle. Der so genannte Tausenderpreis gibt bei einmaliger Einschaltung die Kosten für die Erreichung von 1000 Personen an. Je nach dem, ob eine quantitative oder qualitative Reichweite herangezogen wird, unterscheidet man den quantitativen Tausenderpreis [(Kosten einer Einschaltung · 1000)/quantitative Reichweite] bzw. den qualitativen Tausenderpreis [(Kosten einer Einschaltung · 1000)/qualitative Reichweite]. Bei Mehrfacheinschaltungen von Werbeträgern errechnet sich analog der quantitative bzw. qualitative Tausendkontaktpreis [(Kosten eines Streuplans · 1000)/qualitative bzw. quantitative Bruttoreichweite].

Die Tausenderpreise der einzelnen Medien werden regelmäßig veröffentlicht und stellen die »Währung der Werbebranche« dar. Verringern sich bspw. die Einschaltquoten einer Fernsehsendung, schlägt sich dies in erhöhten Tausenderpreisen nieder. Dies führt in der Folge zu einem Rückgang der Werbeeinnahmen, so dass der Sender letztlich gezwungen ist, die Preise für eine Einschaltung zu senken.

3.2.4.2   Kontaktbewertung

Die Bestimmung der Adressaten erfolgt nach dem Konzept der Marktsegmentierung, d. h. die in Frage kommenden Werbeträger sind hinsichtlich ihrer Eignung zur Erreichung der anvisierten Zielgruppen zu bewerten (Anzahl der Kontakte mit Zielpersonen).

Im einfachsten Fall der **Personengewichtung**, d. h. bei nur einem Merkmal, erhält eine Person, die nicht zur Zielgruppe gezählt wird, den Wert 0. Gehört sie zur Zielgruppe erhält sie den Wert 1. Beispielsweise erhält eine männliche Person den Wert 0 und eine weibliche Person den Wert 1, wenn es um Werbung für Frauenparfums geht (Ausschlussverfahren). Dagegen spricht die Erfahrung, dass z. B. ein Teil der Männer derartige Produkte als Geschenk erwirbt. So könnte es also sinnvoll sein, den männlichen Personen einen Wert von 0,3 zuzuordnen, wenn 30 % aller Männer zu den Käufern von Parfums für Frauen zählen.

Das gleiche Verfahren lässt sich auch simultan bei mehreren Kriterien anwenden. Ist die Zielgruppe bspw. definiert als Familienvorstände im Alter zwischen 25 und 35, mit Kindern unter sechs Jahren im Haushalt und mit PKW-Besitz, so wird allen Personen mit diesen Merkmalsausprägungen der Wert 1, allen anderen der Wert 0 zugewiesen (z. B. bei Werbung für Kindersitze). Stattdessen kann auch hier eine graduelle Bewertung ($0 < g_i < 1$) von Adressaten mit anderen Merkmalsausprägungen erfolgen (vgl. Abb. 61).

Kriterien (1)		Gewicht (2)	Gewicht$_{ZielP.}$ (3)
Geschlecht	Männlich	1,0	
	Weiblich	0,5	0,5
Alter	20 - 25 Jahre	0,7	0,7
	26 - 35 Jahre	1,0	
	36 - 50 Jahre	0,5	
Kind im Haushalt	Ja	1,0	1,0
	Nein	0,0	
PKW-Besitz	Ja	1,0	1,0
	Nein	0,0	
Gesamtpunktwert (4)			3,2
Kontaktwert (5)			0,8

Abbildung 61: Abgestufte Gewichtung von Zielgruppenmerkmalen

Die Ermittlung des Gesamtwertes eines Kontaktes mit einer Zielperson erfolgt i.d.R. als arithmetisches Mittel der Gewichte oder multiplikativ (vgl. Freter 1974, S. 74f.). In obigem Beispiel wäre bei additiver Verknüpfung der Kontaktwert bei 25-jährigen Frauen mit Kindern und PKW im Haushalt: $(0,5 + 0,7 + 1 + 1)/4 = 0,8$. Bei multiplikativer Verknüpfung ergibt sich entsprechend ein Kontaktwert von $0,5 \cdot 0,7 \cdot 1 \cdot 1 = 0,35$.

Das Beispiel verdeutlicht, dass die Wahl der Verknüpfungsregel problematisch ist, da von ihr unmittelbar die errechnete qualitative Reichweite des betrachteten Werbeträgers abhängt. Letztendlich müsste die Höhe der Gewichte und die Art ihrer Verrechnung vom tatsächlichen Einfluss eines Kriteriums im Kontext aller anderen Kriterien auf das zu erklärende Kaufverhalten abhängig gemacht werden. Wurde z. B. die Verbrauchsmenge bei Babynahrung als abhängige Variable durch soziodemographische Variablen mit Hilfe einer multiplen Regression erklärt, so können die Merkmalsgewichte analog des errechneten Einflusses der unabhängigen soziodemographischen Variablen festgelegt werden.

Noch problematischer ist die Verrechnung von **Mediengewichten**, um bspw. Darstellungsmöglichkeiten (Text, Bild, Akustik), die Kontaktwahrscheinlichkeit der Botschaft mit einem Adressaten in einem bestimmten Medium (z. B. abhängig vom Umfang der Zeitschrift oder von der Länge der Anwesenheit einer Person im Verhältnis zur Dauer des Werbeblocks) sowie den Einfluss des redaktionellen Umfelds mit Gewichten ($0 \leq g_i \leq 1$) zu berücksichtigen.

Erwähnt sei noch die Kontaktgewichtung in Abhängigkeit von der Werbewirkung bei ansteigender Kontaktzahl mit einer Person. Hier wird zumeist eine degressiv oder eine s-förmig ansteigende Wirkung unterstellt und auf die Ergebnisse lerntheoretischer Experimente verwiesen (vgl. Freter 1974, S. 77ff.). Zumeist beziehen sich diese Kurvenverläufe auf Lernexperimente, bei denen der jeweilige Prozentsatz der Personen, die sich an die dargebotenen Stimuli erinnern, in Abhängigkeit von der Darbietungshäufigkeit ermittelt wurde. Gegen diese Verallgemeinerung ist jedoch kritisch anzumerken, dass die Werbewirkung insbesondere von der Art des Appells, dem Interesse, formalen Gestaltungsaspekten sowie dem gewählten Wirkungskriterium (z. B. Bekanntheitsgrad oder Einstellungen) abhängt. Letztlich wäre der konkrete Zusammenhang zwischen Kontaktanzahl und Werbewirkung im jeweiligen Einzelfall empirisch anhand von Labor- bzw. Marktexperimenten zu untersuchen.

3.2.4.3   Verfahren der Mediaselektion

Als Verfahren zur Mediaselektion haben sich in der Praxis lediglich so genannte Rangreihen-, Bewertungs- und Konstruktionsverfahren durchgesetzt.

Bei **Rangreihenverfahren** werden die Werbeträger unter Berücksichtigung von Medien- und Personengewichten sowie der Belegkosten (z. B. Seitenpreis bei Printmedien) entsprechend des daraus errechneten Tausenderpreises in eine Rangreihe gebracht.

Im Rahmen von **Bewertungsverfahren** werden aus den am ehesten geeigneten Medien des Rangreiheverfahrens unter Einhaltung des vorgegebenen Werbebudgets alternative Streupläne erstellt. Bei einem Streuplan handelt es sich um die vorgesehenen Medien und die geplante Einschalthäufigkeit dieser Medien (z. B. fünfmal »Hörzu« und zweimal »Stern«). Für die vorgegebenen Streupläne werden anschließend mithilfe von Computerprogrammen unter Berücksichtigung interner und externer Überschneidungen sowie der interessierende Gewichte Kriterien der Werbewirkung errechnet (z. B. quantitative oder qualitative Reichweite, quantitativer oder qualitativer Tausenderpreis, durchschnittliche Kontaktzahl oder GRP).

Mit Hilfe von **Konstruktionsverfahren** lassen sich aus einer Anzahl vergebener Werbeträger Streupläne erstellen, bei denen die kombinierte Reichweite maximiert wird. In der ersten Stufe wird zunächst das Medium mit der höchsten Reichweite gewählt. In der zweiten Stufe wird das Medium gewählt, das den höchsten Reichweitenzuwachs pro verausgabter Geldeinheit für die Belegung bringt. Im weiteren Verlauf wird dieses Verfahren fortgesetzt, bis die Budgetgrenze erreicht ist (vgl. das folgende Beispiel).

	Reichweite	Einschaltkosten	Erreichte Personen pro €
Medium A	200.000	10.000 €	20
Medium B	100.000	10.000 €	10
Medium C	300.000	20.000 €	15
Medium D	325.000	25.000 €	13

Abbildung 62: Konstruktionsverfahren: 1. Stufe

In der ersten Stufe wird Medium A gewählt, da hier das Verhältnis von Reichweite und Einschaltkosten am größten ist (erreichte Personen pro €).

	Reichweitenzuwachs	Einschaltkosten	Erreichte Personen pro €
Medium A	100.000	10.000 €	10
Medium B	50.000	10.000 €	5
Medium C	250.000	20.000 €	12,5
Medium D	300.000	25.000 €	12

Abbildung 63: Konstruktionsverfahren: 2. Stufe

Medium C wird in der zweiten Stufe gewählt, da hier der Reichweitenzuwachs pro Euro (12,5 Personen pro €) am höchsten ist. Bei einer Budgetgrenze von 35.000 € werden die Medien A und C jeweils einmal belegt und insgesamt 30.000 € verausgabt.

Derartige Konstruktionsverfahren erbringen für die jeweils vorgegebenen Werbeträger auf einfache Weise praktikable Streupläne. Die letztliche Auswahl kann dann wie bei den Bewertungsverfahren nach den dort aufgeführten Zielkriterien erfolgen (vgl. Asimus/Nauwerk 1977, S. 148ff.).

3.2.5   Planung des Kommunikationsbudgets

Um eine zielorientierte Bestimmung des Werbebudgets vornehmen zu können, muss der Zusammenhang zwischen der Zielgröße (Gewinn, Marktanteil, Bekanntheitsgrad, Image, Erstkaufrate etc.) und dem Budget bekannt sein. Dieser Zusammenhang kann im einfachsten Fall durch eine Werbe-Response-Funktion ($Y = f(W)$) modelliert werden, bei der die Zieleraichung nur in Abhängigkeit vom Werbebudget betrachtet wird. Bei realistischer Betrachtungsweise müssten neben dem Werbebudget auch die anderen Marketing-Maßnahmen wie Preis und Distribution sowie die Konkurrenzaktivitäten in die Betrachtung eingeschlossen werden.

In der Literatur werden insbesondere marginalanalytische Modelle in verschiedenen Varianten zur Ermittlung des »optimalen« Werbebudgets ausführlich diskutiert, obgleich sie für die Praxis so gut wie keine Bedeutung besitzen. Auf ihre Darstellung wird daher an dieser Stelle verzichtet (der interessierte Leser sei auf die entsprechende Literatur wie z. B. Schmalen 1992, S. 73ff. verwiesen).

Stattdessen werden im Folgenden praktikable Planungshilfen zur **zielorientierten Werbebudgetierung** behandelt, die zwar nicht auf eine Optimierung abstellen, aber dennoch zu einer Objektivierung der zu fällenden Entscheidungen beitragen. In diesem Zusammenhang ist eine häufig verwendete Zielgröße der Marktanteil in Abhängigkeit alternativer Werbebudgets, da die hierfür erforderlichen Daten sich mehr oder weniger gut durch Marktforschung erheben lassen.

Liegen z. B. bei der Einführung eines neuen Produktes keine Vergangenheitsdaten vor, so kann durch Expertenbefragung die vermutliche Marktanteilswirkung eines niedrigen, normalen bzw. branchenüblichen oder sehr hohen Werbebudgets abgeschätzt werden. Die Wirkung dazwischen liegender Budgets wird durch Interpolation ermittelt (vgl. Little 1977, S. 130ff.). Zwar handelt es sich um subjektive Schätzungen, jedoch kann deren Realitätsnähe erhöht werden, indem man auf Erfahrungen mit vergleichbaren Fällen (z. B. frühere Produkteinführungen in derselben Branche) zurückgreift. Des Weiteren lassen sich im Zeitablauf durch die fortlaufende Kontrolle der interessierenden Größen entsprechende Korrekturen des vermuteten Wirkungsverlaufs vornehmen.

In Branchen, in denen Daten aus Haushalts- oder Handelspanels vorliegen, kann der Zusammenhang zwischen alternativen Werbebudgets und den daraus resultierenden Marktanteilen regressionsanalytisch geschätzt werden. Dies ist insbesondere dann sinnvoll, wenn die anderen Marketing-Maßnahmen wie Produktqualität, Preis oder Distribution nur wenig variiert werden. Des Weiteren können in solchen Analysen auch die Streukosten der Konkurrenz berücksichtigt werden, da im Konsumgüterbereich für die wichtigsten Produktgruppen derartige Daten als Sekundärmaterial vorliegen (z. B. von Nielsen Media Research).

Zur experimentellen Ermittlung der Erstkäuferrate in Abhängigkeit alternativer Werbebudgets bietet sich der lokale Testmarkt in Form des GfK-BehaviorScan an, zumal dort neben Printwerbung auch Fernsehwerbung sowie Verkaufsförderungsmaßnahmen eingesetzt werden können. Das Marktgebiet ist gut abgegrenzt, die Bevölkerungs- und Konsumstruktur ist ausreichend repräsentativ für Deutschland, die örtlichen Tageszeitungen, Supplements, Fernsehzeitschriften, Werbefernsehen und Handzettel sowie Verkaufsförderung im Geschäft können dem vorgesehenen nationalen Medienplan entsprechend eingesetzt werden. Die direkt über das Kabel ansteuerbaren 2.000 Haushalte können u. a. in Experiment- und Kontrollgruppe mit gleichen soziodemographischen Merkmalen und Konsumverhalten gesplittet werden (so genanntes Matching), so dass eine Vorher-Nachher-Messung mit Experiment- und Kontrollgruppe möglich ist (vgl. 2. Kap. Abschn. 2.1.2).

In der folgenden Abbildung wurde die Experimentgruppe aufgrund eines höheren Werbebudgets häufiger kontaktiert als die Kontrollgruppe, so dass die Erstkäuferrate dort entsprechend höher ist. Ein Vergleich des dafür eingesetzten Budgets mit den höheren Erstkäuferraten erlaubt die Überprüfung, ob die Budgeterhöhung wirtschaftlich sinnvoll ist oder nicht.

Statt der datengestützten Bestimmung des Werbebudgets finden sich in der Praxis auch **Heuristiken**, die die Budgethöhe von bestimmten Orientierungsgrößen wie Gewinn, Umsatz, Finanzmittel oder Konkurrenzbudget abhängig machen. Da hier der Zusammenhang zwischen Marketing-Zielen und Budgethöhe letztlich unberücksichtigt bleibt, wird im Folgenden nur die Ziel-Aufgaben-Methode von Kotler dargestellt (vgl. hierzu Kotler/Bliemel 2001, S. 910f.).

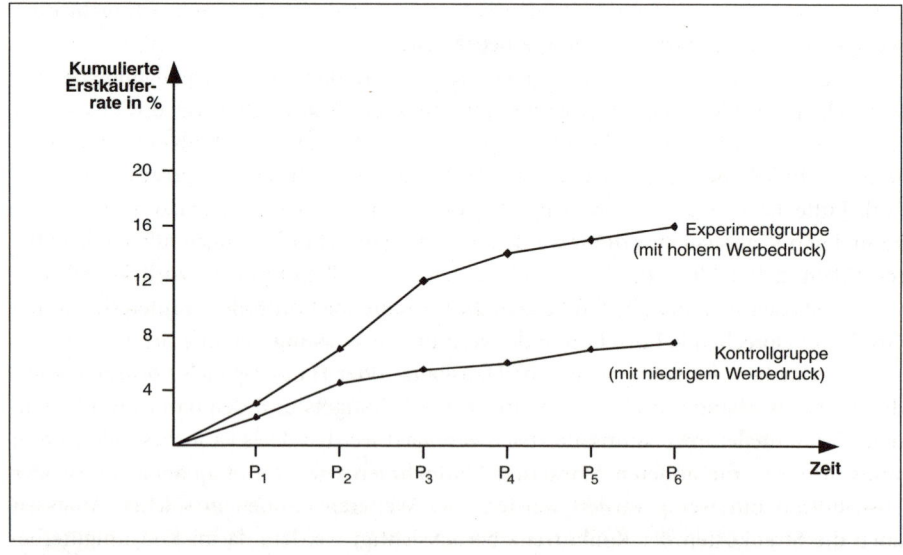

Abbildung 64: Erstkäuferrate in Abhängigkeit vom Werbebudget (Quelle: in Anlehnung an Ruppe 1989, S. 46)

Bei der **Ziel-Aufgaben-Methode** erfolgt die Bestimmung des Werbebudgets aus den Kosten der Aktivitäten, die zur Erreichung eines vorgegebenen Kommunikationsziels erforderlich sind. Der Ablauf stellt sich wie folgt dar:

- Festlegung der angestrebten Werbeziele (z. B. Marktanteil, Erstkäufer, Wieder-käufer, Bekanntheitsgrad etc.).
- Bestimmung der Zielgruppe (z. B. jüngere Hausfrauen mit Kindern).
- Gestaltung der Botschaft (z. B. Werbespot im Fernsehen, Anzeige in Zeitschrift).
- Bestimmung der erwünschten Kontakte mit den Zielpersonen (durchschnittliche Kontaktzahl und GRP).
- Erstellung von Streuplänen (mithilfe von Bewertungs- bzw. Konstruktionsverfahren) und Auswahl des Streuplans, der die erforderlichen durchschnittlichen Kontakte bzw. die GRP bei den niedrigsten Kosten pro Gross Rating Point (CPP) erbringt.
- Die Kosten der Botschaftsgestaltung und des zu realisierenden Streuplans ergeben das erforderliche Werbebudget.

Ein Vorteil dieser Methode liegt in der systematischen Vorgehensweise, bei der sowohl die Ziele, die Maßnahmen und die nötigen Budgets in einen überprüfbaren Zusammenhang gebracht werden. Des Weiteren können auch alternative Zielvorgaben durchgespielt werden, um deren Auswirkungen (z. B. überproportionaler Anstieg des Werbebudgets zur Erreichung weiterer Marktanteilspunkte) im Rahmen der Entscheidungsfindung zu berücksichtigen.

Nach der Festlegung der Budgethöhe ist dessen sachliche, räumliche und zeitliche Verteilung zu bestimmen.

Die **sachliche Aufteilung** des Budgets bezieht sich auf die Verteilung der Werbeausgaben auf die Kommunikationsobjekte. Sie hängt im Wesentlichen von der Bedeutung der Geschäftsfelder bzw. der Marken und den verfolgten Kommunikationszielen ab.

Die **räumliche Verteilung** des Werbebudgets orientiert sich an den regionalen Gegebenheiten, wie z. B. Absatzvolumen, Konkurrenzsituation. Dementsprechend erfolgt eine unterschiedliche Verteilung der Budgets nach Nielsen-Gebieten (z. B. bei unterschiedlichen regionalen Konsumgewohnheiten) und Ballungsräumen (z. B. für Verkaufsförderungsmaßnahmen).

Die **zeitliche Verteilung** des Kommunikationsbudgets richtet sich zunächst nach der Phase des PLZ. Typischerweise werden in der Einführungsphase neuer Produkte hohe Werbeausgaben getätigt, da alle relevanten Medien mit hohen Beleghäufigkeiten eingeschaltet werden. Nach Abschluss der Einführungsphase werden meist nur noch kostengünstigere Medien belegt (z. B. Rundfunk, Print) und kürzere Spots geschaltet. Des Weiteren richtet sich die zeitliche Verteilung des Budgets nach dem Konjunktur- und dem Saisonverlauf der Nachfrage. Erwiesenermaßen orientiert sich die Praxis häufig bei der Budgetfestelegung an den Konjunkturzyklen, indem bei rückläufiger Konjunktur Werbeausgaben reduziert werden. Demgegenüber finden sich zunehmend Branchen, die ausgesprochen antizyklisches Werbeverhalten aufweisen, um sich gegen drohende Umsatzeinbrüche zu wehren. Weiterhin gibt es Branchen, in denen sich die Höhe der Werbeausgaben an der saisonalen Nachfrage orientiert (z. B. Nahrungs- und Genussmittel, Spielwaren, Bekleidung). Allerdings konnten manche Unternehmen durch eine kontinuierliche saisonunabhängige Verteilung der Werbeetats erhebliche Marktanteile erringen (z. B. Mattel Spielwaren, Mövenpick Eiscreme). Ein weiteres vieldiskutiertes Problem ist die Frage, ob man im Rahmen einer Werbekampagne das Budget eher massiv auf einen kurzen Zeitraum der Planungsperiode oder gleichmäßig über die Planungsperiode verteilen sollte. Ein Experiment von Zielske zeigt zwar, dass die Erinnerungswirkung bei gleichmäßiger Verteilung des Budgets am Ende der Periode höher ist (vgl. Zielske 1959, S. 240ff.), doch lässt sich daraus nicht schließen, dass hierdurch auch entsprechende Kaufraten und Marktanteile erzielt werden. So ist es durchaus denkbar, dass der Werbedruck (durchschnittliche Kontaktzahl) bei gleichmäßiger Verteilung zu gering ausfällt, um eine entsprechende ökonomische Werbewirkung zu erreichen.

3.2.6   Prognose des Kommunikationserfolgs

Die Überprüfung des Kommunikationserfolgs kann sich auf die Messung der Werbewirkung von Botschaften, auf die Platzierungswirkung der Botschaft innerhalb eines Mediums, auf die Reichweitenwirkung von Medien bzw. Streuplänen sowie auf die Wirkung unterschiedlicher Kontakthäufigkeiten beziehen.

Die Wirkung von Werbebotschaften kann anhand psychographischer sowie anhand ökonomischer Ziele gemessen werden. Die nachfolgende Abbildung gibt einen Überblick über die wichtigsten Zielgrößen und die zugehörigen Messmethoden (vgl. auch 2. Kapitel Abschn. 3.1.1.4).

Die **Messung der Aktivierung** bzw. von **Emotionen** im Rahmen der apparativen Beobachtung erfasst die mit der Betrachtung von Werbemitteln einhergehenden psy-

	Beobachtung	Befragung
Psychographische Werbewirkungs- kriterien	Blickverlauf als Indikator für Informationsaufnahmeverhalten Hautleitfähigkeit als Indikator für Aktivierung	Slogan- und Markenkenntnis (Recall- oder Recognition- Test) Emotionen Einstellungen Kaufabsicht
Ökonomische Werbewirkungs- kriterien	Erstkauf Wiederkauf Kaufintensität (z.B. BehaviorScan)	Erstkauf Wiederkauf Kaufintensität (z.B. Haushaltpanel)

Abbildung 65: Methoden zur Messung der Werbewirkung

chischen und physischen Prozesse (Hautleitfähigkeit, Herzschlagfrequenz, Blutdruck, hirnelektrische Aktivitäten, Atmungsaktivität, Pupillenerweiterung etc.). Diese Form der Wirkungsmessung ist insbesondere bei emotionaler Werbung und niedrigem Involvement sinnvoll, da es erst ab einem gewissen Aktivierungsniveau zu einer Informationsaufnahme, -verarbeitung und -speicherung kommt.

Die Messung von Emotionen kann auch auf dem Wege der Befragung erfolgen, z. B. durch Zustimmung zu emotionalen Statements, Zuordnung von Bildern, die die Gefühlslage zum Ausdruck bringen, etc. Gegenüber der rein apparativen Messung werden zusätzlich die mit der Botschaft assoziierten Gefühlsinhalte (positive vs. negative Gefühle) erfasst, damit überprüft werden kann, ob der beabsichtigte emotionale Zusatznutzen erreicht wird und ob eine Abhebung gegenüber den Konkurrenzmarken gelungen ist.

Die **Einstellungsmessung** zur Werbeerfolgsprognose bietet sich bei interessierten Adressaten und bei Botschaften an, die sowohl emotionale als auch rationale Appelle beinhalten. Die gebräuchlichste Methode ist das Produktpositionierungsmodell.

Die Erfassung der **Informationsaufnahme** (Wahrnehmung) kann durch die so genannte Blickaufzeichnung erfolgen, bei der dem Betrachter eine Werbeanzeige vorgelegt wird, um mittels einer Augenkamera den Pupillenverlauf aufzuzeichnen. Man unterscheidet dabei die Fixationen und die Saccaden. Bei der Fixation verweilt der Blick länger, und es erfolgt die Aufnahme und Verarbeitung der hierbei betrachteten Botschaftsinhalte. Bei der Saccade verweilt der Blick nur kurz oder gar nicht, und es erfolgt keine Aufnahme und Verarbeitung der dargebotenen Inhalte. Durch diese Art der Werbewirksamkeitsmessung lassen sich im Vorfeld Gestaltungsfehler in der Werbebotschaft verhindern, bspw. dass lediglich stark aktivierende Reize wahrgenommen, andere Botschaftsinhalte wie der Markenname aber ignoriert werden (vgl. Kroeber-Riel/Weinberg 2003, S. 264ff.).

Beim **Recognition-Test** (Wiedererkennungstest) werden den Versuchspersonen z. B. Anzeigen aus einer Zeitschrift vorgelegt, und die Person muss angeben, ob sie die Anzeige betrachtet und welche Teile davon (z. B. Markenname) sie gelesen hat. Problematisch sind hierbei Gefälligkeitsantworten und Verwechslungen, wenn nach der konkreten Zeitschrift gefragt wird, in der die Versuchsperson sie gesehen hat.

Beim **Recall-Test** wird vor allem die Erinnerung an Marken und deren Slogans abgefragt. Beim ungestützten Recall-Test müssen die Versuchspersonen angeben, an welche Marken und Slogans sie sich erinnern. Mitunter bekommen die Versuchspersonen unvollständige Werbemittel als »Gedächtnisstütze« vorgelegt (z. B. Anzeigen in denen der Markenname verdeckt ist.). Bei gestützter Abfrage bekommen die Versuchspersonen Listen von Markennamen vorgelegt und sie müssen angeben, welche ihnen bekannt sind.

Kaufabsichtsnennungen lassen sich durch Skalenfragen ermitteln, z. B. mit den Extremausprägungen »würde ich ganz bestimmt kaufen« und »würde ich ganz bestimmt nicht kaufen«. Die Bedeutung dieser Zielgröße für die Überprüfung der Werbemaßnahmen liegt darin, dass sie letztlich das Resultat der emotionalen und kognitiven Prozesse ist und als guter Indikator des Kaufs gilt.

Zur Durchführung von Werbemittel-Pretests bietet die GfK das Laborexperiment AD*VANTAGE an. Dieses dient der Werbeerfolgsprognose von Fernsehspots, Anzeigen, Rundfunkspots, Kinospots, Plakaten und Internetwerbung. Zur Messung der Werbewirkung von Fernsehspots wird ca. 125 Testpersonen per Video ein $1^1/_2$stündiger Fernsehfilm vorgeführt, wobei das Experiment als Untersuchung zum Fernsehen deklariert wird. Zwischen den Unterhaltungsfilmen werden mehrmals Werbespots gezeigt, unter denen sich auch die zu prüfenden Testspots befinden. Nach Darbietung des Films werden Erinnerung an den Spot und an die Spotinhalte sowie positive Ausstrahlungen des Spots auf die beworbene Marke gemessen. Analog wird die Werbewirkung von Kinospots in einem Kino erfasst, indem die Erinnerungswirkung sowie die Stärken und Schwächen der Gestaltung des getesteten Kinospots erhoben werden. Im Anzeigentest werden die Testanzeigen in drei Publikumszeitschriften integriert (so genannter Foldertest). Eine Experimentgruppe blättert die Zeitschriften durch, wobei mittels einer Augenkamera der Blickverlauf festgehalten wird (als Testzweck wird »die Untersuchung des Leseverhaltens« genannt); eine zweite Experimentgruppe nimmt die Testhefte über das Wochenende mit nach Hause. Anschließend wird die Meinung zu den Testheften, zur Erinnerung an die Anzeige und deren Inhalte, die Markenpräferenz etc. erhoben.

In ähnlicher Weise sind die Laborexperimente zur Prognose der Werbewirkungen von Rundfunkspots und Plakaten sowie von Internetwerbung aufgebaut, wobei stets darauf geachtet wird, dass die Kommunikationssituation möglichst realitätsnah gestaltet wird und der Untersuchungsgegenstand verschleiert ist (vgl. Böhler 2004, S. 55f.).

Die ökonomischen Wirkungen (z. B. Marktanteilswirkungen, Erstkäuferrate) alternativer Botschaftsinhalte, Streupläne und Budgets können durch Beobachtung der Abverkäufe an Scannerkassen bspw. im Rahmen lokaler Testmärkte überprüft werden. Ebenso eignet sich die Befragung als Erhebungsmethode, z. B. im Rahmen von Haushaltspanels, bei denen die Haushalte ihre Einkäufe in Berichtsbögen eintragen.

3.3 Kommunikationspolitische Strategien

Strategische Grundüberlegungen im Rahmen der Kommunikationspolitik betreffen den Aufbau eines USP und die Abstimmung der kommunikativen Maßnahmen durch eine Integrierte Kommunikation.

3.3.1 Unique Selling Proposition (USP)

Beim Aufbau von komparativen Konkurrenzvorteilen (Kostenvorteile, Differenzierungsvorteile oder beides) stehen zunächst die unternehmensinternen Fähigkeiten im Vordergrund. Ein marktlicher Wettbewerbsvorteil liegt jedoch erst dann vor, wenn dieser von den Kunden wahrgenommen wird und wenn die nutzenstiftende Eigenschaft für sie wichtig ist.

Vor allem der Kommunikationspolitik obliegt daher die zentrale Aufgabe, den KKV des Unternehmens den anvisierten Zielgruppen deutlich zu vermitteln. Diese kommunikative Aufgabe wird in der Praxis unter dem Begriff USP diskutiert. Darunter versteht man ein einzigartiges Verkaufsversprechen, mit dem die wichtigen Eigenschaften für die Verbraucher wahrnehmbar transportiert werden (»Positioning in the mind of customer« vgl. Ries/Trout 1986, S. 19). Wie schon im Rahmen der Botschaftsgestaltung ausgeführt, kann sich ein USP eher auf objektiv-sachliche Vorteile, auf die emotionale Differenzierung des Angebots oder auf beide Komponenten beziehen.

Entsprechend den Praxisregeln für den erfolgreichen Aufbau eines USP müssen die folgenden Voraussetzungen erfüllt sein:

- als erster in den Markt (**FIRST**),
- ständige Botschaftswiederholung (**VOICE**),
- kurze und einfache Botschaft (**Keep It Short and Simple: KISS**).

Wie ersichtlich, beziehen sich diese Empfehlungen weniger auf die kommunikative Umsetzung der Kostenführerschaftsstrategie (z. B. Werbung mit Niedrigstpreisen), sondern eher auf die marktliche Profilierung auf der Grundlage von intern aufgebauten Differenzierungsvorteilen (z. B. in Form der Premiummarkenstrategie).

Bei Marktinnovationen wird beim Aufbau eines USP häufig auf technisch-objektive Produktvorteile abgestellt, die durch Me-too-Anbieter relativ schnell eingeholt werden können (z. B. Werbung mit Airbags, ABS). Sinnvoller ist dagegen eine zweigleisige Strategie, bei der neben sachlichen Argumenten zugleich eine emotionale Bindung aufgebaut wird, die durch die Konkurrenzprodukte nicht ohne weiteres imitiert werden kann. Da sich im Verlauf des PLZ die technisch-objektiven Produkteigenschaften angleichen, bleibt letztlich nur noch der emotionale USP als Differenzierungsmerkmal bestehen.

3.3.2 Integrierte Kommunikation

Die integrierte Kommunikation dient der Abstimmung der gesamten internen und externen Aktivitäten eines Unternehmens, mit denen eine Kommunikationswirkung verbunden ist, mit dem Ziel, ein konsistentes Erscheinungsbild sicherzustellen (vgl. Bruhn 2003, S. 75f.; Esch 1998, S. 74f.). Trotz der Informationsüberflutung des Konsumenten sollen auf diese Weise Synergieeffekte zwischen den kommunikativen Maßnahmen erreicht und somit eine überproportional höhere Kommunikationswirkung erzielt werden. Gleichzeitig können Kostensenkungspotenziale durch hohe Wiedererkennungseffekte (Imagetransfer) erschlossen werden.

Zu diesem Zweck sind die Aktivitäten auf allen Unternehmensebenen inhaltlich und formal abzustimmen. Dies beginnt auf der Gesamtunternehmensebene mit der Schaffung des gewünschten Corporate Image und der Gestaltung eines entsprechenden Corporate Design. Über die Geschäftsfelder hinweg ist durch integrierte Kommunikation ein einheitlicher Auftritt zu gewährleisten (z. B. T-Online, T-Mobile etc.). Innerhalb der Geschäftsfelder sind die Positionierung der einzelnen Produkte und für diese wiederum die einzelnen Marketing-Instrumente (Kommunikationspolitik, Ladengestaltung, Packungsgestaltung) zu koordinieren. Auch innerhalb und zwischen den Kommunikationsinstrumenten ist auf die inhaltliche und formale Abstimmung zu achten (z. B. verschiedene Werbespots für T-Mobile und Sponsoring des Teams T-Mobile bei der Tour de France, Banden- und Trikotwerbung sowie Fernsehwerbung bei Sportereignissen).

In Abhängigkeit vom Produktprogramm und der verfolgten Markenstrategie kann sich die Integration auf das gesamte Unternehmen oder auch nur auf einzelne Geschäftsfelder bzw. Produkte beziehen. So kann es bei einer Mehrmarkenstrategie, die sich an unterschiedliche Zielgruppen richtet, durchaus sinnvoll sein, die Kommunikationsmaßnahmen der verschiedenen Marken nicht zu vereinheitlichen.

Die **inhaltliche Integration** bezieht sich auf die thematische Abstimmung durch verbindende Elemente. Hierfür eignen sich einheitliche Slogans (»Wir machen den Weg frei«), Botschaften, Argumente, Schlüsselbilder (Segelyacht), Jingles (»Sail away«) etc. Die **formale Integration** erfolgt durch die Verwendung einheitlicher Markenzeichen, wie z. B. Logos (Telekom-T), Schrifttypen (Mercedes-Schrift) und Farben (Nivea-blau-weiß).

Eine wichtige Voraussetzung für die integrierte Kommunikation ist die weitgehend durchgängige Anwendbarkeit der Integrationsmittel in verschiedenen Medien (Fernseh- und Rundfunk, Printmedien, Packungsgestaltung etc.). Des Weiteren ist darauf zu achten, dass im Zeitablauf eine Kontinuität der Werbeauftritte eingehalten wird, da bei zu häufigem Kampagnenwechsel kaum Erinnerungswirkungen, Einstellungen etc. aufgebaut werden können (vgl. auch Esch 2001, S. 10ff.; Kroeber-Riel/Esch 2004, S. 109f.). Allerdings können hierbei auch negative Wirkungen (»wear-out-Effekte«) auftreten, wenn ein zu geringer Grad an Variation der Botschaft stattfindet. Dies bedeutet, dass Unternehmen in ihrem werblichen Auftritt bei aller Kontinuität hinsichtlich zentraler Gestaltungselemente gewisse Komponenten variieren sollten. Ein gutes Beispiel hierzu sind die wechselnden Motive im Rahmen der »Wir machen den Weg frei«-Kampagnen der Volks- und Raiffeisenbanken.

4   Preispolitik

Die Preispolitik im engeren Sinne dient der Festlegung des vom Kunden zu entrichtenden Leistungsentgelts (Entgelt je Mengeneinheit). In Erweiterung des Leistungsentgelts ist es oft sinnvoll, die gesamten Leistungskosten zu betrachten (z. B. Beschaffungs-, Finanzierungs-, Wartungskosten bei langlebigen Gebrauchsgütern).

4.1   Grundlagen der Preispolitik

4.1.1   Preispolitische Entscheidungen

Die folgende Abbildung gibt einen Überblick über die Entscheidungen im Rahmen der Preispolitik, wobei sich die Ausführungen zunächst auf die Preisermittlung auf

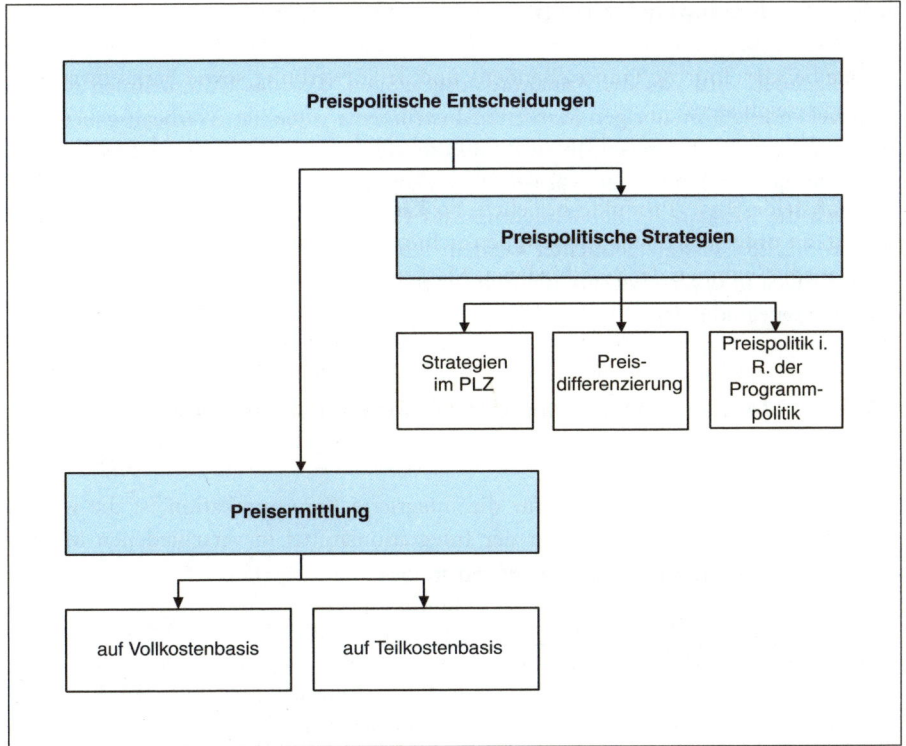

Abbildung 66: Preispolitische Entscheidungen

der Basis von Teil- bzw. Vollkostenrechnungen beziehen. Im Rahmen der **preispoliti-schen Strategien** werden Entscheidungen bezüglich der Preislage bei Markteintritt, der Preisdifferenzierung und der Preisgestaltung bei Verbundeffekten im Leistungs-programm behandelt.

4.1.2 Einflussfaktoren der Preispolitik

Preispolitische Entscheidungen sind im Kontext gesamtwirtschaftlicher (Konjunktur, Inflation etc.), politisch-rechtlicher (UWG, GWB etc.), technologischer (z. B. Internet-Auktionen) und gesellschaftlicher Einflüsse (»hybrider Verbraucher«, »Schnäppchen-jäger« etc.) der Makroumwelt zu treffen.

Reaktionen der Nachfrager, der Konkurrenten und des Handels auf Preisforderun-gen sind Rahmenbedingungen der Mikroumwelt, die bei Preisentscheidungen zu be-achten sind.

Interne Einflussfaktoren der Preispolitik sind vor allem die Unternehmensziele und die verfolgten Strategien, der Produktionstyp (Einzel- vs. Massen- bzw. Serienfer-tigung), die Kapazitäten, die Kosten sowie Verbundbeziehungen im Produktpro-gramm.

4.2   Preisermittlung

Im Folgenden wird von der Annahme ausgegangen, dass das Unternehmen das Gewinnziel verfolgt, die übrigen Marketing-Instrumente (Qualität, Werbeausgaben, Distributionsausgaben) vorgegeben sind und die Wettbewerber auf preispolitische Maßnahmen nicht reagieren. In diesem Fall lässt sich der Preis bestimmen, indem lediglich die **Reaktionen der Abnehmer** auf Preisforderungen (Absatzmengen) und die **Produktionskosten** betrachtet werden. Für den Anbieter wird ein monopolistischer Bereich in der Preisabsatzfunktion unterstellt wie er typischerweise bei Markenartikeln vorzufinden ist.

4.2.1   Informationsgrundlagen für Preisentscheidungen

Informationsgrundlagen für Preisentscheidungen sind vor allem die Reaktion der Nachfrager und die Kostenfunktion.

4.2.1.1   Reaktionen der Nachfrager

Wie bereits in den Abschnitten zu den Marketing-Zielen bzw. zum Konsumentenverhalten erwähnt, lösen Marketing-Maßnahmen – so auch der Preis – psychische Prozesse im Konsumenten aus, die schließlich zu beobachtbarem Verhalten, wie Kauf bzw. Nichtkauf, führen. Daher werden zunächst die individuellen psychischen Prozesse und anschließend die mengenmäßigen Reaktionen aller Nachfrager (so genannte aggregierte Preisabsatzfunktion) betrachtet.

4.2.1.1.1   Psychische Reaktionen

Prinzipiell lassen sich Preisdarbietungen rational (z. B. die Preisschilder in einem Juweliergeschäft) oder emotional (z. B. große durchgestrichene Preise, Preisbrechersymbole) gestalten.

Rationale Informationen über den Preis bieten sich an, wenn der Preis im Kaufentscheidungsprozess im Vordergrund steht bzw. wenn bei Käufern von Luxusgütern der Eindruck des »Marktschreiers« vermieden werden soll (zu den einzelnen psychischen Prozessen vgl. Diller 2000, S. 105f.).

Emotionale Prozesse werden jedoch zumeist nicht nur durch die reine Preisdarbietung, sondern durch begleitende Kommunikations- und Verkaufsförderungsmaßnahmen verstärkt. Dabei werden die Preise oftmals nicht explizit genannt und stattdessen eine Positionierung als »Billiganbieter« angestrebt (»Wir können nur billig«). Emotionale Prozesse können beim Abnehmer auch durch Preisauszeichnungen, Sterne, Blitze, Sonderangebote etc. ausgelöst werden und im Glauben an die Preiswürdigkeit des Angebots zu Impulskäufen führen. Letztendlich erfolgt hierbei die Steuerung des Konsumenten durch Indikatoren der Preisgünstigkeit, ohne dass bei ihm eine rationale Beurteilung des Preis-Leistungs-Verhältnisses erfolgt. Ähnliche Wirkungen können durch emotionale Einkaufserlebnisse, d. h. die Art der Warendarbietung (z. B. Wühltische und sparsame Ladengestaltung gegenüber einem edlen Ambiente), durch Preisgegenüberstellungen (z. B. unverbindliche Preisempfehlungen des Herstellers gegenüber dem Angebotspreis des Händlers) sowie durch Sonderverkaufsaktionen oder Internet-Auktionen erzielt werden. Preispolitische Maßnahmen können auch entsprechende Motive des Schnäppchenjägers ansprechen, bspw. indem auf eine dauerhafte Niedrigpreisstrategie bei bestimmten Geschäften bzw. Handelsmarken hingewiesen wird (»TIP: Toll im Preis«, »gut und günstig«).

Zur Steuerung der Preisurteile von involvierten Abnehmern ist es erforderlich, die relevanten Nutzenerwartungen anzusprechen, indem die Leistungsattraktivität eines Angebots sowie die Leistungskosten betont werden. Hierbei wird der Käufer animiert, verschiedene Angebote zu vergleichen und nach einem rationalen Kalkül seine Entscheidung zu treffen. Die »First-Choice-Regel« unterstellt diesbezüglich, dass der Konsument das Angebot mit dem höchsten Gesamtnutzen wählt. Eine andere Möglichkeit zur Erklärung des Kaufverhaltens besteht in der Anwendung einer Auswahlregel, bei der das Angebot mit dem günstigsten Preis-Leistungs-Verhältnis gewählt wird (vgl. auch Nieschlag/Dichtl/Hörschgen 1985, S. 275ff.).

Unter der Annahme, dass der Verbraucher alle relevanten Leistungskosten einerseits sowie alle positiven Aspekte der Leistungsattraktivität andererseits zu jeweils einer Dimension verdichtet, lautet die Entscheidungsregel: Wähle das Produkt, für das gilt:

$$\tan\alpha = \frac{\text{Leistungskosten}}{\text{Leistungsattraktivität}} = \text{Min!}$$

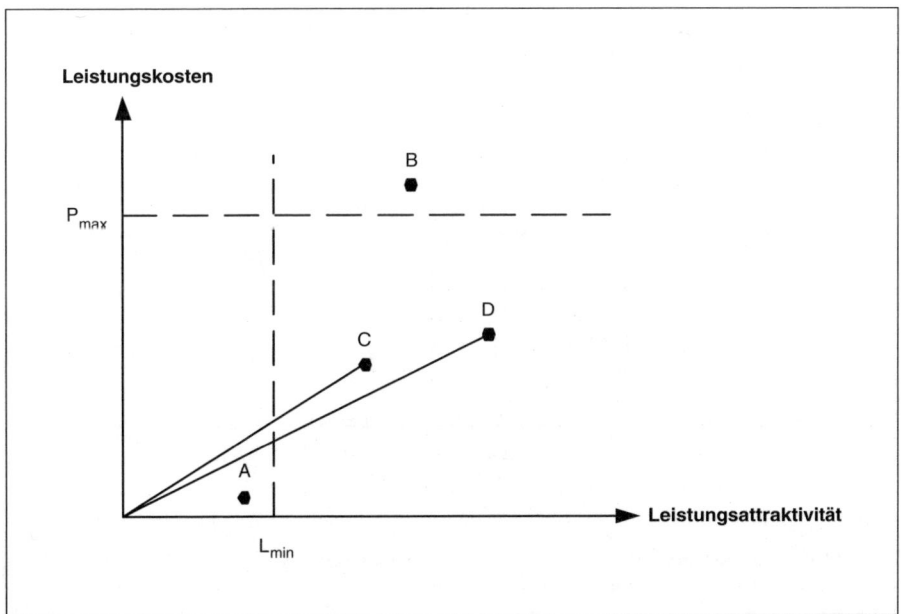

Abbildung 67: Auswahlregel bei Gütern mit unterschiedlichen Preis-Leistungs-Verhältnissen (Quelle: in Anlehnung an Nieschlag/Dichtl/Hörschgen 1985, S. 275)

Da Verbraucher in der Regel ihre Auswahl auf eine begrenzte Anzahl von Marken beschränken (so genanntes »relevant set«), weil einige von ihnen zu teuer sind (Marke
B) bzw. ihren Qualitätsansprüchen nicht genügen (Marke A), beschränkt sich die Bewertung nach der tanα-Regel in obigem Beispiel auf die Marken C und D. Letztlich
wird Marke D gewählt, da sie das beste Preis-Leistungs-Verhältnis aufweist.

4.2.1.1.2 Preisabsatzfunktionen (PAF)

PAF bilden den Zusammenhang zwischen der Höhe der Preisforderung und der damit einhergehenden Absatzmenge ab. Bei **aggregierten** PAF wird die Absatzmenge
bei einer größeren Zahl von Abnehmern erfasst. Ohne im Weiteren auf die mathema-
tischen Modelle der Preisabsatzfunktionen im Monopol- und Konkurrenzfall sowie
auf ihre Verlaufsformen (linear vs. nicht-linear) einzugehen (vgl. exemplarisch Simon
1992, S. 162ff.), werden im Folgenden die in der Praxis gebräuchlichen empirischen
Methoden zur Schätzung konkreter PAF aufgezeigt. Die dabei gewonnenen Erkennt-

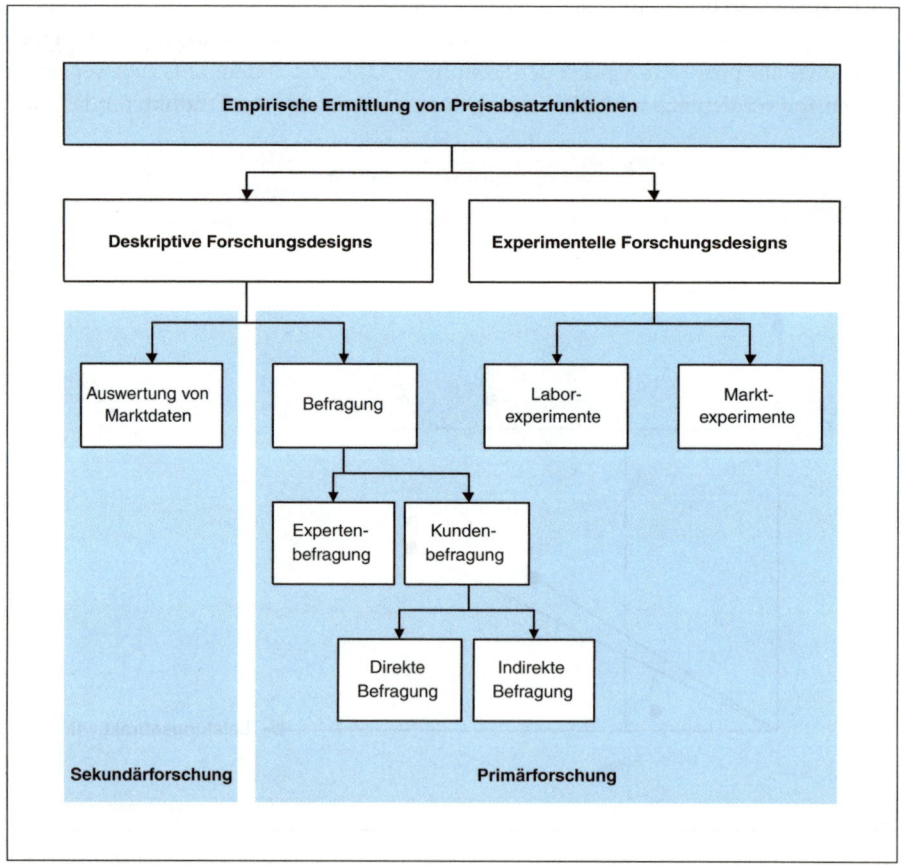

Abbildung 68: Empirische Ermittlung von PAF

nisse erlauben es, zusammen mit Kosteninformationen, unter Verfolgung des Gewinn-
ziels den entsprechenden Preis festzulegen.

Bei den nachfolgend behandelten Verfahren ist zu beachten, dass die Preise nur in
einem engen realistischen Bereich variiert werden, denn niemand käme bei praktischen Fragestellungen auf die Idee, den Prohibitivpreis, d. h. den Höchstpreis bei
einer Absatzmenge von Null, oder die Sättigungsmenge zu ermitteln, bei der das Produkt kostenlos angeboten wird.

Die Schätzung der PAF aus **Marktdaten** erfolgt durch Regressionsanalyse, wobei
z. B. bei Handelspanels die Preise und Absatzmengen einer Teilauswahl von Handels-
geschäften im Berichtszeitraum ermittelt und zur Schätzung der PAF herangezogen
werden.

Da in vielen Branchen die Absatzmengen von saisonalen oder konjunkturellen
Einflüssen betroffen sind, verwendet man in der Regel den Marktanteil bzw. den Absatzanteil (vgl. Abb. 69) als abhängige Variable. Als unabhängige Variable werden oft
nicht die absoluten Preise, sondern die Preisdifferenz der eigenen Marke im Vergleich
zur Konkurrenzmarke im jeweiligen Geschäft herangezogen. Aus den Daten über die
Preisdifferenzen und die jeweiligen Absatzanteile lässt sich dann statistisch eine PAF
schätzen. Der Absatzanteil der Marke A errechnet sich aus:

$$\text{Absatzanteil Marke A} = \frac{\text{Absatz Marke A}}{\text{Absatz Marke A} + \text{B}}$$

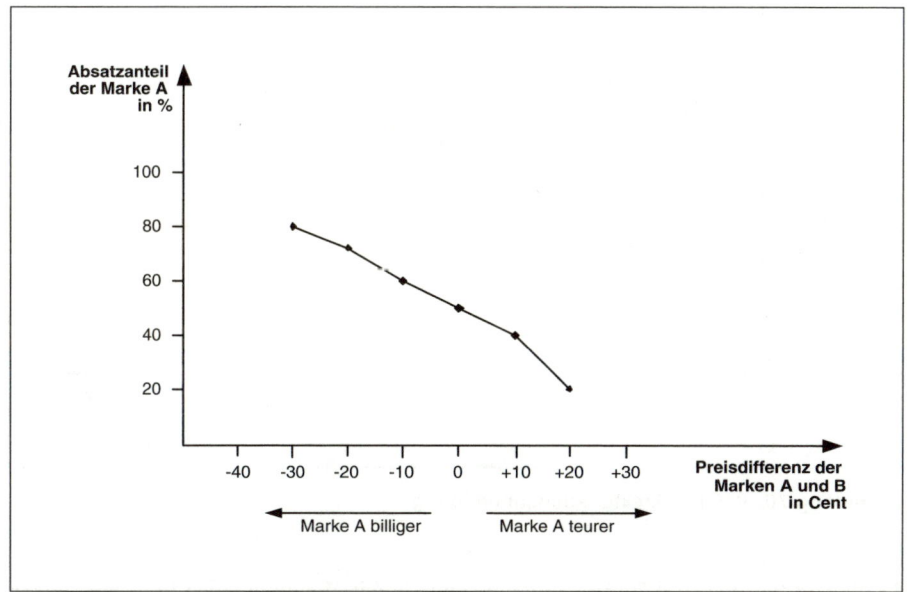

Abbildung 69: PAKOM (Quelle: Böhler 1992, S. 73)

Bei dieser Analysemethode werden die Einflüsse anderer Marketing-Instrumente nicht
betrachtet, weshalb es zu einer hohen Streuung der Absatzmengen bei den jeweiligen

Preisen kommen kann. Recht gute Schätzungen sind allerdings auf der Basis von Scannerpanels möglich, wobei gleichzeitig weitere Marketing-Maßnahmen (z. B. Verkaufsförderung, Sonderaktionen der Konkurrenz) berücksichtigt werden können.

Expertenbefragungen kommen dann zur Anwendung, wenn keine Marktdaten vorhanden sind. Sie sind u. a. bei Innovationen sinnvoll, da hier Endverbraucher kaum Angaben zu ihrer Preisbereitschaft machen können. Einem Expertengremium wird hierbei die Aufgabe gestellt, die jeweiligen Absatzmengen bei einem Maximal-, einem Minimal- und einem Durchschnittspreis zu schätzen (vgl. Simon 1998, S. 36ff.). Erfahrungen zeigen, dass Vertriebsmitarbeiter dazu neigen, die Absatzmengen bei niedrigen Preisen zu über- und bei höheren Preisen zu unterschätzen. Daher ist im späteren Verlauf eine Überprüfung der tatsächlichen Mengen und Preise notwendig, um dann etwaige Korrekturen hinsichtlich der Schätzungen und der preispolitischen Maßnahmen vorzunehmen.

Bei Kundenbefragungen ist zwischen direkter und indirekter Befragung zu unterscheiden. Bei direkter Kundenbefragung werden die Auskunftspersonen zumeist gebeten, ihre maximale Zahlungsbereitschaft für ein bestimmtes Angebot (z. B. maximal 1.300 € bei einem Notebook mit 2,4 GHhz Prozessor) zu nennen.

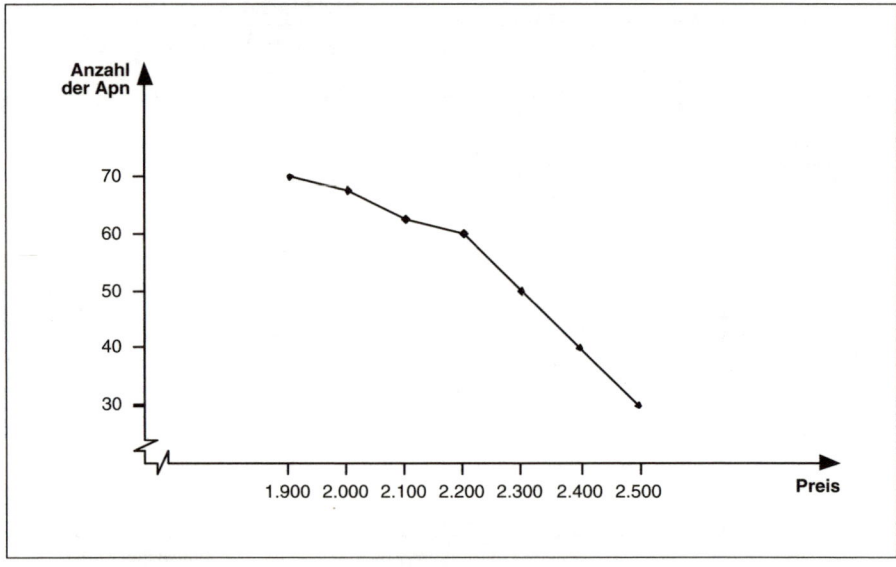

Abbildung 70: PAF bei direkter Kundenbefragung

In obigem Beispiel sind 70 Auskunftspersonen bereit, maximal einen Preis von 1900 € zu bezahlen, bei einem Maximalpreis von 2500 € sind es nur noch 30 Auskunftspersonen. Das Verfahren ist zwar einfach, schnell und kostengünstig, der Preis wird allerdings als wichtige Produkteigenschaft zu sehr in den Vordergrund gerückt, wodurch die Preiselastizität zu hoch eingeschätzt wird.

Bei indirekter Befragung werden, wie schon bei der Überprüfung von Produktkonzepten im Rahmen der Produktentwicklung dargelegt, alle relevanten Produkteigenschaften einschließlich der interessierenden Preisalternativen dem Verbraucher vorgelegt (vgl. 3. Kap. Abschn. 2.2.3.3). Um die PAF für ein Konzept (z. B. ein PKW mit 240 km/h Höchstgeschwindigkeit und 12 l Verbrauch) abzuleiten, wird unter Konstantsetzung der übrigen Eigenschaftsausprägungen der Preis variiert (z. B. 25.000 €; 30.000 €; 35.000 €) und der entsprechende Gesamtnutzen ermittelt. Entsprechend der »First-Choice-Regel« wird unterstellt, dass dasjenige Konzept mit dem höchsten Gesamtnutzen gekauft wird. Für jede Preisforderung wird daher der Anteil der Auskunftspersonen ermittelt, die das entsprechende Konzept als nutzenmaximal empfinden. Aus diesen Preis-Mengen-Kombinationen kann die Preisabsatzfunktion geschätzt werden.

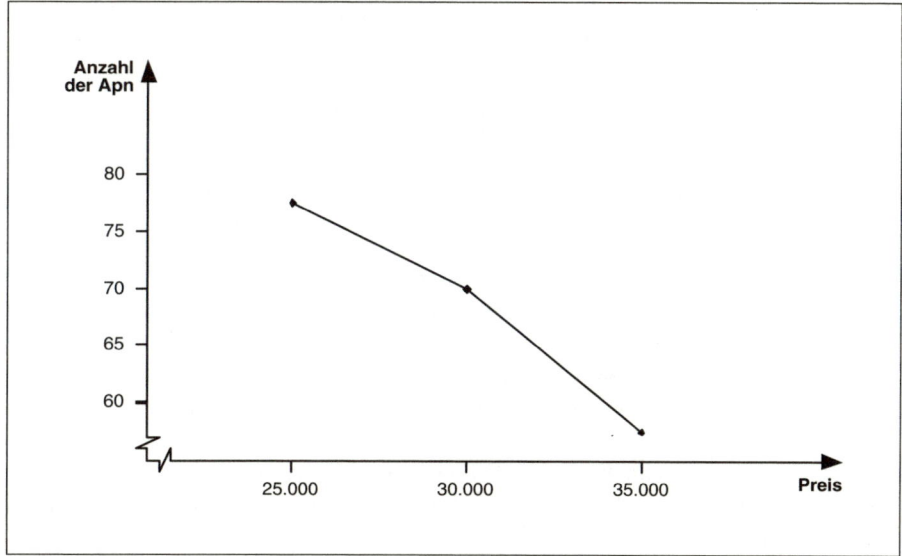

Abbildung 71: PAF bei indirekter Kundenbefragung

Der Vorteil dieses Verfahrens liegt darin, dass die einseitige Fixierung auf den Preis zum Teil vermieden wird, allerdings wird dies mit Schwierigkeiten hinsichtlich der Festlegung der relevanten Produkteigenschaften und deren Ausprägungen sowie mit einer Überforderung der Auskunftspersonen bei einer größeren Anzahl von Alternativen erkauft.

In Preisexperimenten wird die Wirkung alternativer Preise anhand der Einkäufe der Experimentteilnehmer erfasst (vgl. hierzu Böhler 2004, S. 55ff.). Um z. B. die Wirkung einer Preisänderung auf den Absatz eines Fruchtsaftgetränks im Labor zu überprüfen, werden die Versuchspersonen mit einem vorher ausgehändigten Geldbetrag in einen eigens dafür hergerichteten Verkaufsraum geführt. In diesem befinden sich auf einem Regal die mit dem neuen Preis ausgezeichnete Marke sowie die Konkurrenzmar-

ken. Jede Versuchsperson wird aufgefordert, die Marke zu kaufen, die ihr am besten ge-
fällt. Das restliche Geld sowie die gewählte Marke darf sie behalten. Die Kontrollgruppe
hat die gleiche Aufgabe, wobei hier die Marke zum alten Preis angeboten wird. Zwar
sind die Kosten gegenüber Marktexperimenten geringer, jedoch ist aufgrund der künstlichen Situation ein »Testeffekt« zu befürchten, d. h. möglicherweise verhalten sich die
Auskunftspersonen preisbewusster als bei realen Einkaufssituationen.

Auch bei Marktexperimenten, wie z. B. beim Store-Test, lassen sich die Wirkungen
verschiedener Preise abschätzen. Zu diesem Zweck wird das Experiment in einer Teilauswahl von Einzelhandelsgeschäften realisiert. Die Ergebnisse (Umsatz, Absatzmenge, Marktanteil, Substitutionseffekte im Sortiment) werden durch Scannerkassen bzw.
per Inventur durch Mitarbeiter des Instituts erfasst. Zudem können als zusätzliche Daten Zielgruppenmerkmale der Käufer, Erst- und Wiederkaufrate, Einkaufsintensität
und Einkaufshäufigkeit erhoben werden. Vorteilhaft sind die natürliche Kaufsituation,
die kurzen Erhebungsintervalle und die Berücksichtigung der Preise der Konkurrenzmarken. Dem stehen die relativ hohen Kosten von Marktexperimenten gegenüber.

Zur Preisbestimmung sind neben der Berücksichtigung der Nachfrage die mit alternativen Ausbringungsmengen einhergehenden Kosten zu schätzen.

4.2.1.2   Kostenfunktionen

Kostenfunktionen bilden den Zusammenhang zwischen der produzierten und zugleich abgesetzten Menge und den daraus resultierenden Kosten ab. Dabei unterscheidet man zwischen **Fixkosten**, die nicht mit der Ausbringungsmange variieren (z. B.
FuE, Verwaltung, Einführungswerbung) und **variablen Kosten** (z. B. Material und
Energieverbrauch pro Produkteinheit), die mit steigender Ausbringungsmenge zuneh-
men. Die **Gesamtkosten** bei einer gegebenen Produktionsmenge ergeben sich aus der
Summe der variablen und der fixen Kosten. Des Weiteren spielen für die Preisermittlung die **Grenzkosten** eine Rolle. Hierbei handelt es sich rechnerisch um die Kostener-
höhung einer infinitesimalen Erhöhung der Produktionsmenge (so genannte marginalanalytische Betrachtung).

Grenzkosten: $$K'(x) = \frac{dK}{dx}$$

Graphisch ergeben sich die Grenzkosten als Steigung der Kostenkurve bei der jeweiligen Absatzmenge.

Die in der Praxis am häufigsten vorkommenden Fälle sind der lineare und der degressiv ansteigende Gesamtkostenverlauf (vgl. Wied-Nebbeling 1985, S. 140).

Für den **linearen Verlauf** gilt:

Gesamtkosten: $\qquad K = K_F + k_v \cdot x$

Fixkosten: $\qquad K_F$

Variable Kosten: $\qquad k_v \cdot x$

Variable Stückkosten: $\qquad k_V = \frac{k_v \cdot x}{x}$

Grenzkosten = variable Stückkosten: $K'(x) = \dfrac{dK}{dx} = k_V$

Durchschnittskosten = gesamte Stückkosten: $\dfrac{K}{x} = k$

Die Gesamtkostenfunktion hat daher den in Abb. 72 aufgezeigten Verlauf.

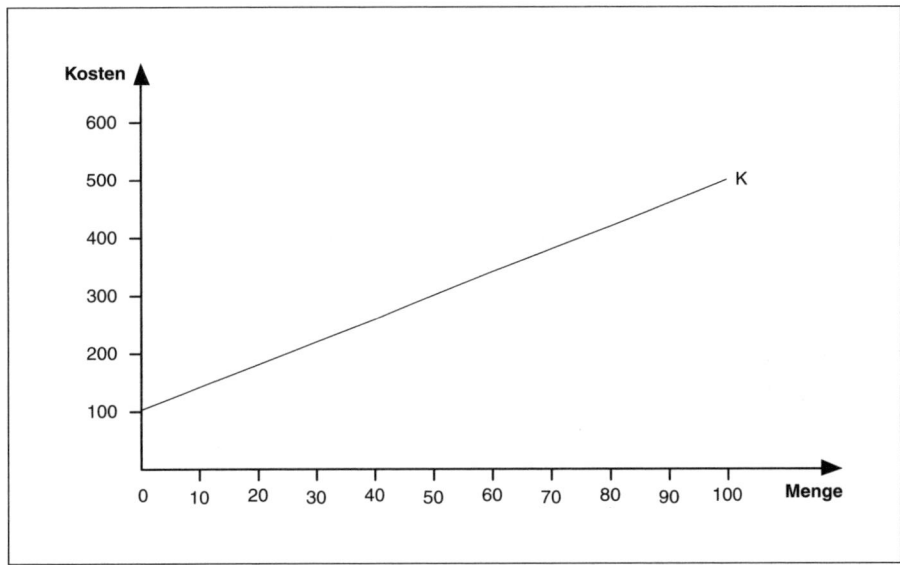

Abbildung 72: Gesamtkostenfunktion bei linearem Verlauf

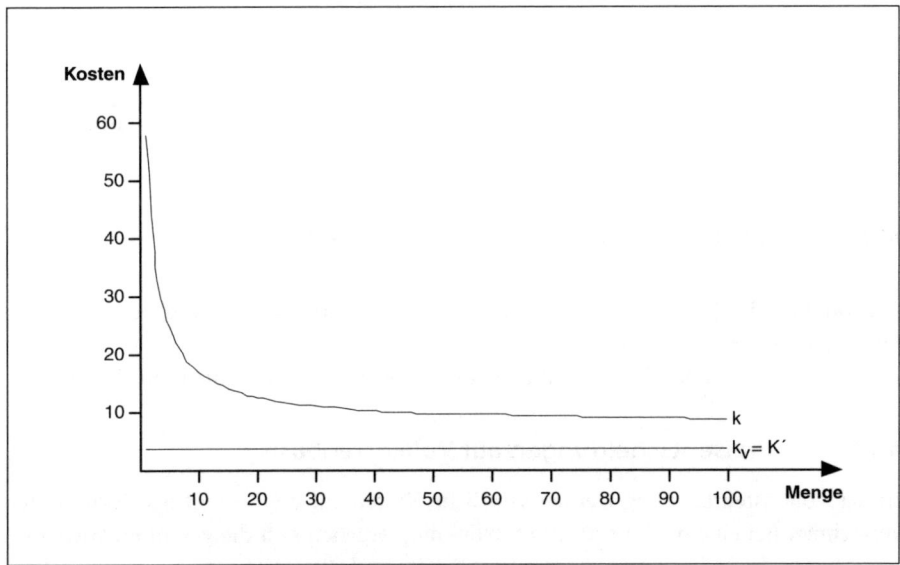

Abbildung 73: Kostenfunktionen bei linearem Verlauf

Für die Durchschnittskosten und die variablen Stückkosten ist der Verlauf in Abb. 73 aufgezeigt.

Analog gilt für den **degressiv ansteigenden Verlauf**:

Gesamtkosten:	$K = K_F + a \cdot x^b$ (mit $o < b < 1$)
Fixkosten:	K_F
Variable Kosten:	$a \cdot x^b$
Variable Stückkosten:	$\dfrac{a \cdot x^b}{x} = a \cdot x^{b-1} = k_V$
Grenzkosten:	$K'(x) = \dfrac{dK}{dx} = b \cdot a \cdot x^{b-1}$

Die Gesamtkostenfunktion hat den in Abb. 74 aufgezeigten Verlauf.

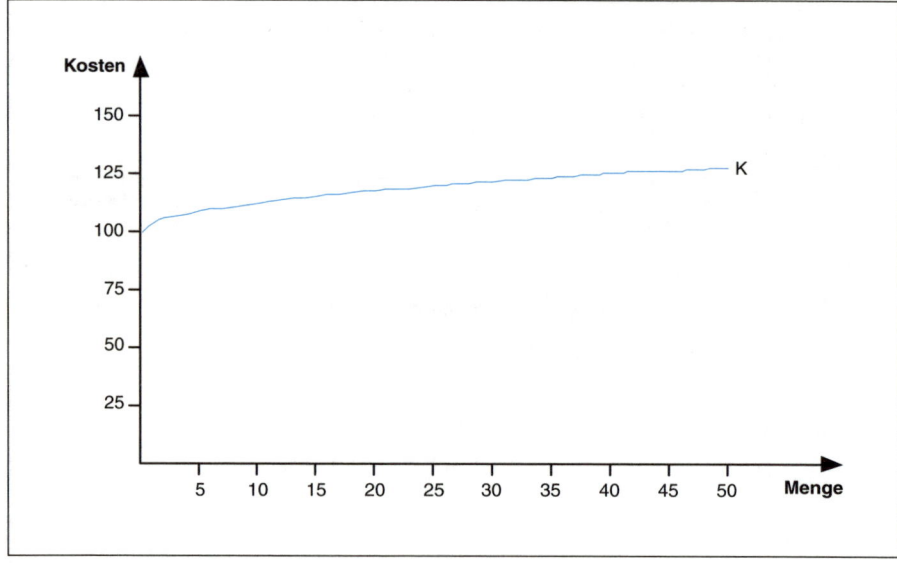

Abbildung 74: Gesamtkostenfunktion bei degressivem Verlauf

Die Verläufe der Durchschnittskosten, der variablen Stückkosten und der Grenzkosten zeigt Abb. 75.

Im Folgenden wird der Einfachheit halber der lineare Kostenverlauf zugrunde gelegt.

4.2.2 Preisentscheidungen auf Vollkostenbasis

In der Vollkostenrechnung werden sämtliche Kosten auf die Kostenträger (Produkte) verrechnet. Bei einem **Einproduktunternehmen** ergeben sich die gesamten Stückkosten (Durchschnittskosten) dadurch, dass die Gesamtkosten K durch die Menge x dividiert wird (Divisionskalkulation).

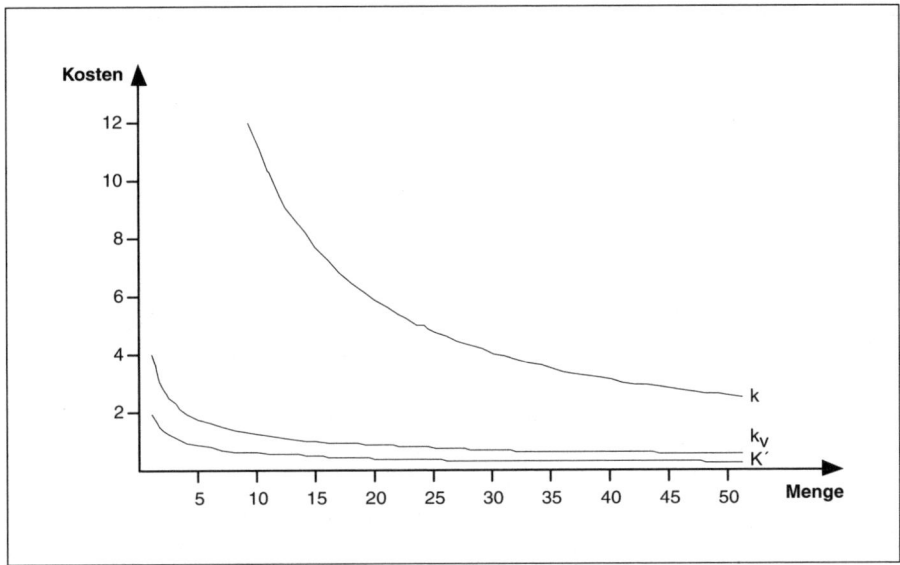

Abbildung 75: Kostenfunktionen bei degressivem Verlauf

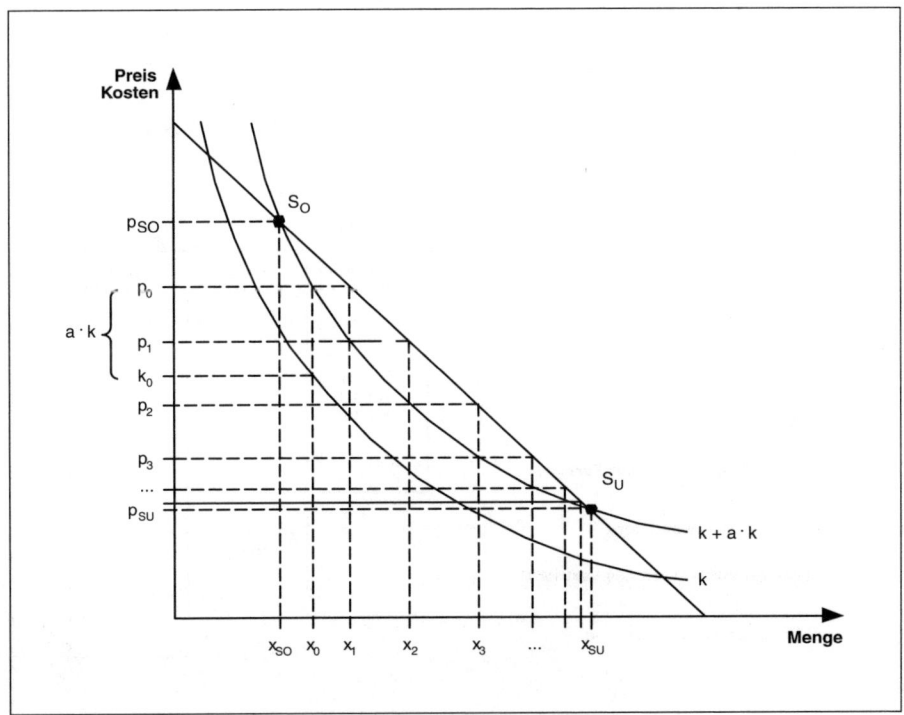

Abbildung 76: Preispolitik auf Basis der Durchschnittskosten

Im Folgenden wird die Annahme zugrunde gelegt, dass dem Anbieter die PAF und damit der funktionale Zusammenhang zwischen Preis und Menge unbekannt ist. Allerdings besitzt er eine Vorstellung über die Höhe der Stückkosten (k(x)) in den einzelnen Perioden, so dass er unter Zugrundelegung einer bestimmten, vermeintlich absetzbaren Menge den Preis ermitteln kann.

Der Preis ergibt sich bei Vollkostenrechnung aus den Stückkosten und einem Gewinnaufschlag:

$$p = k(x) + a\dot{k}(x) = (1 + a) \cdot k(x)$$

Nimmt der »Vollkostenrechner« bei seiner Kalkulation die absetzbare Menge in Höhe von x_0 an, so folgt daraus der Preis p_0, wodurch sich jedoch die Absatzmenge x_1 ergibt. In der nächsten Periode legt der Kostenrechner die Menge x_1 zugrunde, wodurch sich der Preis p_1 und die Absatzmenge x_2 ergibt usf. Die Preisanpassungsprozesse bewegen sich somit in Richtung des Gleichgewichts S_U mit dem Preis p_{SU} und x_{SU}.

Schätzt der »Vollkostenrechner« jedoch eine Menge kleiner x_{SO}, so wird ein Preis ermittelt, bei dem die tatsächlich abgesetzte Menge geringer ist als geschätzt. In der nächsten Periode wird folglich ein noch höherer Preis verlangt und das Unternehmen kalkuliert sich sukzessive aus dem Markt.

Bei **Mehrproduktunternehmen** kommt erschwerend hinzu, dass die Fixkosten mehr oder weniger willkürlich den einzelnen Produkten zugeschlüsselt werden. Zudem wird die Zahlungsbereitschaft der Abnehmer bei der Preisfindung überhaupt nicht berücksichtigt, denn diese ist abhängig von der wahrgenommenen Nutzenstiftung des Produktes und nicht von der Kostensituation des Unternehmens.

Eine Orientierung an den vollen Kosten im Zuge der Preisermittlung findet sich oftmals bei auftragsabhängiger **Einzelfertigung**, bei der spezielle auf einzelne Kunden

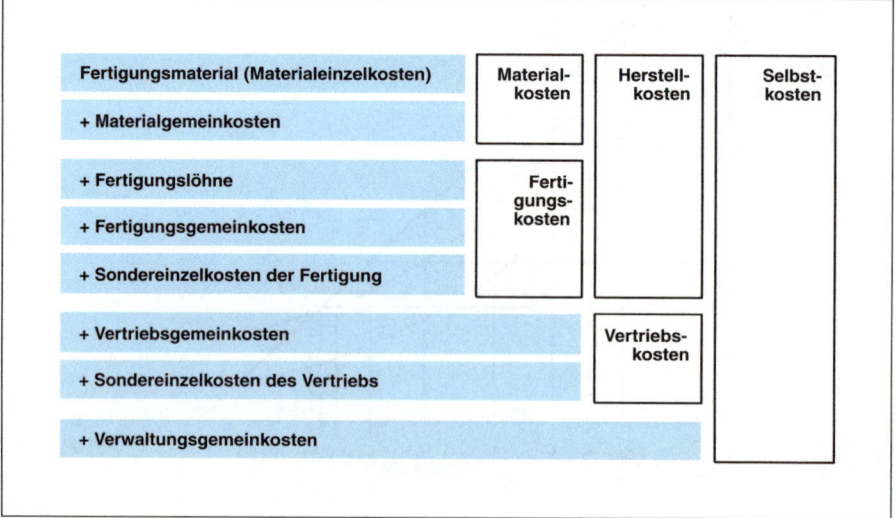

Abbildung 77: Preisermittlung durch Zuschlagskalkulation

zugeschnittene Absatzobjekte (wie z. B. Rüstungsgüter, Anlagen, Gebäude etc.) hergestellt werden, für die meist keine Marktpreise existieren.

Hierbei erfolgt eine Vollkostenrechung nach dem Prinzip der Zuschlagskalkulation (schrittweise Gemeinkostenverrechnung; vgl. Abb. 77).

Eine besondere Form der Vollkostenrechnung bei Neuprodukten ist das Target
Costing (vgl. 3. Kap. Abschn. 2.2.3.4), bei dem, ausgehend vom erzielbaren Marktpreis, die Gewinnspanne abgezogen wird, um die zulässigen Gesamtzielkosten des zu
entwickelnden Produktes festzulegen. Insofern erfolgt hier eine gleichzeitige Kosten-
und Marktorientierung.

4.2.3   Preisentscheidungen auf Teilkostenbasis

Aufgrund der darlegten Schwächen der Vollkostenrechnung verzichtet die Teilkostenrechnung auf die Gemeinkostenverrechnung. Es werden zunächst nur die direkt mit
der Menge variierenden Kosten k_v betrachtet (Prinzip der Teilkostenrechnung bzw.
hier des **Direct Costing**), d. h. es erfolgt eine Aufteilung in fixe und variable Kosten:

Gesamtkosten: $$K = K_F + k_v \cdot x$$

Erlöse: $$E = p \cdot x$$

Die Gewinnmaximierungsbedingung ergibt sich aus der Gleichsetzung der Grenzerlö-
se E'(x) und der Grenzkosten K'(x). Aus der Gewinnmaximierungsbedingung

$$G = E - K \to \max!$$

folgt:

$$G'(x) = 0 \to E'(x) = K'(x)$$

Bei einer linearen Preisabsatzfunktion mit dem Verlauf

$$p = a - bx$$

folgt für den Erlös

$$E = p \cdot x = ax - bx^2$$

und den Grenzerlös

$$E'(x) = a - 2bx$$

Bei linearer Kostenfunktion gilt für die Grenzkosten

$$K'(x) = k_v$$

Für E'(x) = K'(x) gilt somit

$$a - 2bx = k_v$$

Die gewinnmaximale Menge ist

$$x = \frac{(a - k_v)}{2b}$$

und der gewinnmaximale Preis

$$p = \frac{(a + k_v)}{2}$$

Das Direct Costing führt mit seiner Betrachtungsweise zum gleichen Ergebnis wie die marginalanalytische Betrachtung, denn aus

$$G = E - K = p \cdot x - K_F - k_v \cdot x$$

ergibt sich

$$G = (p - k_v) \cdot x - K_F$$

Dabei ist $(p - k_v)$ der **Stückdeckungsbeitrag (Deckungsspanne)** und $(p - k_v) \cdot x$ der **Gesamtdeckungsbeitrag.**

Sind die Fixkosten bei allen betrachteten Mengen konstant (d. h. Unterauslastung der Kapazität), führt die Maximierung von $(p - k_v) \cdot x$ zugleich zur Optimierung des Gesamtergebnisses. Die Handlungsprämisse des Direct Costing lautet also:

$$(p - k_v) \cdot x \rightarrow \text{max!}$$

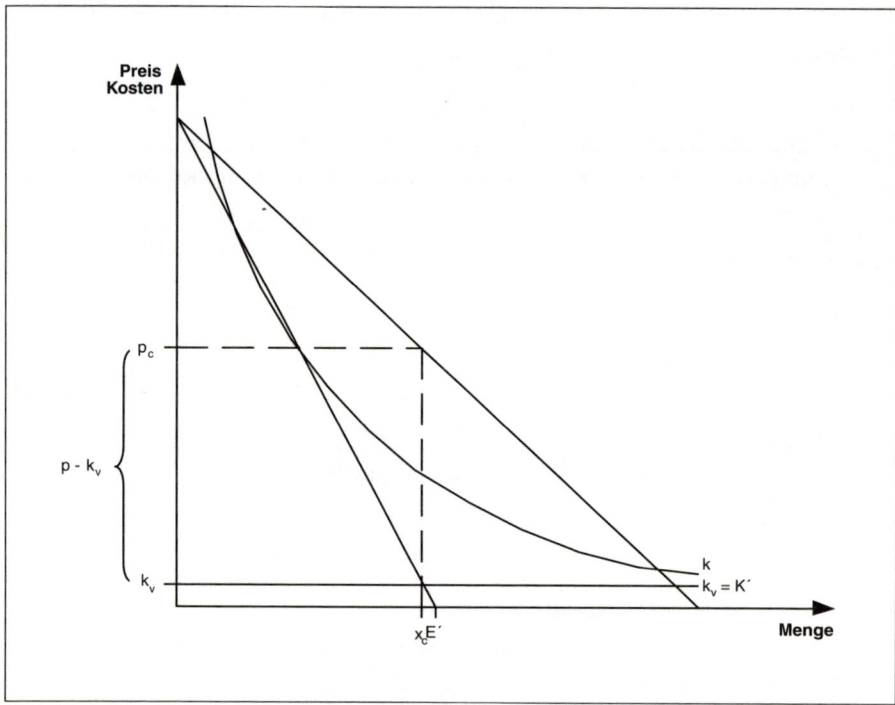

Abbildung 78: Zusammenhang zwischen Deckungsbeitrags- und Gewinnmaximierung

In diesem Fall folgt der maximale Gesamtdeckungsbeitrag aus

$$(p_c - k_v) \cdot x_c,$$

wobei p_c und x_c die gewinnmaximale Preis-Mengen-Kombination darstellt.

Beispiel:

In einem Testgeschäft wurden folgende Preise für ein Luxusparfum gesetzt:

$$p_1 = 60 \text{ €}; p_2 = 52 \text{ €}; p_3 = 40 \text{ €}$$

Hierbei ergaben sich die abverkauften Mengen:

$$x_1 = 10; x_2 = 12; x_3 = 15$$

Bei variablen Stückkosten von

$$k_V = 4 \text{ €}$$

folgen nach $(p - k_v) \cdot x$ die Gesamtdeckungsbeiträge

$$\text{bei } p_1; x_1 = 560 \text{ €}$$

$$\text{bei } p_2; x_2 = 576 \text{ €}$$

$$\text{bei } p_3; x_3 = 540 \text{ €}$$

Mithin ergibt sich bei einem Preis von 52 € und der Absatzmenge von 12 Einheiten der maximale Gesamtdeckungsbeitrag, der in diesem Beispiel zugleich auch mit dem Gewinnmaximum identisch ist. Dass die Deckungsbeitragsrechnung zum gleichen Ergebnis wie die Marginalanalyse (Cornout-Preis) führt, zeigt, dass im obigen Beispiel eine PAF von $p = 100 - 4x$ zugrunde gelegt wurde, deren Verlauf dem Entscheidungsträger allerdings nicht bekannt ist. Danach kann die gewinnmaximale Menge nach der Formel

$$x_c = \frac{(a - k_v)}{2b} = \frac{(100 - 4)}{8} = 12$$

ermittelt werden. Aus

$$p = 100 - 4 \cdot x = 100 - 48$$

ergibt sich der gewinnmaximale Preis $p_c = 52 \text{ €}$, d. h. derselbe Preis wie bei der Deckungsbeitragsrechnung.

In der gängigen Literatur zur Teilkostenrechnung findet man häufig die Kritik, dass das Direct Costing bekannte Preise voraussetze. Dies trifft insofern nicht zu, als potenzielle Preis-Mengen-Kombinationen durchgespielt und daraus der gewinnmaximale Preis ermittelt wird. Im Übrigen müssen auch bei Vollkostenrechnung die mit den Preisen einhergehenden Absatzmengen bekannt sein, da sonst eine fehlerhafte Verrechnung der Fixkosten erfolgt.

Ein weiterer geäußerter Kritikpunkt bezieht sich darauf, dass das Direct Costing zu einer Niedrigpreispolitik führe, da die Fixkosten vernachlässigt würden. Auch dieser Einwand geht an der Sache vorbei, denn nach der Ermittlung des Gesamtdeckungsbeitrages sind selbstverständlich die Fixkosten zu berücksichtigen, um das Nettoergebnis zu ermitteln. Wenn in obigem Beispiel die Fixkosten 300 € beitragen, so folgt für p_1 ein Gewinn von 260 €, für p_2 ein Gewinn von 276 € und für p_3 ein Gewinn von 240 €.

Falls der Gesamtdeckungsbeitrag kleiner als die Fixkosten ist, lässt sich der entstehende Verlust nicht durch preispolitische Maßnahmen (z. B. höhere oder niedrigere Preise) beseitigen. Vielmehr ist die Nachfrage durch Einsatz nicht-preislicher Marketing-Maßnahmen (z. B. Produktverbesserungen, Werbung und Service) zu erhöhen oder die Kosten sind durch Rationalisierungsmaßnahmen zu senken.

4.3   Preispolitische Strategien

4.3.1   Preisstrategien im PLZ

Eine wichtige Entscheidung bezieht sich auf die Festlegung der Preislage bei der Einführung eines Produktes. Es lassen sich hierbei die Abschöpfungspreis- und die Penetrationspreis-Strategie unterscheiden.

4.3.1.1   Abschöpfungspreis-Strategie

Bei der Abschöpfungspreis-Strategie (Skimming-Pricing) wird in der Einführungsphase eines neuen Produktes ein hoher Anfangspreis gesetzt, dem eine allmähliche Preissenkung im Verlauf des Produktlebenszyklus zur Erschließung weiterer Abnehmergruppen folgt. Diese Strategie bietet sich insbesondere für Marktinnovationen an, bei denen der Pionier über ein zeitlich befristetes Monopol verfügt, d. h. wenn den Konkurrenten der Marktzutritt durch Patente bzw. internes Know-how erschwert wird. In der Regel wird das Produkt als Premiummarke positioniert, wodurch sich aufgrund des hohen Preises zusätzlich ein Prestigeeffekt ergeben kann. Die Höhe des Skimming-Preises wird vom Kundenvorteil durch die Nutzung des neuen Produkts im Vergleich zur Vorgängergeneration bestimmt (z. B. DVD-Player gegenüber Videorecorder).

Ein wichtiger Vorteil dieser Strategie ist die kurze Amortisationsdauer aufgrund der hohen Stückdeckungsbeiträge. Dies ist insbesondere in Branchen mit schnellem technologischen Wandel und den damit einhergehenden kurzen PLZ von Bedeutung.

Jedoch besteht aufgrund der hohen Renditen und der damit verbunden Attraktivität des Marktes die Gefahr, dass Konkurrenten bei gleicher Qualität mit niedrigeren Preisen in den Markt eintreten. Diese ist umso höher, je niedriger die Marktzutrittsschranken sind. Dadurch kommt es zu Erlöseinbußen, höheren Marketing-Ausgaben und letztlich zu Gewinnschmälerungen.

Statt der Preissenkung für das innovative Produkt bietet sich im Verlauf des PLZ auch die Einführung billigerer Zweitmarken an, um so mögliche Imageverluste des Pionierproduktes durch Preissenkungen zu vermeiden.

4.3.1.2   Penetrationspreis-Strategie

Die Penetrationspreis-Strategie (Penetration-Pricing) verfolgt eine Produkteinführung zu Niedrigpreisen bei Befriedigung bestimmter Mindestqualitätsansprüche. Diese Strategie wird zumeist bei Me-too-Produkten angewandt, die in späteren Phasen des Branchenlebenszyklus auf den Markt gebracht werden. Hierdurch wird eine rasche Verbreitung des Produkts angestrebt, um auf diesem Wege einen hohen Marktanteil zu gewinnen. Die Penetrationspreis-Strategie ist insbesondere dann erfolgreich, wenn der niedrige Preis auf absoluten Kostenvorteilen beruht, z. B. in Form niedrigerer Lohnkosten und Umweltschutzstandards im internationalen Vergleich, und wenn durch den raschen Marktanteilsaufbau relative Kostenvorteile (z. B. aufgrund von Erfahrungskurveneffekten) erzielt werden. Im späteren Verlauf, wenn die Marktanteilsziele erreicht sind, kann eine Preiserhöhung verbunden mit einer verbesserten Nachfolgeversion oder eine Preissenkung in Folge der Weitergabe von Erfahrungskurveneffekten erfolgen. Daneben bietet sich auch die Strategie der Preiskonstanz an.

Aufgrund der Kostenvorteile, die bei dieser Strategie gegenüber der Konkurrenz erarbeitet werden, ist auch in späteren Phasen des Produktlebenszyklus und intensiverem Preiswettbewerb eine Gewinnerzielung möglich, wobei gleichzeitig die Konkurrenten aus dem Markt gedrängt werden können. Aufgrund der geringen Stückdeckungsbeiträge ist allerdings eine hohe Break-Even-Menge und damit eine lange Amortisationsdauer bei gleichzeitig hohen Kapazitäten erforderlich. Hierdurch steigt das Risiko der Technologieveralterung bzw. einer Änderung der Verbraucheranforderungen, bevor man in die Gewinnzone gelangt.

In bestimmten Branchen gibt es Anbieter, die das Skimming-Pricing und solche, die das das Penetration-Pricing verfolgen, weil damit unterschiedliche Marketing-Strategien einhergehen (vgl. das Konzept der Strategischen Gruppen im 2. Kap. Abschn. 2.3.2).

4.3.2   Preisdifferenzierung

Von Preisdifferenzierung spricht man, wenn Güter gleicher oder ähnlicher Art zu unterschiedlichen Preisen verkauft werden. Dabei können unterschiedliche Preise von verschiedenen Abnehmern verlangt werden oder ein Abnehmer muss, je nach Verhalten, für das gleiche Produkt unterschiedliche Preise bezahlen.

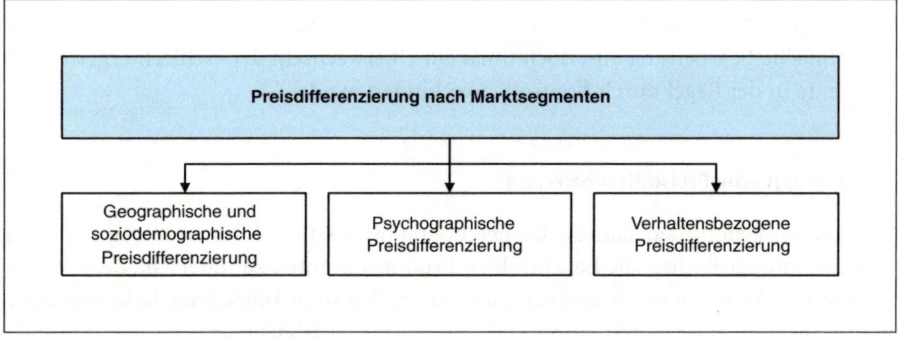

Abbildung 79: Preisdifferenzierung nach Marktsegmenten

Im Extremfall kann die Preisdifferenzierung soweit gehen, dass von jedem Abnehmer der individuelle Preis verlangt wird, den er zu zahlen bereit ist. Da diese Form der Preisdifferenzierung nur in seltenen Fällen näherungsweise realisiert werden kann (z. B. Auktionen), werden im Folgenden die Möglichkeiten der **Preisdifferenzierung nach dem Konzept der Marktsegmentierung** aufgezeigt. Ansätze zur Preisdifferenzierung beziehen sich daher auf geographische, soziodemographische, psychographische Merkmale sowie auf das Verhalten der Abnehmer.

Geographische Preisdifferenzierung

Bei geographischer Preisdifferenzierung wird auf mehreren voneinander isolierten (Teil-)Märkten je nach Wettbewerbssituation und Nachfragerreaktion der jeweils gewinnmaximale Preis verlangt. Wenn unterschiedliche Preisabsatzfunktionen (d. h. letztlich bei linearen Preisabsatzfunktionen unterschiedliche Prohibitivpreise) vorliegen, ergibt sich auf jedem Markt ein unterschiedlicher gewinnmaximaler Preis (vgl. Abb. 80). Ausgangspunkt können sowohl internationale Märkte (z. B. PKW-Markt) als auch unterschiedliche Regionen und Standorte im Inlandsmarkt sein (z. B. Benzinpreise in unterschiedlichen Städten).

Voraussetzungen sind, dass kein Überwechseln in begünstigte Teilmärkte möglich ist, dass der Reimport vermieden werden kann (z. B. durch vertragliche Vereinbarungen mit den Abnehmern bzw. höhere Reimport-Kosten als die Preisdifferenzen) und dass die Preisdifferenzierung mit EU-Richtlinien vereinbar ist. Schließlich dürfen die Kosten der Preisdifferenzierung nicht höher sein als die zusätzlichen Erlöse.

Demographische und sozioökonomische Preisdifferenzierung

Eine demographische Preisdifferenzierung kann anhand des Alters (z. B. Jugendliche und Rentnertarife), des Geschlechts (z. B. Versicherungstarife) und des Familienzyklus (z. B. Cluburlaub für Kinder inklusive) erfolgen.

Die sozioökonomische Preisdifferenzierung setzt vorrangig am Beruf (z. B. Studentenrabatte, Beamtentarife) und am Einkommen bzw. Vermögen (Notargebühren, Arzthonorare) an.

Die so entstehenden Segmente zeichnen sich oft durch eine hohe Trennschärfe und einfache Bearbeitung aus, doch muss ein Überwechseln der »schlechtergestellten« Segmente in der Regel durch Kontrollen verhindert werden.

Psychographische Preisdifferenzierung

Im Grunde genommen basiert die psychographische Preisdifferenzierung auf einer Produktdifferenzierung, die bei einzelnen Produktvarianten zu unterschiedlicher Nutzenstiftung führt. Diese Produktdifferenzierung kann an objektiven Leistungsmerkmalen ansetzen oder durch emotionale Ansprache, Erlebnismarketing und Lifestyle-Marken erfolgen.

Voraussetzung für diese Strategie ist, dass der mit einer Produktvariante erzielbare Preis höher ist, als die mit der Produktdifferenzierung einhergehenden Kosten. Bspw. wird ein Produkt unter unterschiedlichen Markennamen und Verpackungen zu unterschiedlichen Preisen verkauft, obwohl die Produktionskosten gleich sind. Ziel ist letztlich, dass Kunden mit hoher Zahlungsbereitschaft zu höheren Preisen kaufen als solche mit niedriger.

Die Gefahr besteht jedoch darin, dass Verbraucher die technisch-objektive Gleichwertigkeit der Produkte erkennen und nicht mehr bereit sind, die höherpreisige Marke zu kaufen.

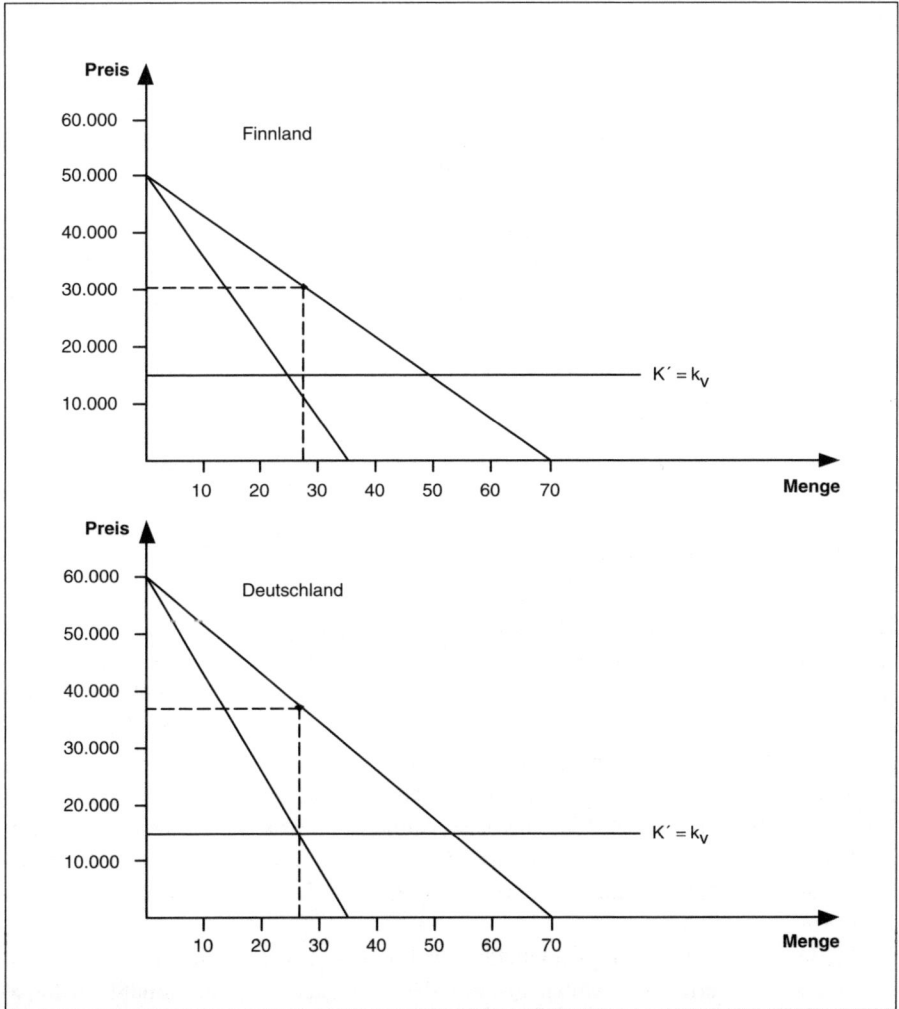

Abbildung 80: Regionale Preisdifferenzierung als Sonderfall der vertikalen Preisdifferenzierung

Preisdifferenzierung nach Kaufverhalten

Die Preisdifferenzierung nach Kaufverhalten setzt an der Kaufmenge, am Beschaffungsverhalten und am Zeitpunkt des Kaufs an.

Eine mengenmäßige Preisdifferenzierung kann in Form von Mengenrabatten, Bonussystemen, Pauschalpreisen und zweiteiligen Tarifen realisiert werden. Man spricht auch von nichtlinearer Preisbildung, d. h. der Konsument entrichtet nicht einen mit der nachgefragten Menge proportional wachsenden Geldbetrag, sondern hat mit zunehmender Abnahmemenge i.d.R. einen sinkenden Durchschnittspreis pro Stück zu zahlen (vgl. hierzu ausführlich Diller 2000, S. 312ff.).

Mengenrabatte sind Preisabschläge als Anreiz zum Kauf größerer Mengen pro Auftrag, d. h. der zu zahlende Nettopreis sinkt mit zunehmender Menge. Aus Anbieterperspektive wird mit steigender Bezugsmenge die einzelne Gütereinheit weniger stark mit transaktionsfixen Kosten (z. B. für die Auftragsabwicklung) belastet. Außerdem können sich Dispositions- und Produktionsvorteile aus großen Aufträgen ergeben. Aus Kundenperspektive bedeutet eine größere abgenommene Menge jedoch eine höhere Kapitalbindung, steigende Lagerhaltungskosten und ein höheres Verderb- und Verlustrisiko.

Ein Bonus ist ein nachträglich gewährter Mengen- oder Umsatzrabatt für die Einkäufe in einer Periode. Boni dienen vornehmlich der Kundenbindung, wobei i.d.R. die meist profitableren, weniger preissensiblen Intensivnutzer angesprochen werden (z. B. Vielflieger-Programme der Airlines).

Ein Pauschalpreis liegt vor, wenn der Kunde einen Einheitspreis für beliebig viele Einheiten eines Gutes bezahlt. Mit zunehmender Menge sinkt der Preis der einzelnen Einheit (z. B. Internet-Flatrate, Dauerkarten, All Inclusive-Urlaub). Pauschalpreise sind sinnvoll, wenn der Mehrkonsum kaum zu Kostensteigerungen führt (z. B. bei Unterauslastung von Freizeiteinrichtungen, Verkehrsbetrieben etc.) oder der Mehrkonsum von Intensivverwendern durch den geringeren Konsum anderer Kunden kompensiert wird (z. B. Frühstücksbuffet).

Zweiteilige Tarife bestehen aus einer fixen Grundgebühr (z. B. Telefonanschluss, Bahncard, Internetzugang) und einem nutzungsabhängigen Preis pro Einheit (z. B. Minutentakt beim Telefonieren). Eine Anregung zum Mehrkonsum besteht der Art, dass der Preis für zusätzlich konsumierte Einheiten (z. B. gefahrene Bahnkilometer) fortwährend günstiger wird. Aus Anbieterperspektive sind ein eventueller Finanzierungseffekt und die längerfristige Kundenbindung von Vorteil.

Durch Preisdifferenzierung kann des Weiteren das Beschaffungsverhalten der Käufer so gesteuert werden, dass es beim Anbieter zu Kosteneinsparungen kommt (z. B. Selbstabholer-Rabatt, Barzahlungs-Rabatt, Skonti). Ein Mehrerlös ergibt sich dadurch, dass der Rabatt zumeist niedriger angesetzt wird, als die Kosteneinsparungen beim Anbieter.

Weitergehende Steuerungsmöglichkeiten lassen sich durch eine zeitliche Preisdifferenzierung erreichen, wobei insbesondere das Ziel einer gleichmäßigen Kapazitätsauslastung im Vordergrund steht. Zu dieser Form der Preisdifferenzierung zählen bspw. Subskriptionspreise, Saison-, Wochenend- sowie Tag- und Nacht-Tarife.

Hinsichtlich der bei indirektem Absatz einzusetzenden Handelsstufen (Groß- und Einzelhandel) und der gewählten Betriebsformen (Discounter, Tankstelle, Fachhandel, Automaten etc.) werden die erbrachten Leistungen der einzelnen Handelstufen mit so genannten **Stufenrabatten** (Großhandels- und Einzelhandelsrabatte) und weitergehende Einzelleistungen des Handels (Logistik, Lagerhaltung, Finanzierung, Beratung, Verkaufsförderung etc.) mit **Funktionsrabatten** entgolten.

4.3.3   Preispolitik im Rahmen der Programmpolitik

Die bisherigen Verfahren der Preisfindung betrachten überwiegend nur den Einproduktfall. I.d.R. bieten Unternehmen ein mehr oder weniger breites Produktprogramm an, wobei zwischen den Produkten Kosten- und Absatzinterdependenzen bestehen. Daher muss die Wirkung alternativer Preise und Mengen auf den Gesamterfolg des Programms abgeschätzt werden.

4.3.3.1   Preispolitik bei Substitutions- und Komplementärbeziehungen

Substitutionsbeziehungen liegen vor, wenn Produkte einem gleichen oder ähnlichen Verwendungszweck dienen, so dass die Preissenkung eines Produktes bei anderen Produkten im Programm zu einem Mengenrückgang führt. Typische Beispiele sind die verschiedenen Modelle eines PKW-Herstellers oder die verschiedenen Waschmittelmarken eines Anbieters.

Bei Vorliegen von Substitutionsbeziehungen empfiehlt es sich, den Preis eines Produktes relativ hoch anzusetzen, wenn viele Substitutionsprodukte vorliegen und diese einen hohen Deckungsbeitrag aufweisen. Der Rückgang des Deckungsbeitrages durch die Preiserhöhung wird dann durch die Deckungsbeitragszugewinne der Substitutionsprodukte überkompensiert (vgl. Simon 1992, S. 427f.).

Bei Komplementärbeziehungen führt die Preissenkung eines Produktes zu einer Mengenzunahme bei diesem Produkt und gleichzeitig zu einer Mengenzunahme der anderen Produkte im Programm. Als Beispiele lassen Drucker und Toner, Nassrasierer und Rasierklingen, Maschinen und Wartungsverträge, PKW und Finanzierungsangebote der Hausbank etc. anführen. Im Handel spricht man von einem »kalkulatorischen Ausgleich«, wenn Sonderangebote die Käufer anlocken, die dann beim »One-Stop-Shopping« weitere Artikel aus dem Sortiment erwerben, die einen hohen Deckungsbeitrag aufweisen.

Die nachfolgenden Abbildungen erläutern den Grundgedanken anhand eines Rechenbeispiels. Vor der Preisänderung betrug der Nettoerfolg des Produktprogramms 1.500 € (vgl. Abb. 81).

Eine Preissenkung des Hauptproduktes von 5 € auf 4 € löst bei starken Komplementaritätsbeziehungen einen Anstieg der Absatzmenge von Produkt 2 auf 750 Einheiten aus. Dadurch lässt sich der Nettoerfolg auf 1.750 € steigern (vgl. Abb. 82).

Zusammenfassend gilt bei komplementären Beziehungen, dass für das Hauptprodukt der Preis sehr niedrig zu setzen ist, wenn dadurch viele Komplementärprodukte

	P 1	P 2	Summe
Preis	5	4	
- variable Kosten (k$_v$)	3	1	
Stückdeckungsbeitrag (db)	2	3	
· absetzbare Menge	1.000	500	
DB I	2.000	1.500	
- direkte zurechenbare	1.000	500	
Fixkosten für Spezialmaschinen			
DB II	1.000	1.000	2.000
- nicht direkt zurechenbare			500
Verwaltungskosten für Produktgruppe			
Nettoerfolg			1.500

Abbildung 81: Ausgangssituation der Preisforderung bei komplementären Produkten

	P 1	P 2	Summe
Preis	4	4	
- variable Kosten (k$_v$)	3	1	
Stückdeckungsbeitrag (db)	1	3	
· absetzbare Menge	1.500	750	
DB I	1.500	2.250	
- direkte zurechenbare	1.000	500	
Fixkosten für Spezialmaschinen			
DB II	500	1.750	2.250
- nicht direkt zurechenbare			500
Verwaltungskosten für Produktgruppe			
Nettoerfolg			1.750

Abbildung 82: Wirkung preispolitischer Maßnahmen bei komplementären Produkten

erworben werden, die einen hohen Deckungsbeitrag erbringen (vgl. Simon 1992, S. 427f.).

Grundsätzlich setzt die Preisoptimierung im Mehrproduktfall die Abschätzung der gesamten Verbundwirkungen voraus. Wie schon bei der Schätzung der PAF für einzelne Produkte aufgezeigt, kann hierzu auf statistische Marktdaten (z. B. Scannerdaten im Handel), auf Befragungen oder auf experimentelle Designs zurückgegriffen werden.

Unter Berücksichtigung der Verbundeffekte zwischen den Produkten können so alternative Preisvorstellungen rechnerisch durchgespielt und ihre voraussichtlichen Erfolgswirkungen überprüft werden (vgl. Köhler 1993, S. 349). Dabei ist auch auf eventuelle Kapazitätsengpässe zu achten.

4.3.3.2   Preisbündelung (»Bundling«)

Bei der Preisbündelung handelt es sich im Grunde um einen Spezialfall der Preisbildung, wobei einzelne Teilleistungen eines Produkts oder mehrere eigenständige Produkte betrachtet werden, die entweder einzeln oder insgesamt »als Paket« erworben werden können.

Bei der subadditiven Preisbündelung werden mehrere identifizierbare Teilleistungen (z. B. Ausstattungspakete bei PKW) eines Anbieters oder mehrerer Anbieter zu einem Angebotspaket zusammengestellt, dessen Gesamtpreis in der Regel niedriger liegt, als die Summe der Einzelpreise der Teilleistungen. Interessant ist diese Vorgehensweise insbesondere dann, wenn die Kunden zusätzliche Teilleistungen im Leistungsbündel erwerben, die sie als einzelne Leistungen nicht erworben hätten (z. B. Ledersitze, Klimaanlage, Sonderlackierung, Audio-Anlage beim »Komfortpaket«). Hierdurch ist trotz des niedrigeren Gesamtpreises durch die zusätzlichen Deckungsbeiträge der Teilleistungen ein höherer Gewinn zu erzielen.

Bei der additiven Bündelung entspricht der Bündelpreis der Summe der Einzelpreise. Vorteile für den Hersteller liegen in der Preisoptik, die eine bestimmte Preisgünstigkeit suggeriert (»unser Komplettpreis«). Für den Abnehmer liegt der Vorteil in der Reduzierung der Informations- und Beschaffungskosten (z. B. Pauschalreisen inklusive Transfer, Mietwagen, Ausflüge, Hotel etc.).

Im Einzelfall kann eine superadditive Bündelung zur Anwendung kommen, bei dem der Bündelpreis höher als die Summe der Einzelpreise ist (z. B. bei vollständigen Sammlungen).

5   Distributionspolitik

Unter den Begriff der Distributionspolitik werden in der Literatur unterschiedliche Sachverhalte subsumiert. Im traditionellen Marketing-Konzept wird die Distributionspolitik als ein Marketing-Instrument des Herstellers neben der Produkt-, Kommunikations- und Preispolitik betrachtet. In diesem Verständnis umfasst die Distributionspolitik alle Aktivitäten, die sich auf die Überführung der Waren vom Hersteller zum Abnehmer beziehen (vgl. Specht 1998, S. 3f.; Ahlert 1996, S. 16).

Angesichts marktmächtiger Handelsunternehmen und eines intensivierten Wettbewerbs umfasst in einer weiteren Perspektive die Distributionspolitik alle Maßnahmen zur Kombination und Koordination der Marketing-Maßnahmen des Herstellers mit den Marketing-Maßnahmen des Handels, um einen gleichgerichteten Marktauftritt von Hersteller und Handel gegenüber den Endabnehmern zu gewährleisten. Im Rahmen der folgenden Ausführungen zur Distributionspolitik werden beide Perspektiven berücksichtigt.

5.1   Grundlagen der Distributionspolitik

5.1.1   Distributionspolitische Entscheidungen

Im Rahmen der Distributionspolitik als Marketing-Instrument des Herstellers ist das Distributionssystem zu gestalten. Dabei sind Entscheidungen über die Wahl der Absatzkanäle sowie über die Form und Steuerung des Außendienstes zu treffen.

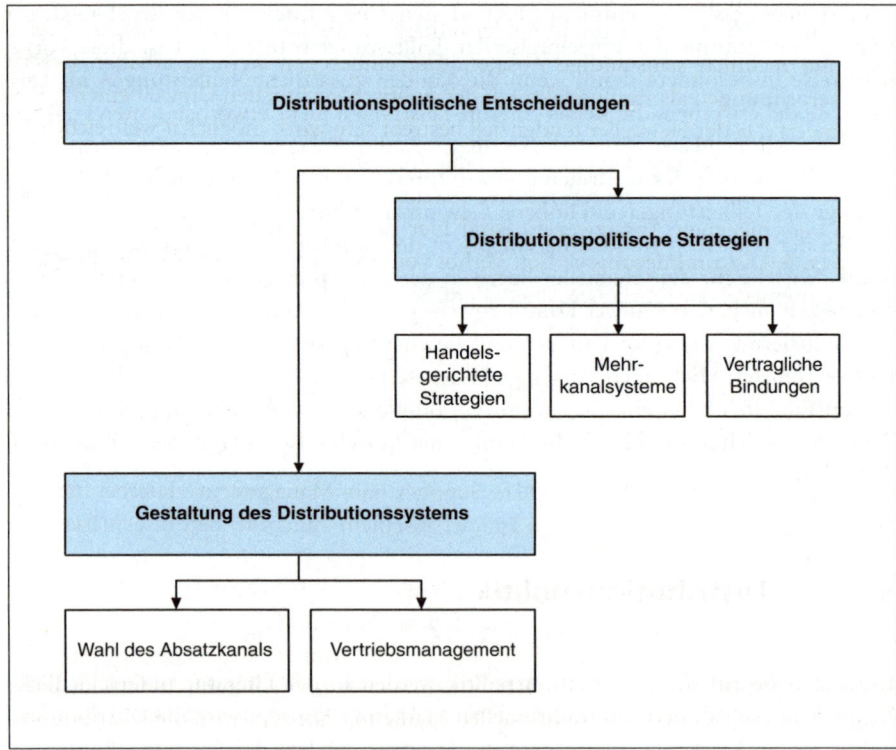

Abbildung 83: Distributionspolitische Entscheidungen

Distributionspolitische Strategien beziehen sich auf die Festlegung der handelsgerichteten Strategieoptionen (z. B. Kooperation oder Dominanz), auf die Gestaltung von Mehrkanalsystemen sowie auf die Vereinbarung vertraglicher Bindungen, in denen die jeweiligen Rechte und Pflichten der Distributionspartner zu definieren sind.

Vielfach werden neben diesen Entscheidungen der so genannten »akquisitorischen Distribution« auch Fragen der Logistik (»physische Distribution«) wie z. B. Standortwahl, Lagerhaltung und Wahl der Transportwege bzw. -mittel im Rahmen der Distributionspolitik behandelt (vgl. Meffert 2000, S. 653; vgl. hierzu ausführlich Specht 1998, S. 70ff.). In den folgenden Ausführungen stehen jedoch Entscheidungen bezüglich der akquisitorischen Distribution im Mittelpunkt.

5.1.2   Einflussfaktoren der Distributionspolitik

Die gesamtwirtschaftliche Entwicklung (z. B. Konjunkturschwäche) schlägt sich aufgrund einer schwachen Nachfrage in aggressiveren Preiskämpfen der konkurrierenden Handelsbetriebe nieder und wirkt sich zusätzlich über ein verändertes Konsumentenverhalten (z. B. preisbewusstes Einkaufen, Warten auf Sonderangebote) auf die Attraktivität einzelner Absatzwege aus. Dies hat zur Folge, dass bestimmte Betriebsformen des Handels eine Schwächung der Nachfrage erfahren, andere hingegen, wie z. B. Lebensmitteldiscounter, Marktanteilsgewinne verbuchen.

Insbesondere bei der Gestaltung der indirekten Absatzwege, bei denen wirtschaftlich und rechtlich selbständige Absatzmittler einbezogen werden, erhalten Gesetze und Verordnungen als Einflussfaktoren der politisch-rechtlichen Umwelt einen hohen Stellenwert. Da der Hersteller tendenziell bestrebt sein wird, möglichst weitreichenden Einfluss auf die Warenpräsentation und die Preissetzung im Handel zu nehmen sowie die Warenströme zum Endverbraucher festzulegen (z. B. keine Querbelieferung zwischen verschiedenen Absatzwegen), sind hier die relevanten Rechtsvorschriften des GWB (z. B. Diskriminierungsverbot, Verbot von Preis- und Konditionenbindung etc.) zu beachten (vgl. ausführlicher Ahlert 1996, S. 179ff.).

Technologische Einflussfaktoren betreffen zunächst die Entwicklung neuer Produkte und in deren Folge die Abspaltung von Sortimentsteilen, die zur Entwicklung neuer Betriebsformen führen. Daneben ist die Entwicklung des Internets zu erwähnen und die daraus resultierende Möglichkeit, dieses als (neuen) Absatzkanal zu nutzen. Des Weiteren lassen sich durch elektronischen Datenaustausch Waren- und Informationsströme effizienter gestalten (EDI, Supply Chain Management). Hierbei führt die Verbreitung von Scannerkassen im Handel zu einem zunehmenden Informationsvorsprung des Handels.

Veränderungen im gesellschaftlichen Umfeld (wie z. B. Lebensstile, Veränderungen der Demographie, Migrationen) beeinflussen Art und Umfang der Nachfrage und damit auch die Wahl der Absatzwege in erheblichem Ausmaß. Beispielsweise führen Veränderungen in der Arbeitswelt (z. B. Arbeitszeiten) und ein verändertes Freizeitverhalten auch dazu, dass Absatzwege, die nicht an die gesetzlich vorgeschriebenen Öffnungszeiten gebunden sind, verstärkt genutzt werden (vgl. Specht 1998, S. 127).

Einflussfaktoren der Mikroumwelt betreffen die Nachfrage, die Konkurrenz und den Handel. Bezüglich der Nachfrage ist insbesondere die Entwicklung hin zum hybriden Verbraucher und die damit verbundene Polarisierung im Handel zu nennen (vgl. hierzu Schmalen 1994). Dies hat für die Anbieter zur Folge, dass sich sowohl Premiummarken bei Gütern des täglichen Bedarfs und bei Luxusartikeln als auch die Handelsmarken und No-Name-Produkte im Discount einer steigenden Nachfrage gegenüber sehen. Die Markenartikel der Mitte fallen demgegenüber in dieser Wettbewerbssituation kontinuierlich zurück. Des Weiteren führt ein intensiver Wettbewerb zwischen den Betriebsformen im Handel zur Verdrängung von Handelsbetrieben mit kleiner Geschäftsfläche, während Verbrauchermärkte und Discounter erhebliche Marktanteilsgewinne verzeichnen. Zusätzlich kämpfen im Discountbereich wenige Großanbieter mit einer aggressiven Niedrigpreispolitik um Marktanteile, was insbesondere für deren Zulieferer oftmals zu erheblichen Preiszugeständnissen führt.

Zu den unternehmensinternen Einflussfaktoren der Distributionspolitik zählen die Unternehmens- und Marketingziele und die internen Ressourcen (z. B. bei der Entscheidung für einen direkten oder indirekten Absatz). Aus dem Marketingziel »rascher Marktanteilsaufbau durch Penetration-Pricing« resultiert das Bemühen um einen ubiquitären Vertrieb, bei dem durch Einschaltung aller Betriebsformen und Handelsgeschäfte eine flächendeckende Versorgung angestrebt wird. Demgegenüber wählen Premiumanbieter, die sich an anspruchsvolle Zielgruppen wenden, den Exklusiv- und Selektivvertrieb, um durch Service, Geschäftsatmosphäre und Warenpräsentation eine entsprechende Inszenierung ihrer Produkte zu gewährleisten.

5.2   Gestaltung des Distributionssystems

5.2.1   Formen von Distributionskanälen

Werden alle Distributionsaufgaben vom Hersteller ausgeführt, so spricht man von einem Direktabsatz, sind selbständige Handelsbetriebe an der Distribution des Herstellers beteiligt, so bezeichnet man dies als indirekten Absatz. Bei einem Mehrkanalsystem vertreibt der Hersteller gleichzeitig seine Produkte über unterschiedliche Distributionskanäle (z. B. in verschiedenen Formen des direkten und indirekten Absatzes).

5.2.1.1   Direktabsatz

Beim Direktabsatz können alle Marketing-Instrumente einschließlich der Preispolitik nach den Vorstellungen des Herstellers gestaltet werden. Diesem Vorteil des Direktabsatzes stehen allerdings hohe Kosten gegenüber, da der Hersteller sämtliche Distributionsfunktionen (Lagerhaltung, Logistik, Akquisition, Service etc.) übernimmt.

In der Praxis lässt sich zunächst die Form des Werksverkaufs unterscheiden. Im einfachsten Falle befindet sich ein eigener Verkaufsraum in der Nähe der Produktionsstätte, wobei die Attraktivität dieses Absatzweges gegenüber den meist parallel eingesetzten indirekten Absatzwegen häufig darin besteht, dass erhebliche Preisnachlässe gewährt werden, so dass die Konsumenten hierfür auch längere Anfahrtswege in Kauf nehmen (z. B. Fabrikverkauf von Sportartikeln, modischer Kleidung, Porzellan etc.). Darüber hinaus finden sich zunehmend so genannte **Factory Outlet Centers** (FOC), bei denen mehrere Hersteller an einem Standort Verkaufsräume betreiben, um ihre Ware (in der Regel Premiummarkenartikel bei Textilien, Bekleidung, Schuhen etc.) direkt an die Endverbraucher abzusetzen.

Wird der Direktabsatz als primärer Absatzweg eingesetzt, sind unterschiedliche Formen der Akquisition und der Warendistribution zu unterscheiden. Bei der Akquisition lassen sich die traditionelle Absatzwerbung, das Direktmarketing (Werbebriefe, Kataloge, Prospekte), elektronische Medien (Internet, Teleshopping, M-Commerce) und der persönliche Verkauf durch Reisende einsetzen. Die physische Warendistribution erfolgt dabei über Versand, eigene Speditionsabteilungen, selbständige Spediteure und bei Haustürverkauf häufig durch Reisende. Beim E-Commerce findet sich auch die Nutzung von Absatzstationen (z. B. Tankstellen, Automaten), bei denen der Kunde seine bestellten Waren an Orten, die in der Regel räumlich leicht zu erreichen sind, abholen kann.

Eine weitergehende Form des direkten Absatzes sind herstellereigene Verkaufsstellen wie **Filialen** (z. B. WMF, Flagship-Stores der Modedesigner) oder **Niederlassungen** (z. B. Niederlassungen der PKW-Hersteller oder der Investitionsgüterhersteller).

5.2.1.2 Indirekter Absatz

Beim indirekten Absatz werden selbständige Handelsbetriebe in den Absatzweg eingeschaltet, die ohne wesentliche Be- oder Verarbeitung die Ware weiterveräußern. Der Großhandel veräußert die Waren an nachgeschaltete Handelsbetriebe, Weiterverarbeiter oder Großverbraucher, der Einzelhandel an die Endabnehmer. Hinsichtlich der Anzahl zwischengeschalteter Handelsstufen sind ein- oder mehrstufige Distributionskanäle zu unterscheiden.

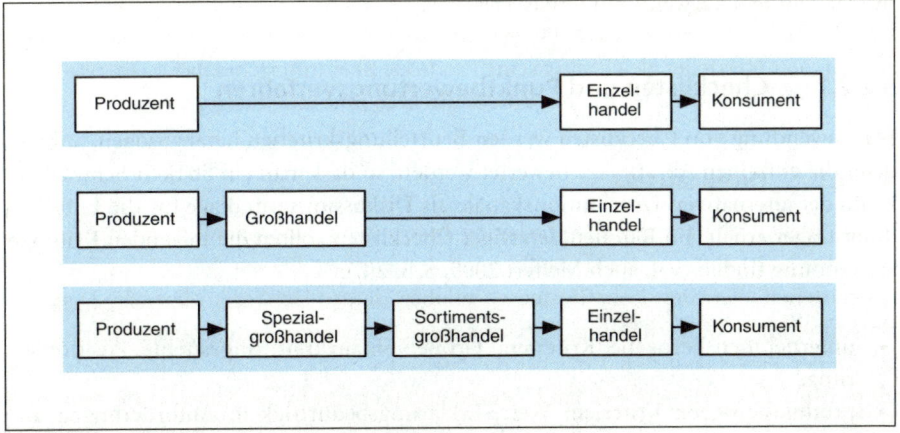

Abbildung 84: Formen des indirekten Absatzes

Beim **einstufigen Absatz** erfolgt die Distribution vom Hersteller über den Einzelhandel (für einen Überblick über die Betriebsformen im Handel vgl. Müller-Hagedorn 2002, S. 69). Ursächlich für die Ausschaltung des Großhandels sind die Entwicklung hin zu Großbetriebsformen im Einzelhandel (Warenhäuser, Kaufhäuser, Fachmärkte, Lebensmitteldiscounter etc.) sowie die Entstehung verschiedener Zusammenschlussformen im Einzelhandel (z. B. Einkaufsvereinigungen wie EDEKA und REWE). Für den Hersteller ergibt sich daraus nicht nur die Möglichkeit, die Kosten der Zwischenschaltung des Großhandels einzusparen, sondern darüber hinaus kann das eigene Marketing-Konzept mit den Konzernleitungen bzw. den Leitungsorganen der Einkaufsvereinigungen abgestimmt werden. Diese sorgen dann für eine einheitliche Umsetzung der ausgehandelten Maßnahmen in ihren Filialen bzw. bei den beteiligten selbständigen Einzelhändlern.

Der **mehrstufige Absatzweg** über den Groß- und Einzelhandel bietet sich an, wenn auf der Einzelhandelsebene aufgrund der Branchenbedingungen keine Großbetriebsformen entstanden sind (Apotheken, Handwerker, Blumengeschäfte, Gastronomie, Schmuck, Getränke etc.). Der Großhandel übernimmt dann in Form des Sortimentsgroßhandels (z. B. Cash&Carry bei Lebensmitteln, Bürobedarf) die Nachfragebündelung, die Lagerhaltung, die Logistik und die Bildung eines breiten Sortimentes. Der Spezialgroßhandel bietet hingegen für Fach- und Spezialgeschäfte ein hinreichend tiefes Sortiment (z. B. Pharma, Blumen, Südfrüchte, Zeitschriften).

5.2.2   Auswahl von Distributionskanälen

Grundsätzlich können, wie bei allen Entscheidungsproblemen zur Auswahl zwischen mehreren Alternativen, alle dafür in Frage kommenden Entscheidungshilfen eingesetzt werden. Hierzu zählen z. B. Checklisten, Punktbewertungsverfahren, Portfolioanalysen, Deckungsbeitragsrechnungen sowie Verfahren der statischen und dynamischen Investitionsrechnung und der linearen Programmierung. Die folgenden Ausführungen beschränken sich auf die wegen ihrer geringeren Informationsanforderungen häufiger verwendeten Praxisverfahren.

5.2.2.1   Checklisten und Punktbewertungsverfahren

Bei Anwendung von Checklisten werden Beurteilungskriterien herangezogen, anhand derer die einzelnen Absatzwege bewertet werden, so dass man ein Stärken-Schwächen-Profil der alternativen Distributionskanäle als Diskussionsgrundlage für die Entscheidungsträger erhält. Im Rahmen derartiger Checklisten sollten die folgenden Kriterien Verwendung finden (vgl. auch Meffert 2000, S. 622ff.):

- unternehmensbezogene Kriterien: Größe, Finanzkraft, angestrebte Positionierung,
- produktbezogene Kriterien: Wert, Erklärungsbedürftigkeit, Anforderungen an Service und Kundendienstleistungen,

- absatzkanalbezogene Kriterien: Kosten, Rabatte, vertragliche Bindungsmöglichkeiten, Kooperationsbereitschaft, Umsätze, Sortiment, Image,
- zielgruppenbezogene Kriterien: Einkaufsgewohnheiten, Preisbereitschaft, regionale Verteilung,
- konkurrenzbezogene Kriterien: Vertriebswege der Konkurrenz zur Anpassung oder Abhebung des eigenen Angebots und
- rechtliche Kriterien: Durchsetzbarkeit der eigenen Preisforderung, Verbot der Preisdiskriminierung.

Weitergehend können die Kriterien aus der Checkliste in ein Punktbewertungsverfahren überführt werden, wobei hier die Beurteilungskriterien nach ihrer Bedeutung gewichtet werden, um einen gewichteten Gesamtpunktwert zu errechnen.

5.2.2.2   Wirtschaftlichkeitsanalysen

Bei der Auswahl von Distributionskanälen anhand von Wirtschaftlichkeitsanalysen können dieselben Verfahren herangezogen werden, wie sie bereits im Rahmen der Produkt- und Preispolitik aufgezeigt wurden.

	GH	EH I	EH II	Summe
Umsatzerlöse - Rabatte (GH 40 %, EH 25 %)	60.000 24.000	80.000 20.000	10.000 2.500	150.000 46.500
Nettoerlöse - direkt zurechenbare Kosten der Erzeugung	36.000 18.000	60.000 24.000	7.500 3.000	103.500 45.000

DB I
- direkte zurechenbare
  Provision des
  Außendienstes
	18.000
	3.000
		36.000
		4.000
			4.500
			500
				58.500
				7.500

DB II - direkt zurechenbare Kosten des Absatzweges	15.000 5.000	32.000 12.000	4.000 4.500	51.000 21.500
DB III - nicht direkt zurechenbare Kosten	10.000	20.000	- 500	29.500 10.500
Nettoerfolg				19.000

Abbildung 85: Deckungsbeitragsrechnung für Distributionskanäle

In der Deckungsbeitragsrechnung als ein Beispiel für Wirtschaftlichkeitsanalysen werden für die jeweiligen Distributionskanäle zunächst nur die Erlöse und die Kosten, die sich verursachungsgerecht zurechnen lassen, gegenübergestellt (vgl. Abb. 85).

Im Beispiel beträgt der einheitliche Listenpreis des Produktes 20 €. Im Großhandel (GH) werden in der betrachteten Periode 3000 Stück, im Einzelhandel 1 (EH1) werden 4000 Stück und im Einzelhandel 2 (EH2) 500 Stück abgesetzt. Dem Großhandel wird ein Rabatt von 40 %, den Einzelhändlern ein Rabatt von 25 % des Listenpreises gewährt. Die variablen Kosten der Produktion betragen 6 € pro Stück. Des Weiteren beträgt die Provision des Außendienstes 5 % des Umsatzerlöses, daneben entstehen je Absatzweg direkt zurechenbare Kosten (z. B. Transportkosten, Kosten für Warenpräsentation, Display-Material etc.). Die Kosten der Vertriebsleitung, die für alle Absatzwege zuständig ist, betragen 10.500 €.

Im obigen Beispiel findet eine so genannte »stufenweise Deckungsbeitragsrechnung« Anwendung, d. h. auf jeder Bezugsgrößenebene werden nur die direkt zurechenbaren Kosten erfasst. Die den einzelnen Absatzwegen nicht direkt zurechenbaren Fixkosten werden erst am Ende zur Ermittlung des Nettoerfolgs berücksichtigt. Als Eliminationskriterium der Absatzwege wird der Deckungsbeitrag III herangezogen. Unter reinen Wirtschaftlichkeitserwägungen müsste die Distribution über den EH2 eingestellt werden. Allerdings wäre zu überlegen, ob sich durch verstärktes Handelsmarketing in EH2 die Umsatzerlöse steigern lassen oder ob sich Kosteneinsparungen realisieren lassen, indem bspw. die Einzelhandelsprovision für diesen Absatzweg auf 20 % reduziert wird.

5.2.3   Vertriebsmanagement

Bei Einsatz eines Außendienstes ist über die Form des Außendienstes (Reisender, Handelsvertreter), die Art der Steuerung (Ziele, Anreizsysteme, Vorgaben) und die Organisationsstruktur zu entscheiden.

5.2.3.1   Formen des Außendienstes

Ein **Handelsvertreter** ist als Ein- oder Mehrfirmenvertreter im Sinne des § 84 (1) HGB ein selbständiger Gewerbetreibender, der für das Unternehmen Geschäfte vermittelt oder in dessen Namen abschließt, wobei er im Wesentlichen seine Tätigkeit frei gestalten kann. Im Unterschied dazu ist ein **Reisender** nach § 84 (2) HGB ein Angestellter und damit weisungsgebunden.

Üblicherweise erhalten beide als Vergütung ein Fixum und eine umsatzabhängige Provision, wobei das Fixum bei einem Reisenden höher und die Provision niedriger ist als beim Handelsvertreter. Bei gegebenem Umsatz in einem Marktgebiet werden die Kosten der beiden verglichen (zu dieser Kostenvergleichsrechnung vgl. Gutenberg 1976, S. 131ff.) und diejenige Alternative gewählt, die die niedrigeren Kosten verursacht. Wenn mit beiden Alternativen unterschiedliche Erlöswirkungen einhergehen, ist eine stufenweise Deckungsbeitragsrechnung durchzuführen wie sie bereits bei der Beurteilung von Absatzwegen dargestellt wurde.

Neben reinen Wirtschaftlichkeitsüberlegungen sind für die Entscheidung zwischen Reisendem und Handelvertreter weitergehende qualitative Beurteilungskriterien im Rahmen von Checklisten und Punktbewertungsverfahren zu berücksichtigen.

Hier gilt insbesondere, dass für den Reisenden aufgrund seiner Weisungsgebundenheit im Gegensatz zum Handelsvertreter konkrete Vorgaben (Besuchszeiten und -häufigkeiten, Reiserouten, Gesprächsführung etc.) gemacht werden können. Demgegenüber kann der Handelsvertreter für das Unternehmen Markterschließungsfunktionen übernehmen, insbesondere wenn er auf einen bereits vorhandenen Kundenstamm zurückgreifen kann. Beim Mehrfirmenvertreter besteht zudem die Möglichkeit der Eingliederung der eigenen Produkte in das Sortiment, wodurch Cross-Selling-Potenziale genutzt werden können. Allerdings hat der Handelsvertreter bei etwaiger Kündigung einen Ausgleichsanspruch nach § 89 b HGB für entgangene Provisionen und sonstige entgangene Vergütungen.

5.2.3.2 Steuerung des Außendienstes

Für die Steuerung des Außendienstes kommen überwiegend Umsatz- und Deckungsbeitragziele sowie Kostenvorgaben (Budgets) in Betracht.

In der Praxis werden überwiegend Umsatzziele in der Form von Soll-Umsätzen vorgegeben und die erreichten Ist-Umsätze als Bemessungsgrundlage für die Provisionsberechnung verwendet. Vorteile sind die einfache Berechnung der Vergütung sowie die starke Anreizwirkung des variablen Entlohnungsanteils, die umso höher ausfällt, je niedriger das Fixum ist. Nachteilig ist, dass der Außendienst jene Produkte präferiert, bei denen er die höchsten Umsätze erzielt, gleichgültig, wie hoch die damit einhergehenden Deckungsbeiträge sind. Durch die Vorgabe von Deckungsbeitragszielen und die Verwendung der erzielten Ist-Deckungsbeiträge als Bemessungsgrundlage der Entlohnung deckt sich die monetäre Anreizwirkung mit den Gewinnzielen des Unternehmens. Nachteilig ist, dass die Erlös- und Kosteninformationen des Unternehmens unter Umständen nach außen gegeben werden und dass der Außendienst zum Zeitpunkt der Auftragserlangung nicht die Deckungsbeiträge kennt und die Anreizwirkung daher geringer ist. Zusätzlich zu Umsatz- bzw. Deckungsbeitragszielen werden in der Praxis häufig auch Anreize durch Prämiensysteme gesetzt.

Neben den obigen Anreizzielen finden sich ergänzend Kostenvorgaben in Form von Budgets, die sich auf die verschiedenen Vertriebskostenarten (z. B. PKW-Nutzung, Telefon, Spesen, Präsentationsmaterial, Werbeausgaben etc.) beziehen. Des Weiteren können Marktziele (z. B. Anzahl der Neukunden), Auftragsgrößen, Reiseroute, Besuchshäufigkeiten und die Gesprächsführung vorgegeben werden (vgl. auch Piontek 1998, S. 308f.).

5.2.3.3 Organisationsstruktur des Außendienstes

Die organisatorische Strukturierung des Außendienstes folgt typischerweise einer objektorientierten Aufteilung, indem die Zuständigkeiten des Außendienstes entweder marktorientiert (Gebiete, Kundengruppen) oder produktorientiert (Produktgruppen) geregelt werden.

Bei der gebietsorientierten Organisation wird das Absatzgebiet in einzelne Regionen (Verkaufsbezirke) aufgeteilt. In der Praxis werden diese Außendienstbezirke häufig nach Nielsen-Gebieten, Bundesländern, Regierungsbezirken oder Kreisen gebildet. Das Problem der Verkaufsbezirksbildung besteht darin, Verkaufsbezirke so zu bilden, dass sie vergleichbare Umsatzpotenziale aufweisen und im Rahmen der Auftragsakquisition eine vergleichbare Arbeitslast verursachen.

Eine produktorientierte Organisationsstruktur ist durch die Zuordnung des Außendienstes zu einzelnen Produkten oder Produktgruppen gekennzeichnet. Eine derartige Aufteilung empfiehlt sich bei einem sehr heterogenen Produktprogramm, bei dem u. a. unterschiedliches Know-how der Außendienstmitarbeiter benötigt wird (z. B. Waschmittel, Haushaltsreiniger, Klebstoffe der Firma Henkel). Das Problem einer derartigen Aufteilung liegt darin, dass Kunden, die ein breites Sortiment abnehmen, verschiedene Außendienstmitarbeiter als Ansprechpartner haben, die aufgrund ihrer meist niedrigen Hierarchieposition nicht über die erforderlichen Kompetenzen für die Festlegung der Konditionen verfügen.

Bei einer Organisationsstruktur nach Kunden- bzw. Kundengruppen ist die Zuständigkeit des Außendienstes nach verschiedenen Zielgruppen (z. B. Handwerk, verschiedene Handelsgruppen, unterschiedliche Branchen) aufgeteilt. Des Weiteren ist es üblich, Großkunden aus den regionalen bzw. produktorientierten Zuständigkeiten herauszunehmen, um sie exklusiv durch ein so genanntes Key Account Management (KAM) zu betreuen. Die Intention dabei ist, die gesamten Geschäftsbeziehungen zu diesen Schlüsselkunden (z. B. Zentralen der großen Handelsketten) über eine zuständige Person (oder ein Verkaufsteam) abzuwickeln, um den Koordinationsaufwand zu reduzieren und insbesondere im Rahmen eines Efficient Consumer Response (ECR) die Marketing-Aktivitäten des Unternehmens mit denen des Handels zu optimieren.

Neben den dargestellten reinen Strukturtypen sind auch Mischformen möglich, bspw. indem zunächst nach Produktgruppen strukturiert wird (Vertrieb für Haushaltsgeräte, Vertrieb für Unterhaltungselektronik) und innerhalb der Produktgruppen die Zuständigkeiten des Außendienstes weiter nach Verkaufsbezirken (Bezirksmanagement Süd- und Norddeutschland) und/oder Kundengruppen (Großkunden in Süddeutschland, Facheinzelhandel in Süddeutschland) aufgeteilt sind.

5.3 Distributionspolitische Strategien

Die traditionelle Sichtweise des Konsumgüter-Marketing basiert auf der Annahme, dass der Hersteller alle Marketing-Instrumente und damit auch das distributionspolitische Instrumentarium unter seiner Kontrolle hat und somit nicht auf ein abgestimmtes Verhalten seiner Absatzmittler angewiesen ist.

Aufgrund der großen Marktmacht der Handelskonzerne sind diese jedoch in der Lage, eigene strategische Zielsetzungen und damit einhergehend ein eigenständiges Handelsmarketing zu verfolgen, das mit den Interessen des Herstellers nicht abgestimmt ist bzw. diese sogar konterkariert.

Während zu Zeiten der Preisbindung von Markenartikeln die Marketing-Führerschaft beim Hersteller lag, der den Handel als reinen »Erfüllungsgehilfen« seiner Marketing-Konzeption betrachtete, haben sich die Machtverhältnisse zu Gunsten des Handels verschoben, der nun häufig die Vorherrschaft im Absatzkanal inne hat.

Folgende Abbildung verdeutlicht bestehende Zieldivergenzen und Konfliktpotenziale zwischen Hersteller und Handel:

	Hersteller	**Handel**
Produkt-politik	Aufbau innovativer Produkte und starker Marken hohe Marktanteile in der Produktgruppe	Aufbau einer Sortimentskompetenz und eines Einkaufsstättenimages Aufbau von Eigenmarken zur besseren Profilierung im horizontalen Wettbewerb
Kommuni-kations-politik	Aufbau von Markenbekanntheit Schaffung von Markenpräferenzen und Markentreue Erreichung von „Unverwechselbarkeit" (USP auf dem Wege emotionaler Positionierung)	Aufbau von Händlerbekanntheit und Einkaufsstättentreue Profilierung der Handelskette und der einzelnen Geschäftsstätten
Preis-politik	Einheitliche Endverbraucherpreise zur Erreichung eines bestimmten Preisimages Preiskonstanz zur Vermeidung negativer Qualitätsassoziationen der Konsumenten durch zu niedrige Preise Durchsetzung der Preisstrategie in Verbindung mit einer „angemessenen" Handelsspanne	Aggressive Preismaßnahmen (Sonderangebotspolitik) Hohe Handelsspannen Preisliche Profilierung der Eigenmarken als preisgünstig und qualitativ hochwertig
Distri-butions-politik	Große Bestellmengen Hohe Distributionsdichte Günstige Markenplatzierung Sortimentspräsenz Ggf. Übernahme diverser Funktionen durch den Handel (z.B. Service und Beratung)	Schnelle Belieferung auch in kleinen Chargen Gleichmäßige Platzierung unterschiedlicher Marken verschiedener Hersteller (z.B. zur Signalisierung von Warengruppenkompetenz)

Abbildung 86: Zieldivergenzen zwischen Hersteller und Handel (Quelle: in Anlehnung an Meyer (2000), S. 298)

Vor dem Hintergrund dieser Zieldivergenzen strebt das Vertikale Marketing i.e.S. an, durch Kooperation den Handel zur Unterstützung der Marketing-Konzeption des Herstellers zu gewinnen, um Umsatzsteigerungs- und Kostensenkungspotenziale zu erschließen.

Aus einer weiteren Sicht des Herstellers beziehen sich die handelsgerichteten Alternativen nicht nur auf die Kooperation mit dem Handel, sondern darüber hinaus bestehen die Optionen der Anpassung des Hersteller- an das Handelsmarketing, der Umgehung des Handels oder der Dominanz des Herstellermarketing, wobei durch vertragliche Bindungssysteme ein eigenes Handelsmarketing unterbunden wird (**Vertikales Marketing i.w.S.**; vgl. zu diesen Perspektiven auch Olbrich 1995, Sp. 2615). Die folgenden Strategiealternativen beziehen sich auf das Vertikale Marketing i.w.S.

5.3.1   Handelsgerichtete Strategien

Ausgangspunkt aller Überlegungen zur Formulierung handelsgerichteter Strategien ist die Definition des eigenen Geschäftszwecks und dessen Abgleich mit dem Geschäftszweck des jeweils anvisierten Absatzmittlers. Es ist hierbei zu überprüfen, ob die Marketing-Konzeption des Handels mit der eigenen Positionierung vereinbar ist. Letztlich geht es um die Durchsetzbarkeit des eigenen Sortiments, um die Erreichbarkeit und die adäquate Bearbeitung der anvisierten Zielgruppen durch den Handel. Je nach Ergebnis dieser Situationsanalyse hat der Hersteller die nachfolgend diskutierten handelsgerichteten Strategieoptionen (vgl. Meffert 2000, S. 605ff.).

Strategie der Stärke

Bei der Strategie der Stärke liegt die Marketing-Führerschaft beim Hersteller. Diese Strategie lässt sich bei Premiummarken (z. B. Designer-Kleidung, Unterhaltungselektronik) bzw. im technischen Bereich realisieren, wenn der Anbieter Markt- und Innovationsführer ist. Des Weiteren lässt sich diese Strategie durchsetzen, wenn der Hersteller für ein ausgefeiltes Marketing-Konzept ein starkes »**Pull-Marketing**« betreibt, so dass der daraus entstehende Nachfragesog dem eingeschalteten Händler ein hohes Gewinnpotenzial verspricht (z. B. Franchising-Konzepte wie McDonalds). Der Hersteller bestimmt in diesem Fall das gesamte Marketing-Mix einschließlich aller Aktivitäten des Händlers wie bspw. Verkaufsraumgestaltung, Warenpräsentation, Kundendienst, Garantien etc. (**Quasi-Filialisierung**). Derartige Maßnahmen werden in der Regel im Rahmen vertraglicher Bindungen des Endabnehmer-Marketing des Handels festgelegt.

Kooperationsstrategie

Die Kooperationsstrategie ist dadurch gekennzeichnet, dass Hersteller und Handel freiwillig und zumeist vertraglich geregelt, ihre Marketing-Aktivitäten abstimmen, um dadurch die gemeinsame Leistungsfähigkeit zu steigern. Dahinter steht das Ziel, die Gewinnpotenziale für die Beteiligten zu erhöhen. Dieses kann zum einen durch Erlössteigerungen (höhere Kundenzufriedenheit und Kundenbindung), zum anderen durch Kostensenkungen (Abstimmung der Abverkäufe mit der Produktion, Logistik und Lagerhaltung des Herstellers sowie Einsatz neuester Informations- und Kommunikationstechnologien) erreicht werden. Diese Formen der Zusammenarbeit werden zumeist unter dem Begriff des **Efficient Consumer Response (ECR)** subsumiert (vgl. von der Heydt 1999). Die Komponenten des ECR sind:

- Effiziente Sortimentsgestaltung (Category Management, Efficient Assortment)
- Effiziente Produkteinführung (Efficient Product Introduction)
- Effiziente Verkaufsförderung (Efficient Promotion)
- Effiziente Warenversorgung (Efficient Replenishment)

Bei der **effizienten Sortimentsgestaltung**, dem sogenannten **Category Management**, geht es um die Planung und Steuerung von Warengruppen (Categories) als Geschäftseinheiten des Handels (z. B. Tiefkühlkost, Haarpflege, Kosmetik etc.). Dabei erfolgt seitens des Handels eine enge Zusammenarbeit mit jenen Herstellerunternehmen, deren Marken einen hohen Anteil innerhalb der entsprechenden Warengruppe besitzen.

Die Warengruppenbildung orientiert sich in Zusammensetzung und Platzierung an den Zielgruppen der jeweiligen Handelsorganisationen (EDEKA, Tengelmann, REWE etc.) und deren Betriebsformen (Supermarkt, Verbrauchermarkt, Discounter etc.). Bei der konkreten Zusammenstellung der »Category« wird häufig die Forderung erhoben, Warengruppen nicht nur nach technischer Herkunft zu bilden, sondern soweit wie möglich die Kundensicht zu berücksichtigen. Schließlich sind die Anteile an Premiummarken, mittelpreisigen Markenartikeln und Handelsmarken und deren Regalplatzierung (Standort, Fläche etc.) sowie die beliefernden Hersteller festzulegen. Bei der Bildung der Warengruppen muss der Hersteller die Ausrichtung des jeweiligen Handelsbetriebs berücksichtigen, für den die Warengruppe die Rolle einer Profilierungs- (z. B. Frischesortimente, Delikatessen, Spirituosen), Pflicht- (z. B. Waschmittel, Haushaltsreiniger) oder Ergänzungskategorie (z. B. Saisonartikel) übernehmen kann. Dementsprechend muss der Hersteller in Kauf nehmen, dass Teile seines Sortiments nicht in die »Category« aufgenommen werden.

Da die Warengruppen in ihrer Zusammensetzung anhand von Leistungskennzahlen wie Umschlagshäufigkeit, Handelsspanne und Rentabilitätskennzahlen (vgl. zu diesen Kennzahlen Müller-Hagedorn 2002, S. 167ff.) zusammengestellt werden, wobei häufig Verbundkäufe vernachlässigt werden, bestimmt letztlich die Masse der Käufer über die Sortimente. Diese Zielgruppenorientierung kann dann zu einer »Verarmung« der Sortimente führen, womit der Handel Differenzierungspotenziale aus der Hand gibt. Die Konsequenz ist eine Uniformität im Wettbewerb der Händler und die Abwanderung von Kunden in Spezialgeschäfte.

Als **effiziente Produkteinführung** bezeichnet man im weitesten Sinne die kooperative Neuproduktentwicklung (z. B. hinsichtlich Gebindegrößen und Produktvarianten), die gemeinsame Durchführung von Markttests und schließlich die konzertierte Einführung des Produktes im Markt (z. B. Verkaufsförderung, Abstimmung der Logistik). Mitunter geht diese Kooperation so weit, dass der Hersteller zur Sicherung der Regalplätze für seine Markenartikel dem Händler zugleich Handelsmarken anbieten muss.

Die **effiziente Verkaufsförderung** bezieht sich auf die Abstimmung des Inhalts und des Zeitpunkts von Verkaufsförderungsaktionen sowie die Entwicklung individueller Verkaufsförderungsprogramme für die einzelnen Handelsorganisationen.

Die **effiziente Warenversorgung** dient der wirtschaftsstufenübergreifenden Optimierung der Warenversorgung und umfasst die Zusammenarbeit von Hersteller und Handel im Bereich des Informationsaustauschs (Scanning, Electronic Data Interchange) und der Logistik (Just-In-Time). Man erwartet hierdurch niedrigere Lagerhaltungs- und Logistikkosten durch Senkung der Bestandshöhen, Verkürzung der Transportzeiten, Einführung von festen Anlieferterminen, Cross-Docking etc. bei gleichzeitig höherer Verfügbarkeit der Waren in den Verkaufsstätten.

Strategie der Anpassung

Die Strategie der Anpassung findet sich vorrangig bei kleineren Herstellern, die die Großbetriebs- und Zusammenschlussformen des Handels beliefern und sich dabei der Marketing-Führerschaft des Handels unterordnen. Der Umfang der Anpassung reicht von der Produktion von Handelsmarken, der Mitwirkung an Verkaufsförderungsaktionen bis hin zur Übernahme der Wareneingangslogistik, Regalpflege und Preisauszeichnung.

Strategie der Umgehung

Eine Umgehungsstrategie bedeutet, dass der Hersteller bewusst auf zwischengeschaltete Absatzmittler verzichtet und die verschiedenen Formen des Direktvertriebs nutzt (vgl. 3. Kap. Abschn. 5.2.1.1).

5.3.2   Mehrkanalsysteme

Ein Mehrkanalsystem im engeren Sinne liegt vor, wenn der Hersteller sowohl direkte als auch indirekte Absatzwege parallel einsetzt (vgl. Ahlert/Hesse 2003, S. 9). Die älteste Form eines Mehrkanalsystems ist der Direktabsatz in Ballungsräumen und der Absatz über den Einzelhandel in nachfrageschwächeren Regionen. Weitere Mehrkanalsysteme bedienen sich der verschiedenen Formen des Direktabsatzes, wie z. B. Verkauf ab Werk, Kataloge, E-Commerce, Filialen, sowie des indirekten Absatzes, z. B. über den Spezialgroßhandel, den Sortimentsgroßhandel und den Einzelhandel in unterschiedlichen Kombinationen. In einer weiteren Fassung lässt sich auch jegliche Einschaltung verschiedener Formen von Distributionskanälen als Mehrkanalsystems bezeichnen.

Neben dem regionalen Absatzvolumen als Ursache für unterschiedliche Distributionskanäle spielen vor allem das Produktprogramm, die anvisierten Zielgruppen und handelsgerichteten Strategien gegenüber den in Frage kommenden Absatzmittlern für die Struktur eines Mehrkanalsystems eine Rolle.

Bei einem heterogenen Produktprogramm, das an unterschiedliche Zielgruppen gerichtet ist, ist es sinnvoll, unterschiedliche Absatzwege zu wählen, die sich jeweils an den anvisierten Zielgruppen orientieren. So vertreibt die Firma L'Oréal ihr Haarpflegeprogramm an Friseure über den eigenen Außendienst, während Endverbraucher über den Lebensmitteleinzelhandel erreicht werden. Das Kosmetiksortiment von L'Oréal (Vichy) wird in Apotheken, die Parfums (Lancôme) in Parfümerien angeboten (vgl. auch Schögel 2001, S. 34). Zudem unterscheiden sich die Handelsstrukturen und die Möglichkeiten der Einflussnahme auf die Absatzmittler gerade im internationalen Marketing erheblich, so dass z. B. im Inlandsmarkt eigene Filialsysteme unterhalten werden, während auf Auslandsmärkten selbständige Handelsmittler einzuschalten sind.

Insbesondere durch die Entwicklung des E-Commerce wurde die Diskussion über die Gestaltung von Mehrkanalsystemen wieder aufgenommen. Unter E-Commerce versteht man die digitale Anbahnung, Aushandlung und Abwicklung von Transaktionen zwischen Wirtschaftssubjekten über elektronische Netze, vor allem das Internet (vgl. auch Wirtz 2001, S. 32ff.). Hierbei wird sowohl im Business-to-Business als auch im Business-to-Consumer-Bereich das Internet als zusätzlicher direkter Absatzweg in ein bestehendes Distributionssystem integriert. Die Herausforderung derartiger Mehrkanalsysteme besteht darin, eine geeignete Funktionsaufteilung zwischen dem traditionellen stationären Handel und dem über das Internet erfolgenden Direktabsatz des Herstellers zu finden. Bspw. können bei technischen Gebrauchsgütern die Information und der Vertragsabschluss im Internet erfolgen, Auslieferung, Wartung und Service erfolgen durch den (regionalen) Vertragshändler, der zugleich eine entsprechende Umsatzprovision erhält. Allerdings gibt es auch Anbieter, die parallel zum Handel große Teile ihres Sortiments direkt über das Internet zu denselben Konditionen wie der Einzelhandel vertreiben. Für den Konsumenten stehen den eingesparten Beschaffungskosten eines Einkaufs im stationären Handel jedoch die damit einhergehenden Versandkosten bei Internetkauf gegenüber.

5.3.3 Vertragliche Bindungen

Durch vertragliche Bindungen versucht der Hersteller, in mehr oder weniger großem Ausmaß, d. h. abhängig von der handelsgerichteten Strategie, einzelne oder alle Marketing-Maßnahmen auf Handelsebene verbindlich festzulegen (vgl. Ahlert 1996, 192ff.). Die folgende Abbildung 87 zeigt mögliche vertragliche Bindungen zwischen Hersteller und Handel auf.

5.3.3.1 Einzelbindungen

Grundsätzlich versteht man unter einer Vertriebswegebindung die vertragliche Verpflichtung eines Absatzmittlers zur Einhaltung eines bestimmten, durch den Hersteller festgelegten Absatzweges. Bei Belieferung des Einzelhandels finden sich die Formen des Selektiv- und des Exklusivvertriebs. Beim Selektivvertrieb wählt der Hersteller Absatzmittler aus, die zwingend bestimmte Mindestanforderungen erfüllen müssen. Zu diesen Anforderungen gehören regelmäßig die Qualifikation des Personals (z. B. Durchführung von Wartungs- und Reparaturarbeiten, Beratung), die Möglichkeiten der Warenpräsentation und der Verkaufsraumgestaltung. Nach der neuen GVO-KfZ (Gruppenfreistellungsverordnung) dürfen die Händler Verkäufe im gesam-

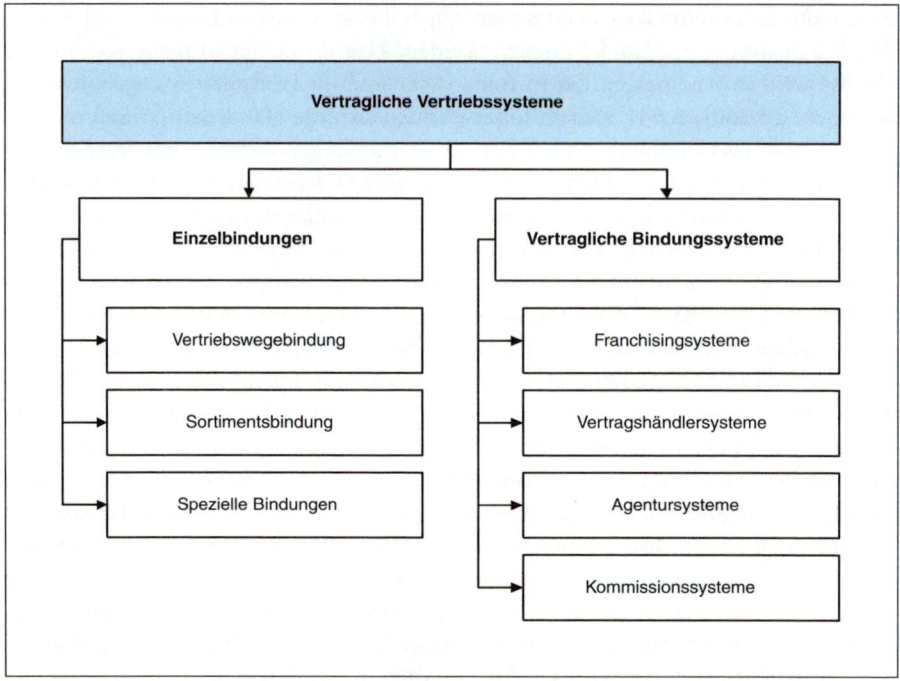

Abbildung 87: Vertragliche Bindungen zwischen Hersteller und Handel

ten EU-Gebiet tätigen, jedoch kann der Verkauf an fabrikatsfremde Händler untersagt werden. Beim Exklusivvertrieb erfolgt neben einer qualitativen Selektion ergänzend die Gewährung eines Gebietsschutzes. Die GVO-KfZ erlaubt im Exklusivvertrieb den Händlern auch Weiterverkäufe an fabrikatsfremde Wiederverkäufer, wobei diese die erforderlichen Kundendienst- und Wartungsarbeiten an vom Hersteller autorisierte Werkstätten delegieren können.

Die Sortimentsbindung, z. B. über Gebotsklauseln, kann in Form einer Verpflichtung des Händlers zur Führung bestimmter Sortimentsteile (z. B. Rosenthal-Studio-Häuser) oder einer Verpflichtung zu einer vordefinierten Form der Warenpräsentation (z. B. Shop-in-Shop-System, Displays, Verkaufsecken etc.) bestehen.

Weitere spezielle Bindungen, die hier nur erwähnt werden sollen, betreffen die Übernahme von Reparaturen und Garantieleistungen, die Beteiligung an Werbe- und Verkaufsförderungsmaßnahmen, Schulungen etc.

5.3.3.2 Bindungssysteme

Zu den Bindungssystemen gehören des Franchising, das Vertragshändlersystem sowie das Kommissions- und Agentursystem.

Franchising ist ein umfassendes vertragliches Bindungssystem, durch das Waren und Dienstleistungen vermarktet werden. Durch diese Verträge wird eine enge und fortlaufende Zusammenarbeit rechtlich selbständiger Unternehmen, dem Franchise-Geber und seinen Franchise-Nehmern, begründet. Der Franchise-Geber gewährt seinen Franchise-Nehmern das Recht und legt ihnen zugleich die Verpflichtung auf, ein Geschäft entsprechend seinem Konzept zu betreiben. Dies berechtigt den Franchise-Nehmer gegen Bezahlung einer einmaligen Lizenzgebühr und in der Regel einer umsatzabhängigen laufenden Gebühr, das Markenzeichen bzw. Warenzeichen, das Know-how in Form eines Franchise-Handbuchs, die wirtschaftlichen und technischen Methoden und das Geschäftssystem des Franchise-Gebers zu nutzen (vgl. Verhaltenskodex der European Franchise Federation EFF).

Der Vorteil dieses Bindungssystems für den Franchise-Geber liegt darin, dass er ein weitreichendes Vetriebsstellennetz mit einheitlichem Auftreten nach außen (Quasi-Filialisierung) aufbauen kann, ohne den Kapitalbedarf und die laufenden Kosten für die Geschäftsstellen aufbringen zu müssen. Der Franchise-Nehmer hingegen profitiert von der Bekanntheit der eingeführten Marke und der Marketing-Konzeption bei gleichzeitiger rechtlicher Selbständigkeit und hohen Gewinnpotenzialen. Bekannte Franchisesysteme in Deutschland sind bspw. McDonalds, Thomas Cook, Obi, Apollo-Optik, Burger King, Kamps, Villeroy Boch und Sunpoint.

Die Unterordnung unter die Marketingpolitik des Franchise-Gebers führt zu einem einheitlichen Erscheinungsbild nach außen. Hierzu gehören die standardisierte Geschäftsausstattung, das Gebot, die Waren des Franchise-Gebers zu führen, konkrete Servicevorschriften, die finanzielle Beteiligung an der nationalen Werbung und die Kooperation in der Verkaufsförderung. Zusammen mit den detaillierten Vorgaben für den Leistungserstellungsprozess wird eine gleich bleibende Qualität der Produkte bzw. Dienstleistungen gesichert. Bekannte Franchisesysteme haben mithin dieselben Wirkungen wie eingeführte Markenartikel (Sicherheit, Kundenbindung, Markentreue etc.). Hinsichtlich der Preispolitik gilt, wenn die Voraussetzung von Markenartikeln nach § 23 GWB erfüllt sind, dass der Franchise-Geber nur eine unverbindliche Preisempfehlung aussprechen kann.

Als **Vertragshändlersystem** bezeichnet man ein Bindungssystem zum Vertrieb von Waren oder Dienstleistungen, das in seiner weitestgehenden Form die gleiche Konzeption wie das Franchising aufweist. Im Unterschied zu diesem entfallen jedoch die Franchise-Gebühren und in der Regel erfolgt eine deutliche Herausstellung der Firma des Händlers. Ein typisches Beispiel ist die Automobilindustrie. Die Vertragshändler sind, ebenso wie Franchise-Nehmer, rechtlich selbständige Unternehmen, die in eigenem Namen und auf eigene Rechnung Leistungen anbieten, so dass auch hier nur eine unverbindliche Preisempfehlung des Herstellers möglich ist.

Wenn der Hersteller zugleich auch die Endverkaufspreise bestimmen möchte, stehen ihm das Agentur- und Kommissionssystem zur Verfügung.

Beim **Agentursystem** bleibt der Hersteller Eigentümer der Ware und der Agent schließt in fremdem Namen und auf fremde Rechnung den Kaufvertrag ab (§ 84 I HGB). Typische Agentursysteme finden sich bei Tankstellen und Versicherungen.

Im **Kommissionssystem** übernimmt der Kommissionär gewerbsmäßig den Verkauf von Waren oder Wertpapieren in eigenem Namen, aber auf fremde Rechnung (§ 383 HGB). Da auch hier der Hersteller Eigentümer bleibt, obliegt ihm die Festlegung der Endverkaufspreise (§ 386 HGB). Bspw. werden in Deutschland ca. 50 % des Weinhandels über Kommissionäre abgewickelt.

6   Marketing-Organisation

6.1   Aufgaben der Marketing-Organisation

Organisation wird im Folgenden als Kurzform des Begriffs »Organisationsstruktur« eines Unternehmens verstanden. Hierbei handelt es sich um ein System von Regeln, das die Rollenverteilung und die Rollenausübung im Unternehmen festlegt (vgl. Remer 2001, S. 4). Aufgabe der Marketing-Organisation ist es, ein Regelsystem zu gewährleisten, das die Planung, Realisation und Kontrolle aller marktgerichteten Tätigkeiten unter Berücksichtigung der Umwelterfordernisse (Makroumwelt, Zielgruppen, Wettbewerber und Handel) und der Abstimmungserfordernisse mit den anderen Unternehmensfunktionen ermöglicht. Im Folgenden werden grundsätzliche Möglichkeiten zur Gestaltung der Organisationsstruktur sowie ihre Eignung zur Umsetzung der Marketing-Konzeption behandelt (vgl. auch Köhler 1993, S. 157ff.; Meffert 2000, S. 1066ff.; Nieschlag/Dichtl/Hörschgen 2002, S. 1220ff.).

6.2   Organisationsformen

6.2.1   Eindimensionale Organisation

Bei eindimensionalen Organisationsformen wird ein Kriterium zur Strukturierung des Unternehmens durchgängig beibehalten. Hierbei kann es sich um Funktionen oder um Objekte (Produkte, Kunden bzw. Regionen) handeln.

6.2.1.1   Funktionale Organisation

Bei funktionaler Organisation wird das Unternehmen in unterschiedliche Aufgaben (Verrichtungen) gegliedert, für die jeweils bestimmte Stelleninhaber (Linienpositionen, Instanzen) zuständig sind (z. B. Beschaffung, Produktion, Vertrieb, Finanzen). Die Aufgaben und Kompetenzen der Funktionsmanager sind strikt getrennt. Des Weiteren haben sie genau definierte Kontaktvorgaben (»Linien«) zur Geschäftsleitung bzw. den ihnen untergeordneten Positionen. Fundiertere Entscheidungen der Linie durch stärkere Berücksichtigung von Markterfordernissen verspricht man sich dadurch, dass der Geschäftsleitung eine Stabsstelle »Marketing-Services« zugeordnet wird (vgl. Abb. 88).

Der nur beratend tätigen Stabsstelle »Marketing-Services« obliegen Aufgaben wie Marktforschung, Marketing-Planung, Koordination der Kommunikationsinstrumente und Marketing-Kontrolle. Das Problem ist, dass die Vorschläge der Marketing-Ser-

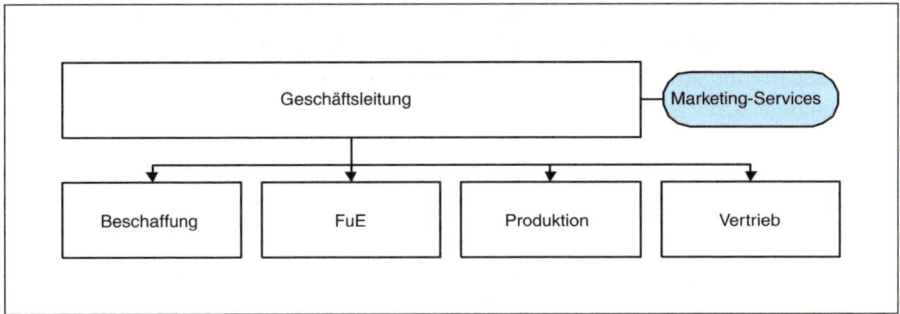

Abbildung 88: Funktionale Organisation mit Marketing als Stab

vices den Funktionsbereichen durch die Geschäftsleitung oftmals nicht hinreichend vermittelt werden.

Eine sinnvollere organisatorische Lösung zur Implementierung des Marketing lässt sich bei Funktionsgliederung nur erreichen, wenn eine eigene **Marketing-Abteilung mit Linienkompetenz** eingerichtet wird, die für die Abstimmung zwischen Marketing-Services und Vertrieb (Innen- und Außendienst, Kundendienst) zuständig ist (Direktor Marketing/Vertrieb).

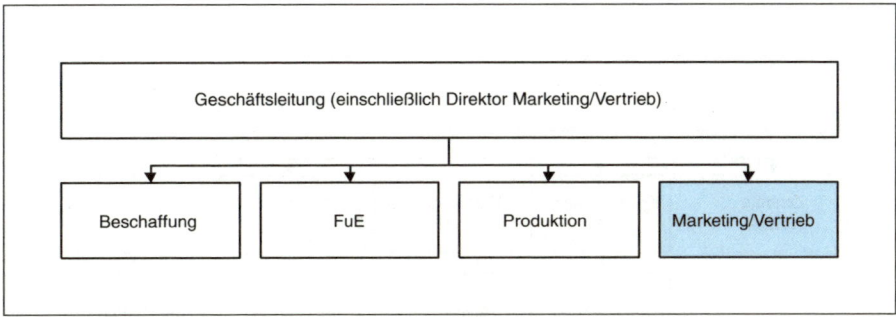

Abbildung 89: Funktionale Organisation mit Marketing als Linieninstanz

Eine funktionale Gliederung ist jedoch nur bei schmalem Produktprogramm geeignet, das nur wenigen technologischen und marktlichen Veränderungen unterliegt. Im Vordergrund dieser funktionalen Gliederung stehen Effizienzgesichtspunkte, u. a. Kostenvorteile durch Aufgabenspezialisierung.

6.2.1.2 Objektorientierte Organisation

Bei heterogenem Programm, unterschiedlichen Zielgruppen und dynamischen Umwelten sind objektorientierte Strukturen (nach Produkten, Kunden oder Regionen) erforderlich.

Bei **produktorientierter Organisation** (vgl. Abb. 90) werden die Tätigkeiten unterhalb der Unternehmensleitung zunächst nach Produkten bzw. Produktgruppen gegliedert (Spartenorganisation), wobei diese Organisationseinheiten vielfach als quasi eigenständige Bereiche agieren, die eine eigene Marktaufgabe (Zielgruppen, Konkurrenten etc.) haben und daher auch eigene Strategien (Beschaffung, Produktion, FuE, Marketing) realisieren können. Bei produktorientierter Organisation wird die Koordination aller Aufgaben, die zur Entwicklung, Einführung und Variation von Produkten erforderlich sind, in den Vordergrund gestellt. Diese Organisationsform ermöglicht es, den KKV als vordringliches Ziel für die Spartenleitungen vorzugeben, wodurch die Idee der Schaffung und Erhaltung von Erfolgspotenzialen konsequent umgesetzt wird.

Bei einer **Organisation nach Kunden bzw. Kundengruppen** werden die marktgerichteten Aktivitäten an den Anforderungen der unterschiedlichen Zielgruppen ausgerichtet. Eine solche kundengruppenorientierte Organisation findet sich unmittelbar unterhalb der Geschäftsleitung für die Betreuung von Großkunden (Statusgleichheit und Kompetenz der Verhandlungspartner) aber häufiger auf nachrangigen Positionen im Key Account Management der Konsumgüterindustrie (vgl. hierzu die Ausführungen zur Struktur des Außendienstes). Bei kundenorientierter Organisation stehen die umfassende Betreuung der Zielgruppen und der Aufbau von Wettbewerbsvorteilen

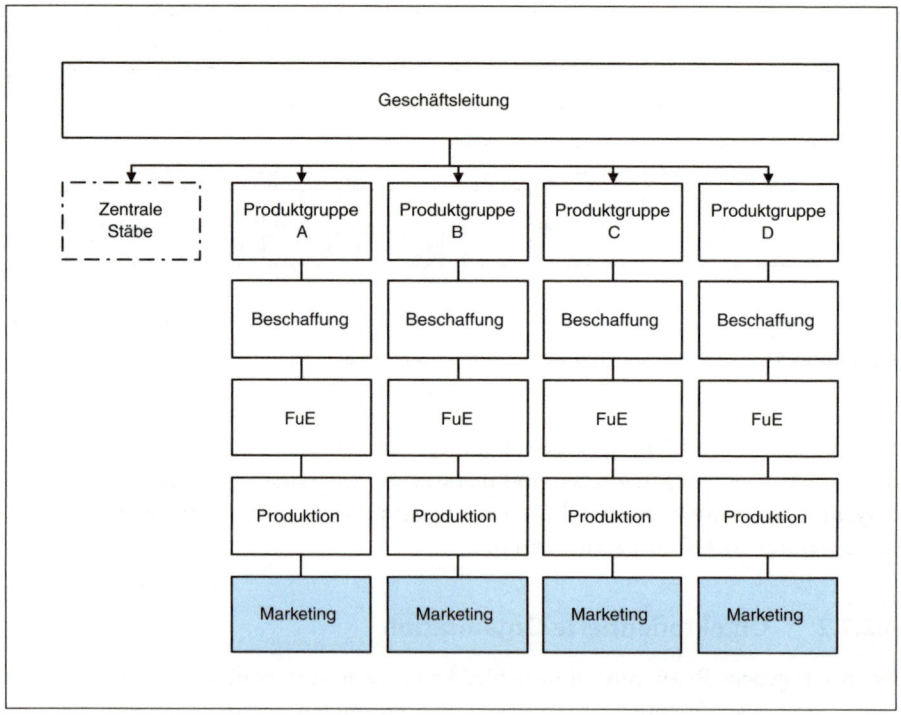

Abbildung 90: Objektorientierte Organisation

durch kundenindividuelle Leistungen und Beziehungspflege im Vordergrund (**Customer Relationship Management**; vgl. Hippner 2004).

Regionale Untergliederungen der Organisation finden sich gelegentlich bei internationaler Tätigkeit direkt unterhalb der Geschäftsleitung als autonome strategische SGEn mit weitreichenden Kompetenzen. Häufiger werden sie aber für nachrangige Hierarchieebenen eingerichtet, z. B. im Vertrieb nach Regionen, wobei die absatzwirtschaftlichen Aktivitäten über alle Produkte hinweg zu koordinieren sind.

Allen objektorientierten Strukturen ist gemeinsam, dass sie schneller und effizienter auf geänderte Marktgegebenheiten reagieren können und für eine Reduzierung der Umweltkomplexität sorgen (vgl. Remer 2001, S. 374). Allerdings führt dies im Vergleich zu eindimensionalen Organisationsformen zu einer Stellenausweitung, z. B. eigene Marktforschung, eigener Kundendienst und Vertrieb für jede Sparte.

Die Nachteile eindimensionaler Organisationsformen liegen darin, dass die jeweils andere Dimension (Kunden oder Produkt) nur unzureichend berücksichtigt wird. Bspw. ist bei produktorientierter Gliederung die Koordination erschwert, wenn mehrere Sparten einen Kunden betreuen. Bei kundenorientierter Gliederung hingegen fehlt es häufig an entsprechendem produktspezifischen Know-how des Außendienstes, wenn es sich um ein heterogenes Produktprogramm handelt.

6.2.2 Mehrdimensionale Organisation

Um diese Probleme im Spannungsfeld zwischen Produkten und Märkten zu handhaben, werden daher mehrdimensionale Strukturen vorgeschlagen, was jedoch den Koordinationsaufwand weiter erhöht.

Werden Funktions- und Produktgliederung gleichzeitig für die Stellenbildung herangezogen, spricht man von Matrix-Organisation (vgl. Abb. 91). Damit sollen die Vorteile der effizienten Verrichtungsgliederung mit der Marktorientierung der Produktgliederung (zumeist in Form eines Produktmanagements) vereint werden.
Da jedoch der Stelleninhaber Mehrfachanweisungen erhält, kann es zu Konflikten zwischen Funktions- und Produktmanagern kommen. Mitunter findet sich die Auffassung, dass sich hierbei die besseren Argumente durchsetzen würden, in der Realität kommt es jedoch oftmals zu suboptimalen Kompromissen. Zudem ist der Koordinationsaufwand hoch und die Entscheidungsfindung wird verzögert.

In der Praxis überträgt man daher den Produktmanagern lediglich Stabsfunktionen und die zu koordinierenden Verrichtungen beschränken sich auf den Marketingbereich (z. B. Marktforschung, Neuproduktentwicklung, Werbung, Verkaufsförderung). Während das Produktmanagement auf Dauer eingerichtet ist, kann für besondere Aufgaben, wie z. B. die Entwicklung neuer Produkte, ein Projektmanagement eingerichtet werden, das nach Beendigung der Projektes wieder aufgelöst wird (zu verschiedenen Formen des Projektmanagements zur Neuproduktentwicklung vgl. Wind 1982, S. 486ff.).

Eine Tensor-Organisation liegt vor, wenn mehr als zwei Gliederungsprinzipien zur Anwendung kommen, z.B. bei einer Gliederung nach Funktionen, nach Produkten und Kundengruppen. Eine derartige Organisationsform liegt etwa im Vertrieb vor,

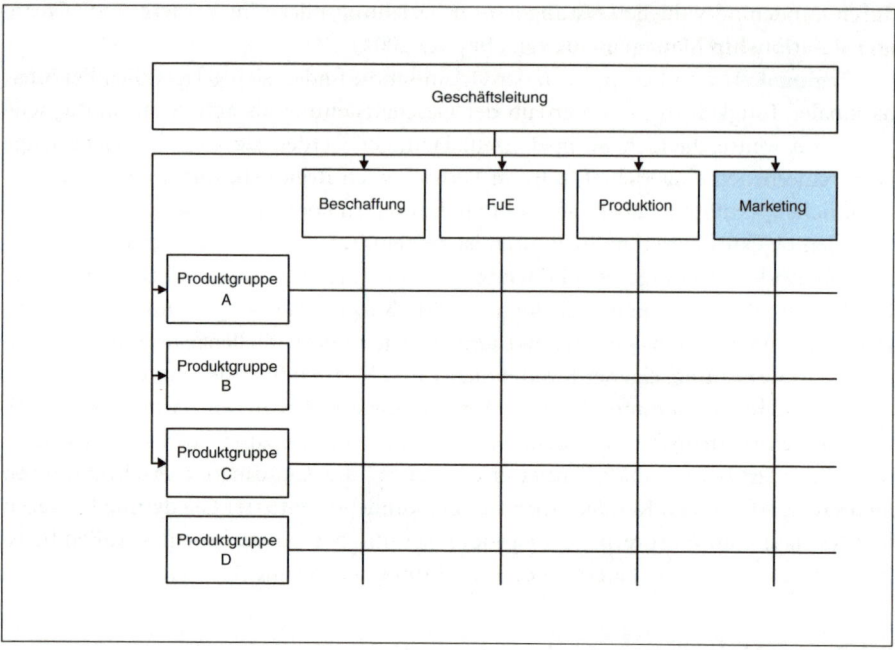

Abbildung 91: Matrix-Organisation

wenn nach Kundengruppen, Produkten und Regionen gegliedert wird. Bspw. werden die Großkunden national durch einen Key Account Manager betreut, die sonstigen Kunden werden in den jeweiligen Verkaufsbezirken durch Außendienstmitarbeiter für einzelne Produktgruppen bearbeitet.

4. KAPITEL: MARKETING-KONTROLLE

1   Grundlagen der Marketing-Kontrolle

Bevor auf die Inhalte und Methoden der Marketing-Kontrolle eingegangen wird, sind die Begriffe Controlling und Kontrolle zu klären. Unter **Controlling** wird die Koordination von Informationsversorgung, Planung und Kontrolle verstanden (vgl. Köhler 1993, S. 256; Horváth 2003, S. 21). Die inhaltlichen Aufgaben des Controlling leiten sich aus den Aufgaben des strategischen und operativen Marketing ab (vgl. 1. Kap. Abschn. 1.3). Demnach sind Informationen für die strategische und operative Zielplanung, die Definition des Unternehmenszwecks, das Portfoliomanagement, die Marktsegmentierung, die Planung der Marketing-Maßnahmen und letztlich für die Ergebniskontrolle bereitzustellen.

Die Informationsbeschaffungsmethoden hierfür wurden im Rahmen der SWOT-Analyse (vgl. 2. Kap. Abschn. 2) dargelegt. Es handelt sich um die Methoden der Früherkennung, der Marktforschung und der internen Analyse der Strategischen Geschäftsfelder (insbesondere des Rechnungswesens), wobei die gewonnenen Daten so aufzubereiten sind, dass sie den Entscheidungsträgern auf den jeweiligen Unternehmensebenen (Gesamtunternehmen, Strategische SGE, Funktionsbereiche) für Planung und Ergebniskontrolle dienen können. Da die Informationsbeschaffungsmethoden und die geeigneten Entscheidungshilfen für das Marketing bereits an den entsprechenden Stellen des Buches behandelt wurden, konzentrieren sich die Ausführungen dieses Kapitels auf die Marketing-Kontrolle im Sinne einer Ergebniskontrolle bzw. Überwachung. In dieser engen Fassung bezieht sich die Kontrolle der Marketing-Maßnahmen auf einen Vergleich der tatsächlich erreichten Ergebnisse mit den geplanten Zielwerten (Soll-Ist-Vergleich). Diese Auslegung der Marketing-Kontrolle als Durchführungskontrolle ist nur im Rahmen der operativen Kontrolle sinnvoll, da es bei dynamischen Umwelten zu schwer vorhersehbaren Diskontinuitäten kommen kann, so dass die geplanten Strategien revidiert werden müssen. In diesem Sinne lassen sich folgende Formen der Kontrolle unterscheiden.

Die **Durchführungskontrolle** (Ergebniskontrolle) überwacht die monetären und nicht-monetären Ergebnisse der realisierten Marketing-Maßnahmen und der damit betrauten Stelleninhaber.

Bei der **gerichteten Überwachung** (Prämissen-Kontrolle) werden die Planungsannahmen überprüft, die der Marketing-Strategie zugrunde gelegt wurden (z. B. stabiler Dollar-Kurs, kein Konkurrenzeintritt, keine Substitutionstechnologien).

Bei **ungerichteter Überwachung** (Früherkennung) versucht man Diskontinuitäten, die sich in Form schwacher Signale ankündigen, rechtzeitig zu erfassen, um noch

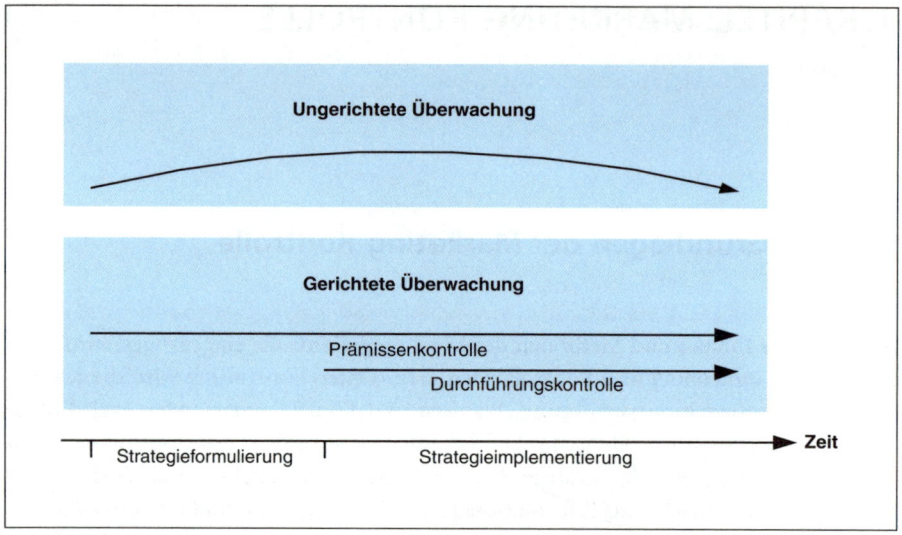

Abbildung 92: Formen der Kontrolle (Quelle: in Anlehnung an Steinmann/Schreyögg 1993, S. 222)

genügend Zeit zur Abwehr von Bedrohungen bzw. zur Nutzung von Chancen zu haben (vgl. 2. Kap. Abschn. 2.2).

Im Folgenden werden unter die operative Kontrolle die Ergebniskontrolle (bzw. Durchführungskontrolle) und unter die strategische Kontrolle die Prämissenkontrolle sowie die Früherkennung subsumiert.

2   Operative Kontrolle

2.1   Ökonomische Kontrollgrößen

Die wichtigsten monetären Ergebnisgrößen für die operative Durchführungskontrolle sind Umsätze, Kosten, Deckungsbeiträge, Marktanteile und Absatzmengen. Bei kurzfristigen Ergebniskontrollen ist die Verbindung der entscheidungsrelevanten Kosten und der Erlöse ein wichtiger Aufgabenschwerpunkt. Bei dieser so genannten Absatzsegmentrechnung werden im Wege einer stufenweisen Deckungsbeitragsrechnung die Gewinn- bzw. Verlustquellen verschiedener Produkte bzw. Produktgruppen, Kunden bzw. Kundengruppen, Verkaufsgebiete, Absatzwege und Auftragsgrößen ermittelt, wobei auf jeder Stufe nur die Kosten dazu kommen, die dort als relative Einzelkosten ohne Schlüsselung zugeordnet werden können (vgl. hierzu und zur folgenden Abbildung Köhler 1993, S. 265f.)

Bei einer produktbezogenen Absatzsegmentrechnung werden zunächst die Gesamtdeckungsbeiträge $(p - k_v) \cdot x$ der einzelnen Produkte ermittelt. Von diesen wer-

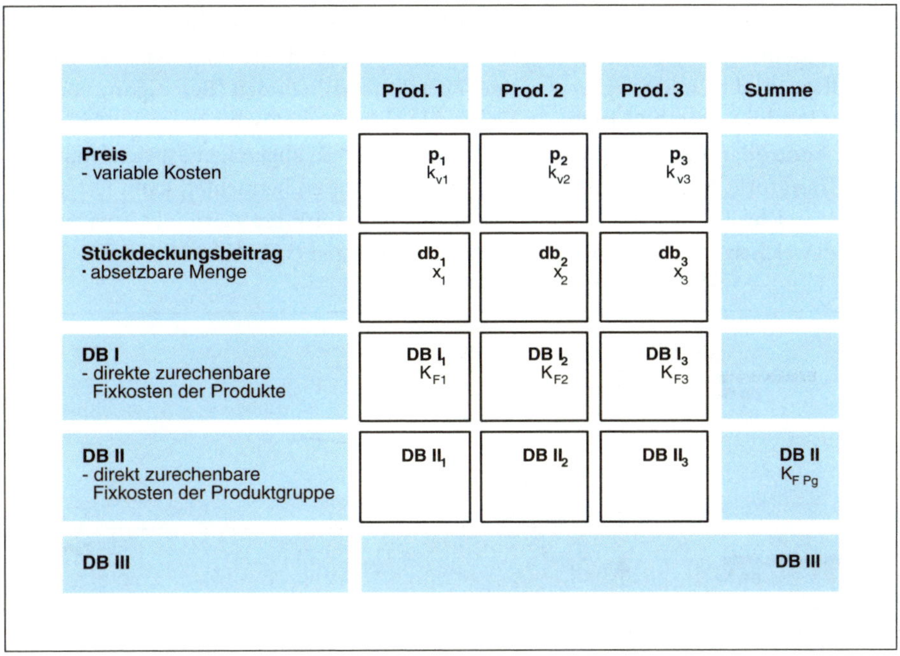

	Prod. 1	Prod. 2	Prod. 3	Summe
Preis - variable Kosten	p_1 k_{v1}	p_2 k_{v2}	p_3 k_{v3}	
Stückdeckungsbeitrag · absetzbare Menge	db_1 x_1	db_2 x_2	db_3 x_3	
DB I - direkte zurechenbare Fixkosten der Produkte	$DB\ I_1$ K_{F1}	$DB\ I_2$ K_{F2}	$DB\ I_3$ K_{F3}	
DB II - direkt zurechenbare Fixkosten der Produktgruppe	$DB\ II_1$	$DB\ II_2$	$DB\ II_3$	$DB\ II$ $K_{F\ Pg}$
DB III				**DB III**

Abbildung 93: Stufenweise Deckungsbeitragsrechnung (Quelle: in Anlehnung an Köhler 1993, S. 215)

den die Fixkosten, die direkt den einzelnen Produkten zurechenbar sind (Kosten einer Spezialmaschine, Werbeausgaben für das Produkt) abgezogen, so dass sich der Gesamtdeckungsbeitrag II ergibt. Von der Summe der Gesamtdeckungsbeiträge II werden anschließend die direkt zurechenbaren Fixkosten der Produktgruppe (z. B. Gehalt eines Produktgruppenmanagers) abgezogen, woraus sich der Gesamtdeckungsbeitrag III errechnen lässt. Diese Rechnung lässt sich bis zum Gesamtergebnis auf Unternehmensebene weiterführen, indem auf der jeweiligen Stufe nur die direkt zurechenbaren Kosten verrechnet werden (vgl. auch den Rechengang bei der Überprüfung der Wirkung preispolitischer Maßnahmen im Produktprogramm im 3. Kap. Abschn. 4.3.3.1).

In ähnlicher Weise lassen sich für alle anderen Absatzsegmente entsprechende Berechnungen durchführen.

Für die **Produktpolitik** empfiehlt sich zur Überwachung des Einführungserfolges neuer Produkte nicht nur die Überwachung monetärer Zielgrößen. Vielmehr ist zusätzlich die periodenweise Soll-Ist-Analyse der folgenden Größen von Bedeutung:

- Erstkäufer- und Wiederkäuferanteil
- Absatzmengenentwicklung
- Marktanteilsentwicklung
- Markenwert (bei ausschließlich ökonomischer Berechnung)

In diesem Zusammenhang ist neben der Feststellung bereits eingetretener auch die Prognose zukünftiger Zielabweichungen von Bedeutung. Diese Gap-Analyse ist die Grundlage für die Einleitung rechtzeitiger Korrekturmaßnahmen (Beseitigung von Fehlern am Produkt, Durchführung von Verkaufsförderungsmaßnahmen etc.). Werden für solche Kontrollgrößen Zwischenziele auf einer Zeitachse abgetragen, spricht man von einer Trajektorie. Werden mehrere derartiger Trajektorien betrachtet, kann festgestellt werden, welche Teilziele des Zielbündels zu einem bestimmten Zeitpunkt erreicht sind bzw. bei welchen unerwünschte Abweichungen vorliegen (vgl. Abb. 94).

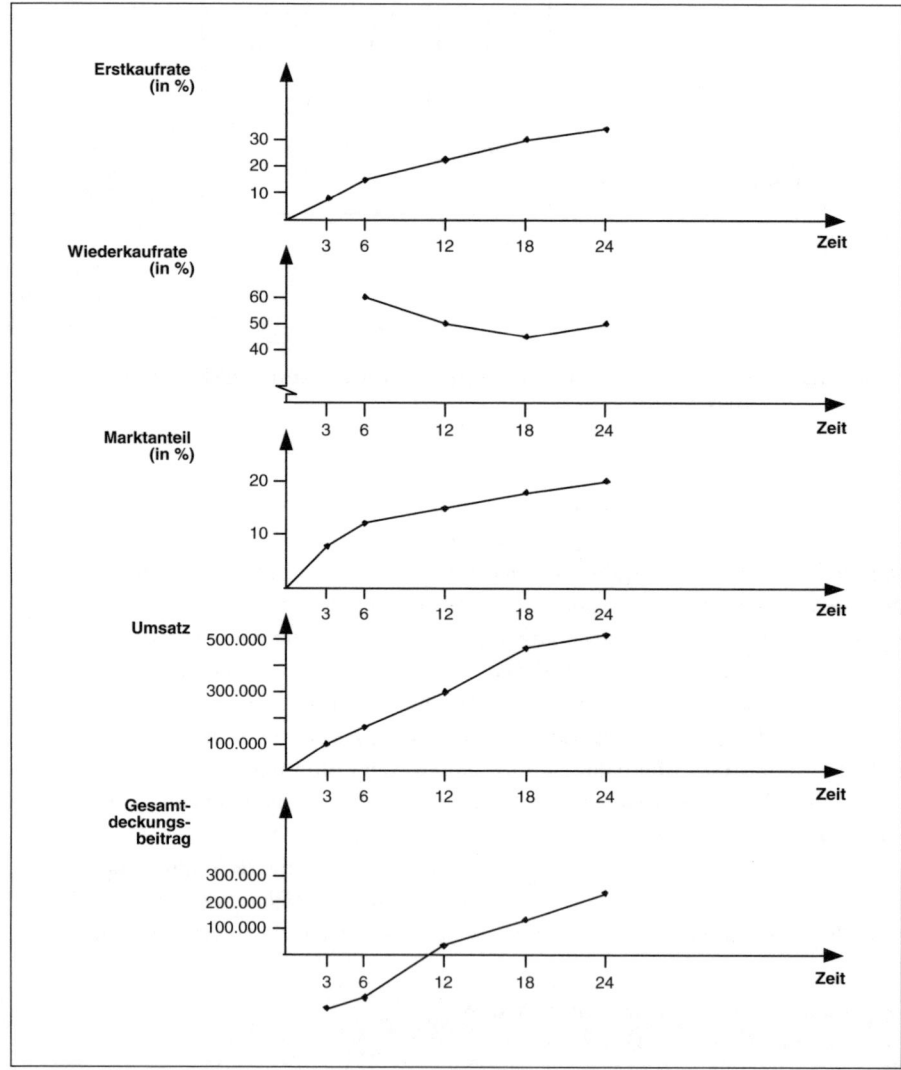

Abbildung 94: Trajektoriekonzept (Quelle: in Anlehnung an Köhler 1993, S. 36)

Für die **Programmplanung** sind folgende Kennzahlen zu ermitteln:

- absolute Stückdeckungsbeiträge,
- relative Stückdeckungsbeiträge (Deckungsbeitrag pro Engpass-Einheit),
- Umsatzanteile der Produkte am Gesamtumsatz (ABC-Analyse),
- Gesamtdeckungsbeiträge der Produktgruppen,
- Gewinne,
- Renditen (z. B. Return on Investment).

Zur Überwachung **kommunikationspolitischer** Maßnahmen sind im Wesentlichen die folgenden Größen relevant:

- Werbebudget,
- Kosten der Werbemittel (Kosten der Anzeigengestaltung, Kosten von Fernsehspots),
- Streukosten (eigene und Konkurrenz),
- Umsätze, Marktanteile (z. B. aus Paneldaten), wobei die Zusammenhänge zwischen diesen Größen und den Werbebudgets regressionsanalytisch geschätzt werden können.

Wichtige Ergebnisgrößen für **preispolitische Entscheidungen** sind:

- Fortlaufende Kontrolle der Erlöse und Kosten als Grundlage für Preisanpassungen,
- Abverkaufspreise im Handel (nach Vertriebswegen und Betriebsformen),
- Deckungsbeiträge für einzelne Produkte bzw. Produktgruppen in Folge von Preisänderungen.

Als Kennzahlen für die **Distribution** bieten sich an:

- Deckungsbeiträge je Auftrag, Verkaufsbezirk, Außendienstmitarbeiter, Kundengruppe, Absatzweg etc.,
- Numerische und gewichtete Distribution,
- laufende Vertriebskostenüberwachung.

2.2 Psychographische Kontrollgrößen

Entsprechend der Systematik der Marketing-Ziele (vgl. 2. Kap. Abschn. 1.3) sind neben ökonomischen Kontrollgrößen auch psychographische Ziele von Relevanz, da bei einer Vielzahl ökonomischer Kontrollgrößen kein direkter Zusammenhang zu den Marketing-Maßnahmen nachgewiesen werden kann (z. B. Gewinnwirkung einer Werbekampagne).

Als psychographische Zielgrößen kommen, insbesondere im Rahmen der Werbeerfolgskontrolle bzw. zur Überprüfung des Einführungserfolgs neuer Produkte, alle aktivierenden und kognitiven hypothetischen Konstrukte in Frage.

Zielgrößen wie z. B. die Markenbekanntheit, die Slogankenntnis oder die assoziierten Produkteigenschaften werden durch Recall- und Recognition-Tests ermittelt und dienen insbesondere der Werbeerfolgskontrolle (vgl. auch 3. Kap. Abschn. 3.2.6).

Umfassende qualitative Kontrollgrößen wie bspw. die Einstellung (operationalisiert durch das Produktpositionierungsmodell), die Nutzenstiftung des Angebotes und die Zufriedenheit der Abnehmer erfassen die Auswirkungen sämtlicher Marketing-Maßnahmen. Wie bei den ökonomischen Kontrollgrößen sind auch diese nach Produkten, Kunden- bzw. Kundengruppen und nach Perioden zu untergliedern, um Anhaltspunkte für Änderungen der Marketing-Maßnahmen zu erhalten.

Eine Besonderheit bildet der **Markenwert** als Kontrollgröße, der einerseits anhand ökonomischer Größen (z. B. als Preispremium eines markierten gegenüber eines unmarkierten Produktes multipliziert mit der Absatzmenge), andererseits anhand verhaltenswissenschaftlicher Größen operationalisiert werden kann. Bei verhaltenswissenschaftlichen Ansätzen existiert eine Vielzahl unterschiedlicher Bewertungsmodelle, wobei zumeist auf Indikatoren wie z. B. Markenbekanntheit, Markenimage, Markentreue und Distributionswerte im Handel zurückgegriffen wird, um dann die gewichteten Einzelpunktwerte zu einem Gesamtpunktwert zu integrieren (vgl. Ellenbrock/Frank 2004, S. 50ff.).

3   Strategische Kontrolle

3.1   Gerichtete Überwachung

Die gerichtete Überwachung (Monitoring) in Form der **Prämissenkontrolle** bezieht sich auf relevante Entwicklungen der Makro- und Mikroumwelt sowie auf die Stärken und Schwächen des Unternehmens. Hierbei handelt es sich u. a. um Ereignisse und Trends in der wirtschaftlichen, politisch-rechtlichen, sozio-kulturellen und technologischen Umwelt (vgl. die Ausführungen zur SWOT-Analyse). Unternehmensinterne Prämissenkontrollen empfehlen sich vor allem zur Überwachung der relevanten Stärken und Schwächen gegenüber den Wettbewerbern und damit zur Überwachung von Wettbewerbsvorteilen.

Neben dieser Prämissenkontrolle ist die **strategische Durchführungskontrolle** Gegenstand der gerichteten Überwachung. Während in der Praxis häufig viel Aufwand für die Strategieentwicklung, oftmals mithilfe von Beratungsunternehmen, betrieben wird, versandet die Strategie-Implementierung und -Kontrolle fast regelmäßig im Unternehmensalltag. So stellten Kaplan/Norton (vgl. Kaplan/Norton 1997, S. 186f.) folgende Umsetzungsprobleme fest:

- unzureichende Ausformulierung der Vision und der Strategie,
- einseitige Erfolgskontrolle anhand finanzieller Kennzahlen,
- unzureichende Kommunikation der vorgesehenen Strategie an die Betroffenen,
- unzureichende Berichterstattung an die Shareholder.

Zur Behebung dieser Mängel schlagen die Autoren ein ausgewogenes Kennzahlensystem vor (so genannte **Balanced Scorecard**), das aus den wichtigsten Finanzzielen (»financial«), Markt- bzw. Kundenzielen (»customer«), Zielen des Leistungserstellungsprozesses (»internal business process«) sowie mitarbeiterbezogenen Zielen (»learning and growth«) besteht (vgl. Abb. 95).

Ausgehend von der vorgegebenen Strategie sind die anvisierten Zielinhalte und Zielausmaße abzuleiten. Für jede Zielvorgabe dieser vier Perspektiven sind die zu ihrer Erreichung erforderlichen Maßnahmen zu formulieren. Zugleich sind die vier Zielkategorien und die mit ihnen verbundenen Maßnahmen mittels Ursache-Wirkungs-Hypothesen zu verknüpfen. Z.B. wird angenommen, dass eine Weiterqualifikation der Mitarbeiter zu einer besseren Kundenbetreuung und dadurch zu höherer Kundenzufriedenheit führt. Diese schlägt sich letztlich in der Erreichung der anvisierten Finanzziele nieder.

Die Bestimmung der **Finanzziele** sollte an den Shareholdern ausgerichtet sein. Typischerweise handelt es sich um Kennzahlen, die das Controlling bereitstellt wie z. B. den Return on Investment, den Cashflow oder den Discounted Cashflow.

Die **Markt- und Kundenziele** wie Marktwachstum, (relativer) Marktanteil, Distributionsgrade sowie Zahl der Erst- und Wiederkäufer untergliedert nach Produkten bzw. Produktgruppen, Regionen, Zielgruppen und Quartalen lassen sich zumindest in Konsumgüterbranchen aus standardisierten Marktinformationsdiensten (z. B. Panels) bzw. aus der Absatzstatistik entnehmen. Psychographische Zielgrößen wie Bekanntheitsgrade, Markenimages, der verhaltenswissenschaftlich ermittelte Markenwert, nutzenstiftende Eigenschaften des Angebots oder Kundenzufriedenheit als Vorstufen des ökonomischen Erfolgs müssen jedoch durch (kostspielige) Primärforschung erhoben werden.

Die **interne Perspektive** legt Prozessziele fest. Hierbei kann es sich um alle Aspekte der Wertkette einschließlich der Abstimmung der Wertketten der Zulieferer bzw. der Abnehmer im Rahmen eines Vertikalen Marketing handeln. Wichtige Informationsgrundlagen finden sich in Benchmarking-Studien, in denen die internen Prozesse unter den Aspekten Zeit, Kosten und Qualität mit den »best practices« anderer strategischer Geschäftsfelder, der Branche oder führender Unternehmen anderer Branchen analysiert werden, um anschließend anspruchsvollere Ziele zu formulieren und um ihre Umsetzung voranzutreiben (vgl. Camp 1994, S. 33ff.; Straub 1997, S. 41ff.).

Schwierigkeiten bereitet die Vorgabe von Kennzahlen für die **Lern- und Entwicklungsperspektive**. Investitionen in Personal, Infrastruktur und Arbeitsklima sollen die Mitarbeiterzufriedenheit fördern, das Empowerment stärken, das Innovationsklima verbessern, die Innovationsrate erhöhen, obgleich die damit einhergehenden Konsequenzen für die Prozess-, Kunden- und Finanzziele schwer einzuschätzen sind.

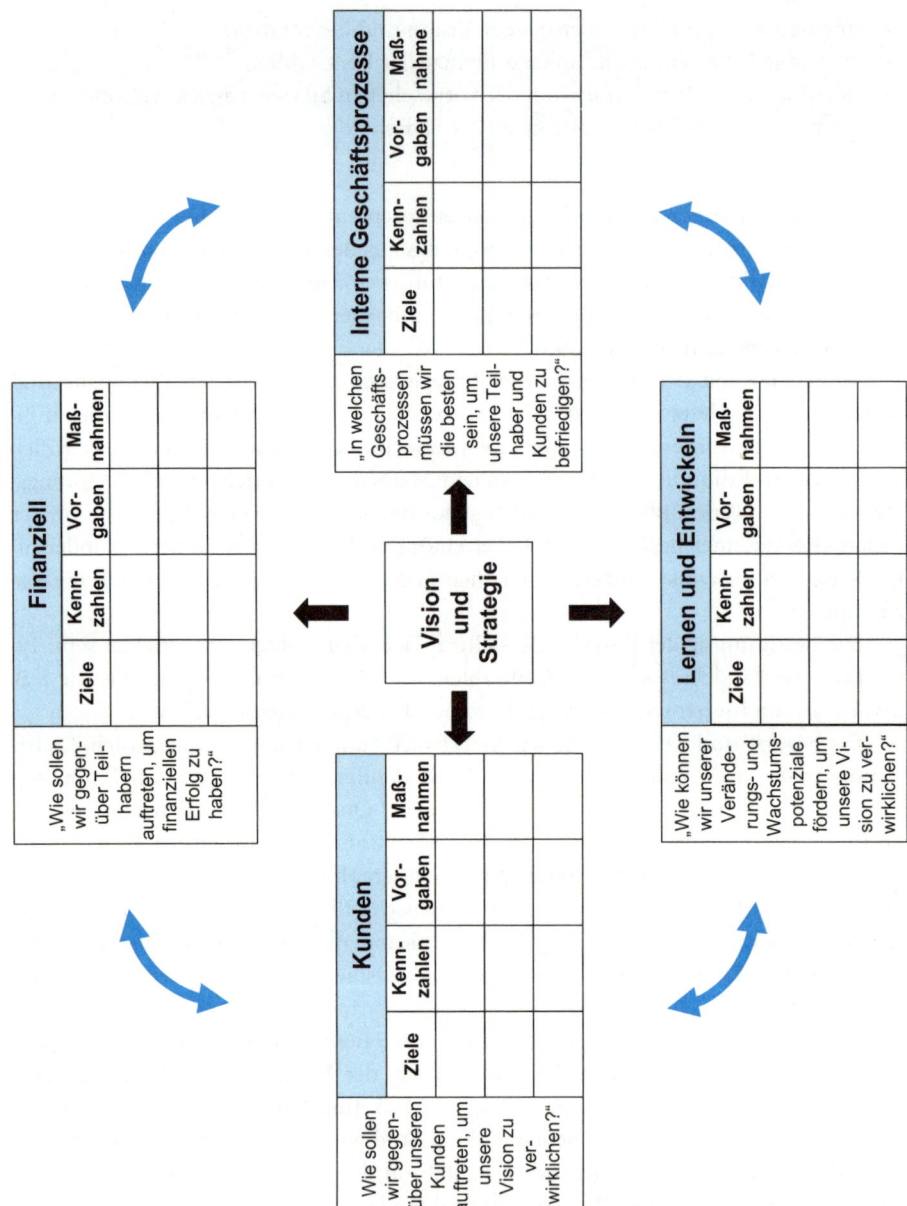

Abbildung 95: Perspektiven der Balanced Scorecard (Quelle: Kaplan/Norton 1996, S. 54)

Grundsätzliche Probleme der Balanced Scorecard liegen in der Formulierung der Ursache-Wirkungs-Hypothesen und in der Auswahl der relevanten Scorecards. Je nach Unternehmenssituation sind andere Zielgrößen und Maßnahmen zu berücksichtigen, z. B. Scorecards für einzelne Stakeholder-Gruppierungen (Non Government Organizations versus Kapitalgeber etc.).

Die Balanced Scorecard ist als Steuerungs- und Kontrollinstrument für vorhandene Strategien gedacht. Fragen der strategischen Situationsanalyse (SWOT-Analyse, strategische Früherkennung, strategische Markt- und Konkurrenzforschung, Identifikation strategischer Erfolgsfaktoren, Kostensituation etc.) bleiben ebenso außen vor, wie das Problem der Strategiefindung. Insbesondere bei diskontinuierlicher Umweltentwicklung sind die vorgegebenen Strategien, Ziele und Maßnahmen schnell veraltet, so dass ein neuerlicher Planungsprozess erforderlich wird.

3.2   Ungerichtete Überwachung

Bei einer ungerichteten Überwachung (Scanning) werden nicht vorab Kontrollbereiche definiert und andere damit zwangsläufig ausgeblendet, sondern das Ziel ist eine möglichst umfassende Überwachung der Unternehmensumwelt und der daraus resultierenden Einflüsse auf das Unternehmen, z. B. im Wege einer Impact-Analyse. Die ungerichtete Überwachung ist letztlich identisch mit den Ansätzen und Methoden der strategischen Früherkennung (vgl. 2. Kap. Abschn. 2.2).

Da ihre Überwachungsinhalte nicht vorab bestimmbar sind, sollte die Früherkennung auch nicht durch eine einzige spezialisierte Stelle im Unternehmen durchgeführt werden, sondern als Aufgabe durch das gesamte Management in seinen jeweiligen Positionen (Gesamtunternehmensebene, SGF, Funktionsbereiche) durchgeführt werden (vgl. Böhler 1993, Sp. 2056ff.).

Literaturverzeichnis

Abell, D.F. (1980): Defining the Business: The Starting Point of Strategic Planning, Englewood Cliffs 1980.

Abell, D.F./Hammond, J.S. (1979): Strategic Market Planning: Problems and Analytical Approaches, Englewood Cliffs 1979.

Ahlert, D. (1996): Distributionspolitik: Das Management des Absatzkanals, 3. Auflage, Stuttgart, Jena 1996.

Ahlert, D./Hesse, J. (2003): Das Multikanalphänomen – viele Wege führen zum Kunden, in: Ahlert, D. u. a. (Hrsg.), Multikanalstrategien: Konzepte, Methoden und Erfahrungen, Wiesbaden 2003, S. 3–32.

AMA (1985): Dictionary of Marketing Terms, 2. Auflage, Chicago 1985.

Andrews, K.R. (1971): The Concept of Coporate Strategy, Homewood 1971.

Ansoff, H.I. (1976): Managing Surprise and Discontinuity, in: Zeitschrift für betriebswirtschaftliche Forschung, 1976, S. 129–152.

Asimus, H.-D./Nauwerk, M. (1977): Das Media-Optimierungsprogramm MOSES, in: Köhler, R./Zimermann, H.-J. (Hrsg.), Entscheidungshilfen im Marketing, Stuttgart 1977, S. 148–160.

Backhaus, K. (2003): Industriegütermarketing, 7. Auflage, München 2003.

Backhaus, K. u.a. (2003): Multivariate Analysemethoden, 10. Auflage, Berlin u. a. 2003.

Bänsch, A. (1995): Kommunikationspolitik, in: Tietz, B./Köhler, R./Zentes, J. (Hrsg.), Handwörterbuch des Marketing, 2. Auflage, Stuttgart 1995, Sp. 1182–1200.

Becker, J. (1999): Einzel-, Familien- und Dachmarken als grundlegende Handlungsoptionen, in: Esch, F.-R. (Hrsg.), Moderne Markenführung, Wiesbaden 1999, S. 269–288.

Becker, J. (2002): Marketing-Konzeption: Grundlagen des ziel-strategischen und operativen Marketing-Managements, 7. Auflage, München 2002.

Benkenstein, M. (2002): Strategisches Marketing: Ein wettbewerbsorientierter Ansatz, Stuttgart 2002.

Berekoven, L./Eckert, W./Ellenrieder, P. (2004): Marktforschung: Methodische Grundlagen und praktische Anwendung, 10. Auflage, Wiesbaden 2004.

Bleicher, K. (1984): Auf dem Weg zu einer Kulturpolitik der Unternehmung, in: Zeitschrift für Organisation, 53. Jg., Nr. 8, 1984, S. 494–500.

Böhler, H. (1977): Methoden und Modelle der Marktsegmentierung, Stuttgart 1977.

Böhler, H. (1989): Portfolio-Analysetechniken, in: Szyperski, N./Wienand, U. (Hrsg.), Handwörterbuch der Planung, Stuttgart 1989, Sp. 1548–1559.

Böhler, H. (1992): Marktforschung, 2. Auflage, Stuttgart 1992.

Böhler, H. (1993): Früherkennungssysteme, in: Grochla, E./ Wittmann, W. (Hrsg.), Handwörterbuch der Betriebswirtschaft, Stuttgart 1993, Sp. 1256–1270.

Böhler, H. (1995): Käufertypologien, in: Tietz, B./Köhler, R./Zentes, J. (Hrsg.), Handwörterbuch des Marketing, 2. Auflage, Stuttgart 1995, Sp. 1091–1104.

Böhler, H. (2004): Marktforschung, 3. Auflage, Stuttgart 2004.

Böhler, H./Scigliano, D. (2004): Innovationsmanagement in KMU: Ansätze zur Umsetzung einer Balanced Strategy, in: Schlüchtermann, J./Tebroke, H.-J. (Hrsg.), Mittelstand im Fokus – 25 Jahre BF/M in Bayreuth, Wiesbaden 2004, S. 199–214.

Böhler, H./Stölzel, A. (1977): Faktorenanalytische Positionierungsmodelle: Eine Untersuchung zur Wahl der Auswertungsrichtung von mehrdimensionalen Matrizen, in: Der Markt, Nr. 61, 1977, S. 21–28.

Böhler, H./Zieschang, K. (1987): Betriebsformenentwicklung und Marketingpolitik des Sportfachhandels (Hrsg. Verband Deutscher Sportfachhandel e. V.), Wiesbaden 1987.

Borden, N.H. (1964): The Concept of the Marketing-Mix, in: Journal of Advertising Research, Nr. 4, 1964, S. 2–7.

Brand, H.W. (1978): Die Legende von den »geheimen Verführern«: Kritische Analysen zur unterschwelligen Wahrnehmung und Beeinflussung, Weinheim, Basel 1978.

Brockhoff, K. (1999): Produktpolitik, 4. Auflage, Stuttgart 1999.

Brown, S.L./Eisenhardt, K.M. (1995): Product Development: Past Research, Present Findings, and Future Directions, in: Academy of Management Review, Vol. 20, Nr. 2, 1995, S. 343–378.

Bruhn, M. (1999): Marketing: Grundlagen für Studium und Praxis, 4. Auflage, Wiesbaden 1999.

Bruhn, M. (2003): Kommunikationspolitik, 2. Auflage, München 2003.

Camp, R.C. (1994): Benchmarking, München, Wien 1994.

Caves, R.E./Porter, M.E. (1977): From Entry Barriers to Mobility Barriers: Conjectural Decisions and Contrived Deterrence to New Competition, in: Quarterly Journal of Economics, Vol. 92, 1977, S. 241–261.

Churchill, G.A./Iacobucci, D. (2002): Marketing Research: Methodological Foundations, 8. Auflage, Mason 2002.

Cooper, R.G. (1984): The Performance Impact of Product Innovation Strategies, in: European Journal of Marketing, Vol. 18, Nr. 5, 1984, S. 5–54.

Cooper, R.G./Kleinschmidt, E.J. (1995): New Product Performance: Keys to Success, Profitability & Cycle Time Reduction, in: Journal of Marketing Management, Vol. 11, Nr. 4, 1995, S. 315–337.

Corsten, H. (1989): Überlegungen zu einem Innovationsmanagement – organisationale und personale Aspekte, in: Corsten, H. (Hrsg.), Die Gestaltung von Innovationsprozessen: Hindernisse und Erfolgsfaktoren im Organisations-, Finanz- und Informationsbereich, Berlin 1989, S. 1–56.

Corsten, H. (1998): Grundlagen der Wettbewerbsstrategie, Stuttgart, Leipzig 1998.

Csikszentmihalyi, M. (1999): Das Flow-Erlebnis – Jenseits von Angst und Langeweile: Im Tun aufgehen, 8. Auflage, Stuttgart 1999.

Cummings, A./Oldham, G.R. (1998): Wo Kreativität am besten gedeiht, in: Harvard Business Manager, Nr. 4, 1998, S. 32–43.

Diller, H. (2000): Preispolitik, 3. Auflage, Stuttgart 2000.

Diller, H. (2002): Grundprinzipien des Marketing, Nürnberg 2002.

Drotos, P.V. (2000): Newsgroups als Foren für die qualitative Markt- und Meinungsforschung im Internet, in: Planung & Analyse, Nr. 1, 2000, S. 76–80.

Ellenbrock, H./Frank, D. (2004): Markenwertmessung als Herausforderung eines integrierten Markenmanagements, in: Planung & Analyse, Nr. 2, 2004, S. 50–58.

Esch, F.-R. (1998): Wirkungen integrierter Kommunikation: Teil 1: Theoretische Grundlagen, in: Marketing ZFP, Nr. 2, 1998, S. 73–89.

Esch, F.-R. (2001): Wirkungen integrierter Kommunikation: Ein verhaltenswissenschaftlicher Ansatz für die Werbung, 3. Auflage, Wiesbaden 2001.

Esch, F.-R./Redler, J. (2004): Markenallianzen, in: Wirtschaftswissenschaftliches Studium, Nr. 3, 2004, S. 171–173.

Fleck, A. (1995): Hybride Wettbewerbsstrategien zur Synthese von Kosten- und Differenzierungsvorteilen, Wiesbaden 1995.

Freter, H. (1983): Marktsegmentierung, Stuttgart 1983.

Freter, H. (2004): Marketing: Die Einführung mit Übungen, München u. a. 2004.

Freter, H.W. (1974): Mediaselektion: Informationsgewinnung und Entscheidungsmodelle für die Werbeträgerauswahl, Wiesbaden 1974.

Gaitanides, M./Wicher, H. (1986): Strategien und Strukturen innovationsfähiger Organisationen, in: Zeitschrift für Betriebswirtschaft, 56. Jg., Nr. 4/5, 1986, S. 385–403.

Galunic, D.C./Rodan, S. (1998): Resource Recombinations in the Firm: Knowledge Structures and the Potential for Schumpeterian Innovation, in: Strategic Management Journal, Vol. 19, 1998, S. 1193–1201.

Gälweiler, A. (1990): Strategische Unternehmensführung, 2. Auflage, Frankfurt/M., New York 1990.

Gaus, H. (2000): Wertesystem-Segmentierung im Automobilmarketing, Wiesbaden 2000.

Gerpott, T.J (1999): Strategisches Technologie- und Innovationsmanagement: Eine konzentrierte Einführung, Stuttgart 1999.

Geschka, H./Reibnitz, U. von (1981): Vademecum der Ideenfindung: Eine Anleitung zum Arbeiten mit Methoden der Ideenfindung, 4. Auflage, Frankfurt 1981.

Gilbert, X./Strebel, P. (1987): Strategies to Outpace the Competition, in: The Journal of Business Strategy, Vol. 8, Nr. 1, 1987, S. 28-36.

Graumann, C.F. (1988): Der Kognitivismus in der Sozialpsychologie – Die Kehrseite der Wende, in: Psychologische Rundschau, 39, 1988, S, 83–90.

Green, P.E./Tull, D.S. (1982): Methoden und Techniken der Marketingforschung, 4. Auflage, Stuttgart 1982.

Gutenberg, E. (1976): Grundlagen der Betriebswirtschaftslehre, Band II – Der Absatz, 15. Auflage, Berlin u. a. 1976.

Haedrich, G./Tomczak, T. (1996): Produktpolitik, Stuttgart u. a. 1996.

Hahn, G.M./Epple, M.C. (2001): Online-Focusgroups als neues Element im Methodenportfolio qualitativer Marktforschung, in: Planung & Analyse, Nr. 2, 2001, S. 48–52.

Hall, R. (1993): A Framework Linking Intangible Resources and Capabilities to Sustainable Competitive Advantage, in: Strategic Management Journal, Vol. 14, 1993, S. 607–618.

Hamel, G. (2000): Reinvent Your Company, in: Fortune, Nr. 12, June 2000, S. 105–120.

Hammann, P./Erichson, B. (2000): Marktforschung, 4. Auflage, Stuttgart 2000.

Hansen, U./Hennig-Thurau, T./Schrader, U. (2001): Produktpolitik, 3. Auflage, Stuttgart 2001.

Hauschildt, J. (1993): Innovationsmanagement – Determinanten des Innovationserfolges, in: Hauschildt, J./Grün, O. (Hrsg.), Ergebnisse empirischer betriebswirtschaftlicher Forschung: zu einer Realtheorie der Unternehmung, Stuttgart 1993, S. 295–326.

Hauschildt, J. (1997): Innovationsmanagement, 2. Auflage, München 1997.

Hauschildt, J./Chakrabarti, A.K. (1999): Arbeitsteilung im Innovationsmanagement, in: Hauschildt, J./Gemünden, H.G. (Hrsg.), Promotoren: Champions der Innovation, 2. Auflage, Wiesbaden 1999, S. 67–87.

Hauser, J.R./Clausing, D. (1988): The House of Quality, in: Harvard Business Review, May-June 1988, S. 63–73.

Hax, A.C./Majluf, N.S. (1991): The Strategy Concept and Process: A Pragmatic Approach, Englewood Cliffs 1991.

Hedley, B. (1977): Strategy and the Business Portfolio, in: Long Range Planning, Vol. 10, Nr. 1, 1977, S. 9–15.

Helmig, B. (1997): Variety-seeking-behavior im Konsumgüterbereich: Beeinflussungsmöglichkeiten durch Marketinginstrumente, Wiesbaden 1997.

Henderson, B.D. (1984): Die Erfahrungskurve in der Unternehmungsstrategie, 2. Auflage, Frankfurt/M., New York 1984.

Hippner, H. (2004): CRM – Grundlagen, Ziele und Konzepte, in: Hippner, H./Wilde, K.D. (Hrsg.), Grundlagen des CRM: Konzepte und Gestaltung, Wiesbaden 2004, S. 13–41.

Homburg, C./Krohmer, H. (2003): Marketingmanagement: Strategien – Instrumente – Umsetzung – Unternehmensführung, Wiesbaden 2003.

Horváth, P. (2003): Controlling, 9. Auflage, München 2003.

Jenner, T. (2000): Hybride Wettbewerbsstrategien in der deutschen Industrie – Bedeutung, Determinanten und Konsequenzen für die Marktbearbeitung, in: Die Betriebswirtschaft, 60. Jg., 2000, S. 7–22.

Jenner, T. (2003): Marketing-Planung, Stuttgart 2003.

Kaplan, R.S./Norton, D.P. (1996): Linking the Balanced Scorecard to Strategy, in: California Management Review, Vol. 39, Nr. 1, Fall 1996, S. 53–79.

Kaplan, R.S./Norton, D.P. (1997): The Balanced Scorecard: Strategien erfolgreich umsetzen, Stuttgart 1997.

Kieser, A. (1985): Die innovative Unternehmung als Voraussetzung der internationalen Wettbewerbsfähigkeit, in: Wirtschaftswissenschaftliches Studium, Juli 1985, S. 354–358.

Kim, W.C./Mauborgne, R. (1997): Value Innovation: The Strategic Logic of High Growth, in: Harvard Business Review, January-February 1997, S. 103–112.

Kinnear, T.C./Taylor, J.R. (1996): Marketing Research: An Applied Approach, 5. Auflage, New York u. a. 1996.

Koeppler, K. (1972): Unterschwellig wahrnehmen – unterschwellig lernen, Stuttgart u. a. 1972.

Köhler, R. (1976): Marktkommunikation, in: Wirtschaftswissenschaftliches Studium, Heft 4, 1976, S. 164–173.

Köhler, R. (1993): Beiträge zum Marketing-Management: Planung, Organisation, Controlling, 3. Auflage, Stuttgart 1993.

Köhler, R. (1998): Methoden und Marktforschungsdaten für die Konkurrentenanalyse, in: Erichson, B./ Hildebrandt, L. (Hrsg.), Probleme und Trends in der Marketing-Forschung, Stuttgart 1998, S. 25–48.

Köhler, R./Böhler, H. (1984): Strategische Marketing-Planung: Kursbestimmung bei ungewisser Zukunft, in: Absatzwirtschaft, Nr. 3, 27. Jg., 1984, S. 93–101.

Koppelmann, U. (2001): Produktmarketing: Einscheidungsgrundlagen für Produktmanager, Berlin u. a. 2001.

Kotler, P./Bliemel, F. (2001): Marketing-Management: Analyse, Planung und Verwirklichung, 10. Auflage, Stuttgart 2001.

Kreikebaum, H. (1997): Strategische Unternehmensplanung, 6. Auflage, Stuttgart u. a. 1997.

Kreilkamp, E. (1987): Strategisches Marketing und Management: Markt und Wettbewerbsanalyse, Strategische Frühaufklärung, Portfoliomanagement, Berlin, New York 1987.

Kroeber-Riel, W./Esch, F.R. (2004): Strategie und Technik der Werbung: Verhaltenswissenschaftliche Ansätze, 6. Auflage, Stuttgart 2004.

Krober-Riel. W./Meyer-Hentschel, G. (1982): Werbung: Steuerung des Konsumentenverhaltens, Würzburg, Wien 1982.

Kroeber-Riel, W./Weinberg, P. (2003): Konsumentenverhalten, 8. Auflage, München 2003.

Krystek, U. (1980): Krisenbewältigungs-Management und Unternehmensplanung, Wiesbaden 1980.

Lazarsfeld, P.F./Berelson, B./Gaudet, H. (1948): The People's Choice: How the Voter Makes Up his Mind in a Presidential Campaign, New York 1948.

Little, J.D.C. (1977): Modelle und Manager: Das Konzept des Decision Calculus, in: Köhler, R./ Zimmermann, H.-J. (Hrsg.), Entscheidungen im Marketing, Stuttgart 1977, S. 122–147.

Lynn, G.S./Morone, J.G./Paulson, A.S. (1996): Marketing and Discontinuous Innovation: The Probe and Learn Process, in: California Management Review, Vol. 38, Nr. 3, Spring 1996, S. 8–37.

Martin, M. (1992): Mikrogeographische Marktsegmentierung, Wiesbaden 1992.

Mason, R.O./Mitroff, I.I. (1981): Challenging Strategic Planning Assumptions, New York u. a. 1981.

McCarthy, E.J (1975): Basic Marketing: A Managerial Approach, 5. Auflage, Homewood 1975.

Meffert, H. (2000): Marketing: Grundlagen marktorientierter Unternehmensführung, 9. Auflage, Wiesbaden 2000.

Meffert, H. (2002): Strategische Optionen der Markenführung, in: Meffert, H./Burmann, C./Koers, M. (Hrsg.), Markenmanagement: Grundfragen identitätsorientierter Markenführung, Wiesbaden 2002, S. 135–165.

Meyer, M.H./Utterback, J.M. (1993): The Product Family and the Dynamics of Core Capability, in: Sloan Management Review, Spring 1993, S. 29–47.

Michael, B.M. (2003): Balance of Values: Die optimale Balance der Markenwerte, in: Michael, B.M. (Hrsg.), Werkbuch M wie Marke, Nr. 2.2, Stuttgart 2003.

Müller, G. (1981): Strategische Frühaufklärung, München 1981.

Müller-Hagedorn, L. (2002): Handelsmarketing, 3. Auflage, Stuttgart u. a. 2002.

Nemeth, C.J. (1997): Managing Innovation: When Less is More, in: California Management Review, Vol. 40, Nr. 1, 1997, S. 59–74.

Nieschlag, R. /Dichtl, E./Hörschgen, H. (1985): Marketing, 14. Auflage, Berlin 1985.

Nieschlag, R. /Dichtl. E. /Hörschgen, H. (2002): Marketing, 19. Auflage, Berlin 2002.

Ohmae, K. (1983): The Mind of the Strategist – the Art of Japanese Business, New York u. a. 1983.

Olbrich, R. (1995): Vertikales Marketing, in: Tietz, B./Köhler, R./Zentes, J. (Hrsg.), Handwörterbuch des Marketing, 2. Auflage, Stuttgart 1995, Sp. 2612–2623.

Osborn, A. (1963): Applied Imagination, 3. Auflage, New York 1963.

Patzelt, W./Möntmann, H.G. (2003): Brand Portfolio: Die Optimierung der Markenarchitektur, in: Michael, B.M. (Hrsg.), Werkbuch M wie Marke, Nr. 2.1, Stuttgart 2003.

Piontek, J. (1998): Die Absatzkontrolle, in: Pepels, W. (Hrsg.), Absatzpolitik: Die Instrumente des Verkaufsmarketing, München 1998, S. 275–317.

Pleschak, F./Sabisch, H. (1996): Innovationsmanagement, Stuttgart 1996.

Poddig, F. (1995): Die Enkodierung und Dekodierung piktoreller Werbebotschaften: Ein semiotisch-kognitiver Ansatz, Wiesbaden 1995.

Porter, M.E. (1999): Wettbewerbsstrategie: Methoden zur Analyse von Branchen und Konkurrenten, 10. Auflage, Frankfurt, New York 1999.

Porter, M.E. (2000): Wettbewerbsvorteile: Spitzenleistungen erreichen und behaupten, 6. Auflage, Frankfurt, New York 2000.

Prahalad, C.K./Hamel, G. (1990): The Core Competence of the Corporation, in: Harvard Business Review, May-June 1990, S. 79–91.

Rasche, C. (1994): Wettbewerbsvorteile durch Kernkompetenzen, Wiesbaden 1994.

Rasche, C./Wolfrum, B. (1994): Ressourcenorientierte Unternehmensführung, in: Die Betriebswirtschaft, 54. Jg., Nr. 4, 1994, S. 501–517.

Reibnitz, Ute von (1992): Szenario-Technik, Instrumente für die unternehmerische und persönliche Erfolgsplanung, 2. Auflage, Wiesbaden 1992.

Remer, A. (2001): Organisation, Bayreuth 2001.

Rheinberg, F. (2002): Motivation, 4. Auflage, Stuttgart 2002.

Riedl, J. (1995): Strategie und Personal: Ansätze zur Personalorientierung der strategischen Unternehmensführung, Wiesbaden 1995.

Riedl, J. (1996): Ansätze zur Identifizierung strategisch bedeutsamer Ressourcen, in: Böhler, H. u. a. (Hrsg.), Mittelstand und Betriebswirtschaft, Band 7, Bayreuth 1996, S. 165–202.

Ries, A./Trout, J. (1986): Positioning: Die neue Werbestrategie, Hamburg u. a. 1986.

Robinson, S.J.Q/Hichens, R.E./Wade, D.P. (1978): The Directional Policy Matrix: Tool for Strategic Planning, in: Long Range Planing, Vol. 11, June 1978, S. 8–15.

Rogers, E.M. (1962): Diffusion of Innovation, New York u. a. 1962.

Rokeach, M. (1973): The Nature of Human Values, New York 1973.

Rumelt, R.P. (1974): Strategy, Structure and Performance, Boston 1974.

Schlaak, T. M. (1999): Der Innovationsgrad als Schlüsselvariable: Perspektiven für das Management von Produktentwicklungen, Wiesbaden 1999.

Schlicksupp, H. (1977): Kreative Ideenfindung in der Unternehmung: Methoden und Modelle, Berlin, New York 1977.

Schmalen, H. (1992): Kommunikationspolitik, 2. Auflage, Stuttgart u. a. 1992.

Schmalen, H. (1994): Das hybride Kaufverhalten und seine Konsequenzen für den Handel, in: Zeitschrift für Betriebswirtschaft, 64 Jg., Nr. 10, 1994, S. 1221–1240.

Schögel, M. (2001): Multichannel Marketing: Erfolgreich in mehreren Vertriebswegen, Zürich 2001.

Schröder, H. (1995): Rechtsrahmen des Marketing, in: Tietz, B./Köhler, R./Zentes, J. (Hrsg.), Handwörterbuch des Marketing, 2. Auflage, Stuttgart 1995, Sp. 2215–2234.

Schröder, H.-H. (1994): Die Parallelisierung von Forschungs- und Entwicklungs(F&E)-Aktivitäten als Instrument zur Verkürzung der Projektdauer im Lichte des »Magischen Dreiecks« aus Projektdauer, Projektkosten und Projektergebnissen, in: Zahn, E. (Hrsg.), Technologiemanagement und Technologien für das Management, Stuttgart 1994, S. 289–323.

Schweiger, G./Schrattenecker, G. (2001): Werbung, 5. Auflage, Stuttgart 2001.

Scigliano, D. (2003): Das Management radikaler Innovationen: Eine strategische Perspektive, Wiesbaden 2003.

Seidenschwarz, W. (1993): Target Costing: Marktorientiertes Zielkostenmanagement, München 1993.

Simon, H. (1988): Management strategischer Wettbewerbsvorteile, in: Zeitschrift für Betriebswirtschaft, 58. Jg., Nr. 4, 1988, S. 461–480.

Simon, H. (1992): Preismanagement: Analyse, Strategie, Umsetzung, 2. Auflage, 1992.

Simon, H. (1998): Preismanagement kompakt: Probleme und Methoden des modernen Pricing, Wiesbaden 1998.

Simon, H. (2000): Die heimlichen Gewinner, 3. Auflage, München 2000.

Six, B. (1975): Die Relation von Einstellung und Verhalten, in: Zeitschrift für Sozialpsychologie, Bd. 6, Nr. 4, 1975, S. 270–296.

Specht, G. (1998): Distributionsmanagement, 3. Auflage, Stuttgart u. a. 1998.

Specht, G. (2002): Integration von Demand-Pull und Technology-Push im Innovationsmanagement, in: Böhler, H. (Hrsg.), Marketing-Management und Unternehmensführung, Festschrift für Professor Dr. Richard Köhler zum 65. Geburtstag, Stuttgart 2002, S. 481–502.

Staehle, W.H. (1989): Human Resource Management und Unternehmungsstrategie, in: Mitteilungen aus Arbeitsmarkt und Berufsforschung (MittAB), 22. Jg., Nr. 3, 1989, S. 388–395.

Steinmann, H./Schreyögg, G. (1993): Management: Grundlagen der Unternehmensführung, 3. Auflage, Wiesbaden 1993.

Straub, R. (1997): Benchmarking: Eine Darstellung des Benchmarking als modernes Instrument zur Leistungsverbesserung, Zürich 1997.

Strong, E. K. (1925): Theories of Selling, in: Journal of Applied Psychology, Vol. IX, February 1925, S. 75–86.

Szyperski, N./Winand, U. (1978): Strategisches Portfolio-Management: Konzept und Instrumentarium, in: ZfbF-Kontaktstudium, 30. Jg., 1978, S. 123–132.

Thom, N. (1980): Grundlagen des betrieblichen Innovationsmanagements, 2. Auflage, Königstein/Ts. 1980.

Trommsdorff, V. (2002): Konsumentenverhalten, 4. Auflage, Stuttgart 2002.

Uebele, H. (1988): Zur Praxis von Kreativitätstechniken – Anwendungserfahrungen bei der Produktinnovation, in: Die Betriebswirtschaft, 48. Jg., Nr. 6, 1988, S. 777–785.

Ulich, D./Mayring, P. (2003): Psychologie der Emotionen, 2. Auflage, Stuttgart 2003.

EFF (Hrsg.): Verhaltenskodex der European Franchise Federation EFF; www.dfv-franchise.de.

Vinson, D.E./Scott, J.E./Lamont, L.M. (1977): The Role of Personal Values in Marketing und Consumer Behavior, in: Journal of Marketing, April 1977, S. 44–50.

von der Heydt, A. (1999): Handbuch Efficient Consumer Response: Konzepte, Erfahrungen, Herausforderungen, München 1999.

von Hippel, E. (1984): Lead Users: A Source of Novel Product Concepts, in: Management Science, Vol. 32, Nr. 7, 1986, S. 791–805.

Vossel, G./Zimmer, H. (1998): Psychophysiologie, Stuttgart u. a. 1998.

Weidenmann, B. (1988): Psychische Prozesse beim Verstehen von Bildern, Bern u. a. 1988.

Welge, M.K./Al-Laham, A. (2001): Strategisches Management, 3. Auflage, Wiesbaden 2001.

Wied-Nebbeling, S. (1985): Das Preisverhalten in der Industrie, Tübingen 1985.

Wind. Y.J. (1982): Product Policy: Concepts, Methods, and Strategy, Reading u. a. 1982.

Wirtz, B.W. (2001): Electronic Business, 2. Auflage, Wiesbaden 2001.

Witte, E. (1973): Organisation für Innovationsentscheidungen: Das Promotorenmodell, Göttingen 1973.

Wöhe, G./ Döring, U. (2002): Einführung in die Allgemeine Betriebswirtschaftslehre, 21. Auflage, München 2002.

Wolfrum, B. (1994): Strategisches Technologiemanagement, 2. Auflage, Wiesbaden 1994.

Wolfrum, B. (1995): Alternative Technologiestrategien, in: Zahn, E. (Hrsg.), Handbuch Technologiemanagement, Stuttgart 1995, S. 243–265.

Wolfrum, U. (1993): Erfolgspotentiale: Kritische Würdigung eines zentralen Konzeptes der strategischen Unternehmensführung, München 1993.

Yerkes, R.M./Dodson, J. (1908): The Relation of Strength of Stimulus to Rapidity of Habit Formation, in: Journal of Comparative Neurology and Psychology, November 1908, S. 459–482.

Zanger, C. (1995): Diversifikation, in: Tietz, B./Köhler, R./Zentes, J. (Hrsg.), Handwörterbuch des Marketing, 2. Auflage, Stuttgart 1995, Sp. 515–530.

Zielske, H.A. (1959): The Remembering and the Forgetting of Advertising, in: Journal of Marketing, January 1959, S. 239–243.

Zwicky, F. (1966): Denken, Erfinden, Forschen im morphologischen Weltbild, München u. a. 1966.

Stichwortverzeichnis

Edition Marketing

**Herausgegeben von
Hermann Diller und Richard Köhler**

EDITION
MARKETING

Werner Kroeber-Riel
Franz-Rudolf Esch

Strategie und Technik der Werbung

Verhaltenswissenschaftliche
Ansätze
*6., überarbeitete und erweiterte
Auflage 2004
332 Seiten. 86 Farbabbildungen
Fester Einband/Fadenheftung
€ 34,–*
ISBN 3-17-018491-1

REZENSION:

„Das Einerlei der Werbelandschaft erregt schon lange keinen Aha-Effekt mehr beim Konsumenten. In seiner mittlerweile sechsten Auflage will dieses Buch den blutleeren und geklonten Werbekampagnen erneut den Kampf ansagen. Die beiden Autoren wollen Bauchgefühl durch fundiertes Werbewissen ersetzt wissen und die Professionalitätslücke zwischen Entwicklung und Umsetzung der Werbung schließen."

(Media & Marketing, 12/2004)

DER AUTOR:

Das klassische Lehrbuch von **Werner Kroeber-Riel** (†) wird seit der fünften Auflage von Professor Dr. **Franz-Rudolf Esch** weitergeführt. Er lehrt Marketing an der Universität Gießen und ist dort Direktor des Instituts für Marken- und Kommunikationsforschung.

W. Kohlhammer GmbH
70549 Stuttgart · Tel. 0711/7863 - 7280 · Fax 0711/7863 - 8430

Edition Marketing

**Herausgegeben von
Hermann Diller und Richard Köhler**

Volker Trommsdorff

Konsumentenverhalten

*6., vollständig überarbeitete
und erweiterte Auflage 2004*
368 Seiten. 129 Abb., Kart.
€ 26,–
ISBN 3-17-018595-0

REZENSION:

DER AUTOR:

Professor Dr. Volker Trommsdorff lehrt Betriebswirtschaftslehre und Marketing an der Technischen Universität Berlin und ist auch außerhalb der Universität in der praktischen Marketingforschung und Managementweiterbildung aktiv.

W. Kohlhammer GmbH
70549 Stuttgart · Tel. 0711/7863 - 7280 · Fax 0711/7863 - 8430